나는 미쳐가고 있는
기후과학자입니다

HUMAN NATURE
Copyright ⓒ 2025 by Kate Marvel
All rights reserved.

Korean translation copyright ⓒ 2025 by Woongjin Think Big Co., Ltd.
Korean translation rights arranged with Dunow, Carlson & Lerner Literary
Agency through EYA Co., Ltd.

이 책의 한국어판 저작권은 EYA Co., Ltd.를 통해 Dunow, Carlson & Lerner
Literary Agency와 독점 계약한 주식회사 웅진씽크빅이 소유합니다.
저작권법에 의하여 한국 내에서 보호를 받는 저작물이므로 무단 전재 및 복제
를 금합니다.

기후 붕괴 앞에서 우리가 느끼는 감정들

나는 미쳐가고 있는 기후과학자입니다

케이트 마블 지음 | 송섬별 옮김

HUMAN NATURE

웅진 지식하우스

일러두기
- 단행본은 겹낫표(『 』)로, 논문과 보고서는 홑낫표(「 」)로, 정기 간행물은 겹화살괄호(《 》)로, 영화와 노래는 홑화살괄호(〈 〉)로 표기했다.
- 국내 번역 출간 도서 및 개봉 영화는 한국어판 제목을 표기했으며, 국내 미출간 도서 및 미개봉 영화는 원어를 병기했다.
- 원서에서 이탤릭체로 강조한 단어는 굵은 고딕체로 표기했다.

내 아들들에게

추천의 글

기후 위기에 관한 긴 글은 읽을 필요가 없는 사람들만 읽는다는 속설이 있다. 알아서 애타는 소수와 몰라서 태평한 다수는 다른 언어를 쓰는 종족이다. 기후과학자인 저자는 둘 사이에서 통역을 시도한다. 그의 언어는 어마무시한 지식과 통계가 아니라 그 여연한 사실이 야기하는 아홉 빛깔 무지개 감정이다. 닥쳐올 홍수와 가뭄 그리고 견딜 수 없는 폭염보다 그것이 우리가 서로에게 저지르게 할 행위의 두려움을 전한다. 문장 사이에 바람이 분다. 관찰이 업인 과학자는 이미 시인이다. 슬픔도 사랑도 지구만큼 커서 미친 과학자의 언어는 계몽하지 않고 전염시킨다.
은유, 작가·『해방의 밤』 저자

기후 위기는 과학적 데이터와 정책 논의만으로는 다 설명할 수 없는 인류 전체의 문제다. 기후과학자인 저자는 이를 숫자가 아니라 감정으로 풀어낸다. 경이, 분노, 죄책감, 두려움, 애도, 놀라움, 자부심, 희망, 사랑이라는 아홉 가지 감정은 기후 위기를 마치 인간 내면의 거울처럼 비추어준다. 덕분에 독자는 보고서가 아닌 '인생 이야기'를 읽는 듯한 경험을 하게 된다.
저자는 단호히 말한다. "그 어떤 유토피아도 기후 문명을 인류 문명이 발전하기 이전으로 되돌릴 수는 없다." 다시 말해, 석기시대로 돌아가 직접 불을 피우는 것을 인류의 해법으로 삼을 수 없다는 뜻이다. 그러나 저자는 동시에 절망을 넘어, 우리가 지금 어떤 태도를 선택하고 어떤 미래를 만들어갈 수 있는지를 묻는다.
이 책은 또한 기후 위기의 최전선에 선 한국 사회에도 깊은 울림을 준다. 과학과 감정을 잇는 새로운 길을 제시하며 절망 대신 사랑과 희망으로 미래를 모색하고자 하는 모든 이들에게 단단한 위로와 용기를 건네준다. 결국 이 책은 우리가 무엇을 해야 할지보다는 왜 해야 하는지를 묻는 책이며, 그 물음에 답하는 순간 비로소 우리의 행동이 철학이 될 것이다.
이정모, 전 국립과천과학관장·『찬란한 멸종』 저자

열정적이고 감동적이며, 빠른 속도감에 재치가 넘친다. 인류의 신화와 역사 그리고 가장 인간적인 감정을 통해 우리와 기후 위기를 연결해준다. 미래를 지켜야 한다는 간절한 호소와 더불어 다양한 영감을 일깨워주는 책이다.
사샤 세이건 Sasha Sagan, 작가·『우리, 이토록 작은 존재들을 위하여』저자

강렬하고도 지혜로운 아름다움에 계속해서 충격을 받았고, 다시 성찰하게 되었다. 과학자들이 침묵할 수밖에 없고, 기후 연구를 위한 예산마저 삭감되는 현실에서, 이 책을 읽는 일은 금서를 읽는 듯한 감정을 안겨준다.
존 베일런트 John Vaillant, 작가·『파이어 웨더』저자

마블은 지구의 불안정한 미래를 누구보다 잘 아는 세계적인 과학자로서 기후 위기의 긴박함, 그리고 위태로운 이 행성에서 살아가는 한 인간의 취약성에 대하여 가장 아름다운 글을 펼쳐냈다.
피터 브래넌 Peter Brannen, 과학 저널리스트·『대멸종 연대기』저자

위기에 처한 지구를 어떻게 바라볼 것인가, 그리고 우리 삶의 터전인 이 행성과 맺는 강한 유대감을 어떻게 존중할 것인가를 이야기한다. 지구에 살고 있는 한 명의 인간이자 냉철해야만 하는 과학자로서, 죽어가는 지구에 대한 절절한 슬픔과 차가운 과학적 통찰을 고루 담아냈다.
에이다 리몬 Ada Limón, 미국 제24대 계관시인·『경이의 순간Startlement』저자

기후 변화에 관한 책이라고 해서 반드시 우울할 필요는 없다. 저자는 과학 덕후들이 좋아할 만한 지구과학 정보와 흥미로운 일화를 풀어놓고, 상상의 시나리오를 통해 기후 변화의 결과를 그려낸다.
《커커스 리뷰》

기후 위기를 바라보는 이 시대의 논의 중에서도 단연 돋보이는 작품이다. 마블은 이 아름다운 데뷔작에서 기후 위기가 불러일으키는 감정을 통해 지구온난화 문제를 풀어낸다.
《퍼블리셔스 위클리》

차례

들어가는 글
매일 세상의 끝을 마주하는 기분 13

1장
경이: 과학이 우리에게 들려주는 비밀 21

평균 기온 15도의 마법 | 일상에 가득한 경이로움에 대하여 | 바람은 어디에서 불어올까? | 천 년의 시간을 흐르는 바다 | 프로메테우스의 선물 | 진실을 안다는 건 얼마나 근사한 일인가

2장
분노: 어차피 저는 미친 과학자니까요 59

묵살당한 최초의 기후과학자들 | 과학은 더듬더듬 헤매며 앞으로 나아간다 | 과학을 믿지 않는 사람들 | 그들은 알고 있었다 | 거짓말쟁이들의 시나리오 | 바꿀 수 있는 미래

3장
죄책감: 기후 변화의 진짜 원인은 우리다 93

첫 번째 용의자: 내부 변동성 | 두 번째 용의자: 태양 | 세 번째 용의자: 지구의 공전과 자전 | 네 번째 용의자: 화산 폭발 | 다섯 번째 용의자: 에어로졸 | 마지막 용의자: 온실가스 | 진범은 따로 있다

4장
두려움: 어둠 속 괴물보다 무서운 것 129

기후 변화로 발생한 최초의 대량 사망 사건 | 폭염과 가뭄 그리고 더스트볼 | 극단적 폭우가 드러낸 민낯 | 자연재해는 없다 | 해수면 상승은 이미 돌이킬 수 없다 | 우리가 버텨낼 수 없는 세계 | 과거에서 교훈을 찾을 수 있을까? | 흑사병, 코로나19 그리고 다음의 팬데믹 | 기후와 폭력성의 상관관계 | 우리가 서로에게 저지르는 일

5장
애도: 때 이르게 잃어가는 세계 167

머지않아 사라질, 내가 사랑했던 바닷가 | 빙하에서 찾아낸 과거와 미래 | 산불의 시대, 파이로세 | 해수면에 삼켜질 우리의 시간 | 재와 기억으로 남을 그 모든 것들을 애도하며

6장
놀라움: 아직 남아 있는 질문들 201

1막 기후 민감도: 지구는 얼마나 뜨거워질까? | 2막 기후 피드백 루프: 지구가 얼마나 뜨거워질지 우리는 왜 모를까? | 3막 이산화탄소 피드백: 얼마나 나쁜 상황이 벌어질까? | 4막 임계점: 더 나빠질 수도 있을까? | 5막 미래의 배출량: 어떻게 할 것인가?

7장
자부심: 평범한 사람들이 만들어갈 미래 247

태양을 피하는 방법 | 나무는 인간을 위해 존재하지 않는다 | 역사상 최대 규모의 정화 작전 | 바다를 통제할 수 있을까? | 우리는 지구를 걸 수 없다 | 크누트가 옳았다

8장
희망: 지금껏 아무도 한 적 없는 일을 해야 할 시간   277

고래가 멸종하지 않은 이유 | 런던 스모그를 막아낸 청정대기법 | 깨끗한 공기를 요구할 권리 | 유연휘발유를 퇴출시킨 한 명의 과학자 | 우리는 오존층을 지켜냈다 | 좀 더 나은 결말을 위하여 | 그리고 모두 행복하게 살았답니다

9장
사랑: 기후 모델이 말해주지 못하는 것   317

미국 서부 산맥에서 영국의 바다까지 | 기나긴 팬데믹의 겨울을 지나며 | 모든 것은 연결되어 있다 | 미치에 대하여 | 진심으로 무언가를 사랑한다면 | 인간에 대한 믿음 | 진짜 세계에만 있는 것

감사의 글   351
주   355

들어가는 글

매일 세상의 끝을 마주하는 기분

> 내가 나 자신과 모순되는가?
> 그렇다면야 좋다, 나는 나와 모순된다.
> (나는 크다, 나는 다수를 포함한다.)
> **월트 휘트먼, 『나 자신의 노래』**

어느 맑은 겨울날, 세계가 거꾸로 돌아가기 시작한다. 뉴욕 하늘에 떠오른 태양은 정오의 높이에서 잠시 머뭇거리다가 대서양 너머 동쪽으로 진다. 무역풍이 진로를 바꾼다. 해류는 역행한다. 사하라에 비가 내리기 시작하고, 아마존의 비는 그친다. 몇 개월 뒤 열대우림에 산불이 나 그을린 땅만 남기고 모든 것을 태운다. 프랑스 서해안에 해빙海氷이 나타난다. 눈으로 뒤덮인 런던의 궁전에서 왕이 크리스마스 연설을 한다. 러시아는 훈훈하고 산뜻한 땅으로 변한다. 오래지 않아 시베리아산 와인이 시장에 최초로 등장한다. 그러나 이 와인을 살 수 있는 건 운 좋은 이들뿐이다. 사람들은 대부분 식량과 물, 살 곳을 찾아 다 함께 불확실한 미래로 역행하는 중이므로.

이윽고 한 세계가 끝나고 다른 세계가 시작된다. 그 세계는 수십, 수백 년간 기분 좋은 활기를 내뿜다가 별안간 땅이 뒤흔들린다. 대규모 화산 폭발이 일어나 성층권이 황산으로 물들고, 황산은 먼지 입자가 되어 해를 가린다. 세상이 어둠에 잠긴다. 어느 곳에서는 몇 달간 매일 비가 내린다. 흉작으로 식량 가격이 급등하고, 모두가 다른 누군가를 탓하고 있다. 정치인들은 듣기 좋은 거짓말과 희생양을 내놓으며 과거의 아름다운 세상을 되찾겠노라고 호언한다.

또 다른 세계가 시작되어 안정 상태로 들어선다. 날씨는 계절에 따라 변하고 공기와 물은 규칙도 없이 오락가락한다. 더운 날도 있고 추운 날도 있으며, 상쾌한 날씨가 줄곧 이어지다 문득 재난이 끼어든다. 하지만 상관없다. 어차피 이 세계는 텅 비었고 생명도 없으니까. 이 세계를 즐길 수 있는 존재는 없다. 이 세계를 바꿀 수 있는 존재도 없다.

더 많은 세계가 등장한다. 온통 물로 뒤덮인 세계가 나타났다가, 그다음엔 물이 한 방울도 없는 세계가 등장한다. 거대한 우주 눈덩이 같은 차가운 행성이 되었다가, 사나운 바다는 있으나 얼음은 없는 따뜻한 행성이 되기도 한다. 세계가 바뀔 때마다 서로 다른 대기가 생겨난다. 오존층이 없는 행성, 산소가 부족한 행성, 가스가 많아 열이 빠져나가지 못하는 행성도 있다. 모두 한동안 지속되다가 피치 못할 재난을 맞는다. 화산 폭발이 일어나 태양 빛이 가려지고, 빙하기가 찾아오고, 대기의 구성이 문득 뒤바뀐다. 각각의 세계는 주어진 경로대로 흘러가다가, 내 명령으로 끝을 맞이한다.

내가 그 세계들을 만들었다. 갖가지 이유로 멸망을 맞이한 그 모든 세계들 말이다. 나는 지구과학자로, 행성들과 그 기후들을 연구하는 사람이다. 나는 컴퓨터 속 조그만 장난감인 기후 모델을 실행하고 분석한다. 수식과 코드로 이루어진 이 디지털 세계에서 나는 화산 폭발을 일으키고, 바람을 없애고, 세계가 거꾸로 돌아가게 만들 수 있다. 마음만 먹으면 태양을 완전히 가릴 수도 있다. 자판 몇 개를 누르는 것만으로 대기의 화학식을 바꿀 수도 있다. 때때로 나는 그런 세계 속에서 살아가는 사람들을 상상하곤 한다. 그러면서 하루가 멀다 하고 그들에게 끔찍한 짓을 저지른다. 그러나 신경 쓰는 사람은 아무도 없다. 전부 진짜가 아니니까. 하드디스크 드라이브에만 존재하는 세계에 일어나는 일 때문에 슬퍼하거나 화를 내거나 겁에 질리는 사람은 없을 테니까.

그러나 이 가짜 세계들은 우리가 지금 살고 있는, 그리고 앞으로 살아갈 세상을 제대로 이해할 수 있는 최선의 방법이다. 과학자들은 수십 년 전부터 기후 모델을 통해 가능한 미래를 확인해왔다. 그리고 이제, 오래전부터 예측했던 변화들이 찾아오고 있다. 온실가스로 가득 찬 디지털 대기가 아닌 **우리의** 대기에. 불타는 것은 장난감 행성이 아닌 **우리의** 사랑하는 지구다. 기후 변화는 전자회로에 인코딩된 1과 0에만 일어나는 게 아니다. 바로 여기서 일어난다. 나에게, 우리에게 일어난다. 내 마음 깊은 곳까지도 기후 변화가 일으킨 복잡한 감정들이 휘몰아친다.

가장 먼저 나는 화가 난다. 온실가스가 지구온난화를 일으킨다는 사실을 알게 된 지 100년이 넘었는데도 대기 중 온실가스 배출을 줄이기 위한 노력은 극히 부족했기 때문이다. 그러다 누가 온실가스를 배출했는지 떠올리다 보면 나 역시 그 죄책감으로부터 자유로울 수 없다는 사실을 깨닫게 된다. 우리가 영영 잃어버릴 것들을 생각하면 지독한 슬픔이 차오른다. 머지않아 분명 다가올 재난이 두렵다. 동시에 이 아름다운 세계를 향한 자부심, 놀라움, 희망을 느끼고, 이 지구를 참을 수 없이 사랑한다. 나는 너무나 많은 감정을 느낀다.

어쩌면 이런 감정들은 과학자가 느끼기에 적절치 않은 것일 수 있다. 과학자라면 우리가 연구하는 세계에 대해 완벽하게 객관적인 태도로, 감정을 배제한 채 중립을 지켜야 하는 것이 아닐까? 하지만 나는 그럴 수 없다. 나는 지구에 대한 이해 상충이 있음을 밝힐 수밖에 없다. 내가 사랑하는 모든 것이 이 지구에 살아가고 있기 때문이다. 그러나 이를 인정함으로써 내가 더 많은 공격에 노출될까 봐, 나아가 기후과학의 토대를 위태롭게 할까 봐 걱정되는 건 사실이다. 내가 감정 때문에 판단력이 흐려졌다고 주장할 고약한 인간들이 상상된다. 우리 사회에는 감정적인 여성들에게 붙이는 수식어들이 있다. 그중 어떤 것도 칭찬이 아니라는 사실도 잘 안다.

그럼에도 뼛속부터 과학자인 나는 언제나 더 많은 데이터를 원한다. 우리는 중요한 사실들을 무시해서는 안 된다는 훈련을 받은 사람들이다. 내가 강우량이나 토양의 습도를 측정할 때와 마찬가지로 우리의 감정들을 관찰하고 기록하는 데에도 솔직하게 임해야 한다고 생각하는 건 이 때문이다. 지금 이 세계에 닥치고 있는 거대한 변화에 대해 그 어떤 감정도 느끼지 않는 척한다면, 그건 과학자가 아닌 거짓말쟁이일 뿐이다.

내가 이 책을 쓴 건 세 가지 이유 때문이다. 첫째, 기후 변화 연구자로서 내가 알고 있는 것, 즉 오늘날 기후 문제에 대한 정확한 사실을 객관적으로 알리고 싶었다. 둘째, 걷잡을 수 없이 무너져가는 세계에서 기후과학을 연구하는 것이 어떤 기분인지 조금이나마 설명하고 싶었다. 셋째, 기후 문제에 대해 과학자이자 한 인간으로서 내가 느끼는 너무나 복잡한 감정들을 전하고 싶었다.

기후 변화에 대한 이야기는 사람들에게 종종 특정한 반응을 요구하는 것처럼 보인다. 공포, 분노, 절망감 같은 감정들이다. 하지만 나는 우리가 느껴야 마땅한 '올바른' 감정이란 없다고 생각한다. 오랫동안 지구를 연구해온 내게 지구란 복잡한 곳이다. 취약성을 가진 동시에 회복력도 갖추고 있으며, 경외심을 갖게 할 만큼 멋진 곳이자 끔찍하고 지독한 곳이기도 하다. 지구라는 이 거대한 행성에 관한 감정을 과연 한두 가지로 간단히 요약할 수 있을까?

인간은 대기를, 지표면을, 해양을 바꾸었다. 지구상에 인간의 영향이 미치지 않은 곳은 없다. 나는 세상에 '인간의 본성' 같은 건 존재하지 않는다고 믿는다. 적어도 불가피하게 특정한 결과를 도출하는 변할 수 없는 특성이라는 의미에서는 말이다. 나는 물리 법칙이나 수학 공식처럼 고정된 방식으로 작동하는 것들에 상당히 익숙하다. 그러나 사람에게는 그런 공식이나 법칙이 통하지 않는다. 움직이는 물체는 외부의 힘이 가해져 궤도를 바꾸기 전까지는 언제까지나 같은 방향으로 움직이지만, 움직이는 사람은 자기 마음대로 언제든 멈추거나 움직일 수 있다. 인간 존재나 인간 사회의 미래를 정확히 예측하거나 설명할 수 있는 물리 법칙은 존재하지 않는다. 인간은 어리석고 비열한 동시에 영리하고 친절하며 규칙을 준수하는 존재로, 때로는 이 모든 면모를 한꺼번에 드러내기도 한다. 우리는 법칙을 깬다. 예측하기 어렵다. 그러나 미래를 빚어내는 것 또한 바로 우리다.

다시 하나의 세계가 시작된다. 산성으로 변한 바다 위에 질식한 해양 생물의 사체가 둥둥 떠다닌다. 물이 불어 해안선을 집어삼킨다. 넓고 넓은 황무지 사이에 이따금씩 불타는 숲이 보인다. 지중해는 물이 말라 사하라와 다를 바 없고, 북아메리카 서해안은 가뭄과 홍수라는 극단적인 상태를 오간다. 대기는 이산화탄소와 메탄가스로 가득 차 있고 기온은 끝없이 상승한다.

나는 그 세계를 끝내고 또 다른 세계를 시작한다. 좀 전의 악몽 같은 행성과 여러모로 흡사하다. 폭염과 가뭄, 천 년에 한 번 일어날 법한 대홍수가 10년을 주기로 반복된다. 해수면은 여전히 상승해 있다. 그러나 수십 년간의 노력 끝에 인류는 마침내 대기 중에 이산화탄소와 메탄가스를 내뿜지 않게 됐다. 기온은 아직 위험할 만큼 높지만, 더는 치솟지 않는다. 이곳은 서서히 새로운 현실에 적응하고 현재의 모습과 화해하는, 새로운 평형을 이루기 시작한 세계다.

이 또 다른 세계는 어쩌면 우리가 가질 수 있는 미래 중 가장 좋은 세계일 것이다. 21세기 중반, 인류는 이산화탄소 배출을 그만둔 것은 물론, 대기 중 이산화탄소를 일부 제거하는 법도 알게 되었다. 도로, 수로, 주차장, 심지어 일부 농장까지 거의 모든 건물이 태양광 패널로 뒤덮인다. 사람들은 대부분 쾌적한 녹색 도시에 산다. 도시 외곽은 복원된 숲으로 울창해진다. 이 세계는 완벽한 곳과는 거리가 멀다. 우리가 살고 있는 지금보다 덥고, 더 위험하고, 해수면도 더 높다. 그 어떤 유토피아도 기후 환경을 인류 문명이 발전하기 이전으로 되돌릴 수는 없다.

어떤 환경이 우리의 미래와 가장 가까울지는 알 수 없다. 과학에서는 인류가 벌목과 화석연료 연소로 온실가스를 배출하는 한 지구의 온도는 계속 상승할 거라고 한다. 물리학에서는 그것이 해수면 상승, 강수량 증가, 더 길고 심각한 가뭄을 뜻한다고 한다. 그러나 우리가 어떻게 행동할지에 관해서는 말하지 않는다. 과학은 미래의 기온은 예측할 수 있어도, 우리의 마음과 의지에 대해서는 알지 못한다. 미래는 여전히 불확실하다. 다만 확실한 것은, 내가 내 아이들을 보낼 미래가 바로 그곳이라는 사실이다. 그리고 그 아이들은 돌아오지 않을 것이다. 나는 매일 그 미래의 날들을 생각한다. 이 모든 감정들을 느끼며.

1장

경이

: 과학이 우리에게 들려주는 비밀

삼라만상의 빛 속으로 나오라
자연이 네 스승이 되게 하라.
　　윌리엄 워즈워스, 「입장 전환」

　종말이 예견된 도시 위로 해가 떠오른다. 도시를 둘러싼 성벽 너머에는 10년 치의 잔해가, 타고 남은 전차의 해골 같은 기계장치며 인간과 말들의 하얀 뼈가 즐비하다. 카산드라는 성벽 위에 서서 모닝커피를 마시며 지난밤 예지한 장면들을 잊으려 애쓴다. 마음을 놓고 있을 때면 카산드라의 눈에는 미래가 보였다. 그는 이 도시, 트로이의 몰락을 보고 또 보았다. 가족이 살해당하는 장면도 보았다. 승전한 그리스 장군이 자신을 포로로 붙들고 노예로 삼는 것도, 그의 아내 손에 자신이 살해당하는 장면도 보았다. 그 남자가 죽는 장면도. 그건 작은 위로가 되었다.

　고요한 아침이다. 그리스인들은 퇴각했고, 그들이 남기고 간 목마는 아직 성벽 안으로 들여오지 않았다. 카산드라는 그들의 꿍꿍이를 알기에 지금 이 순간은 그저 최후의 경련 직전에 감도는 불편한 정적일 뿐임을 안다. 눈을 감는다. 뜨겁고 짠 내장 같은 미래가 밀물처럼 쏟아져 들어오는 광경을 카산드라는 받아들인다. 정복자들이 도시를 약탈하자마자 진로를 틀어 짙은 포도줏빛 바다로 나아가는 모습을 본다. 그들이 이해할 수 없는 묘한 마법을 부리는 바다 님프와 괴물이 지배하는 세계에서 갈팡질팡하는 모습을 본다. 스스로 영웅이라 자처하는 저 군인들은 얼마나 연약한 남자들인가, 하고 카산드라는 생각한다. 돌풍이 몰아치다 잠잠해지더니, 이윽고 바다는 포말을 일으키며 소용돌이치기 시작한다. 끝내 폭풍우가 배를 좌초시킬 때까지 그들은 아무것도 이해하지 못한다.

카산드라는 세계를 움직이는 그 이면의 논리를 다 알고 있다. 바다와 하늘을 하나로 엮는 보이지 않는 실을 볼 수 있는 건 오로지 카산드라뿐이다. 미래를 알고자 하는 자는 그 원천인 현재를 알아야 하기에, 카산드라는 트로이 최후의 날, 이 경이로운 아침에 정신을 집중하고 음미한다. 해는 이제 머리 위까지 떠올랐고, 카산드라는 이 해가 내일, 또 내일, 그리고 또 내일 다시금 뜰 것임을 안다. 그러다 해는 연료를 모두 소모하고 그 붉게 부푼 죽음의 격통 속에 세계를 삼켜버리리라.

하지만 카산드라가 자신의 눈에 비친 이 끔찍한 광경을 소리쳐 알린들, 그녀의 말을 믿을 사람은 아무도 없다. 그것이 카산드라가 받은 저주다. 그녀의 예언은 언제나 옳지만, 아무에게도 믿음을 얻지 못한다는 것. 태양신 아폴론이 내린 저주다. 망할 놈의 자식, 카산드라는 생각하다 잠깐 시간에 붙들어두었던 정신을 놓친다. 무방비한 정신 속으로 또다시 미래가 폭풍우처럼 밀려든다. 그의 미래, 트로이의 최후, 바다와 하늘의 운명. 살갗에 닿는 태양의 온기가, 평범한 별의 따분한 빛이 느껴지자 카산드라는 다시 현재로 돌아온다.

그로부터 수천 년 뒤 뉴욕의 고층 빌딩 너머로 해가 사라진 이른 오후, 내게는 아무것도 보이지 않는다. 내 연구실 창문은 더 높은 빌딩의 벽돌 벽을 향해 나 있고, 쥐처럼 건물 외벽을 기어 내려와 창가에 닿는 햇빛은 연구실 안을 밝히기엔 미약하다. 천장에 난 물 자국 옆에서 침울하게 깜빡거리는 청백색 전구가 햇빛을 대신한다. 책상 위에는 쌓아둔 과학 논문 출력본, 컴퓨터, 그리고 우편물 무더기가 있다. 영영 읽지 않을 학술지들, 깜빡 잊고 작성하지 않은 서류들, 그리고 내가 멍청하거나 나쁘거나 틀렸다고 지적하는, 기묘하게 큼직한 서체로 작성된 편지들이다. 나는 우편물을 재활용품 수거함에 던져 버리며 건물 밖으로 나선다. 어느새 어둑해진 하늘을 보며 벌써 시간이 이만큼 지났다는 사실에 놀란다. 비가 내리고 있다.

오늘의 날씨를 이해하는 게 내 할 일은 아니다. 나의 일은 기후를 이해하는 것이다. 나는 과학자로, 공기, 물, 얼음, 땅의 물리학이 전문 분야이며, 기후 모델이라 불리는 디지털 행성들을 사용해 연구하고 있다. 기후 모델 속에서 나는 미래를 본다. 내 컴퓨터는 열파heat wave(폭염과 같은 의미로, 고기압이 뜨거운 열기를 가두어 고온이 국지적으로 장기간 지속되는 상태—옮긴이)와 구름의 위치를, 바다의 수위가 높아지며 해안선이 후퇴하거나 불분명해진 지도들을 보여준다. 기온이 올라간다. 뉴욕에는 폭우가 쏟아진다. 지중해는 영영 나아지지 않을 가뭄에 사로잡힌다. 한 세기가 중간 점을 지나고 끝난다. 다음 세기가 시작된다. 컴퓨터에는 앞으로 닥쳐올 세계의 비전이 나타난다. 그것은 종말의 예언이자 날카로운 경고다. 그리고 무엇보다도, 그것은 기적이다.

그리스 신화 속 카산드라와 나 같은 현대의 기후과학자 사이에는 명백한 공통점이 있다. 우리는 도사리고 있는 비극을 본다. 그리고 그 비극을 사람들에게 경고하려 애쓴다. UN이 의뢰한 포괄적 기후 보고서는 여섯 개였다. 미국 국가기후평가U.S. National Climate Assessments의 보고서도 다섯 건이었다. 우리는 무급으로 꾸준히 이런 보고서들을 작성하지만, 보고서가 발표된 뒤에도 뉴스 보도는 늘 똑같다. "과학자들은 지구온난화를 우려한다." "과학자들은 빙산을 걱정한다." "과학자들이 온실가스 배출량 증가에 당혹감을 느낀다." 마치 그것이 오로지 과학자들만의 사적인 걱정이라는 듯이 말한다. 과학자가 아닌 다른 사람들은 모두 여기가 아닌 다른 행성에 살고 있기라도 한 듯이. 우리가 아무리 보고서를 발표해도, 세상에는 아무 일도 일어나지 않는다. 적어도 사태의 심각성에 상응하는 조치는 없다. 아무도 귀 기울여 듣지 않는 이야기를 외치고 또 외치는 것, 그것이 우리에게 내려진 저주다. 머지않아 반드시 실현될 무서운 미래를 예측하는 것. 경고하고, 경고하고, 또 경고하다가 결국 전 세계가 피할 수 있었던 불길에 휩싸이는 것.

그러나 여기, 작은 마법이 존재한다. 우리가 받은 저주가 곧 선물이라는 사실이다. 우리가 위험과 종말을 예측하고자 사용하는 모델은 놀라움, 아름다움, 기쁨 역시 보여준다. 눈앞에 펼쳐지는 미래를 보는 것, 세계를 우아한 방정식으로 걸러내 예언과 꼭 닮은 무언가를 발견하는 것은 참 근사한 일이다. 그러나 지구의 미래를 이해하려면, 먼저 지구의 현재를 이해해야 한다. 뜨거운 열대와 차가운 극지대를, 축축한 산등성이를 타고 올라가는 습한 공기를, 더운 날 부드럽게 불어오는 서늘한 바닷바람을. 잠시 가만히 앉아 세계가 그 아름답고도 끔찍한 비밀들을 보여주길 기다려야 한다. 그리고 다가올 미래의 희미한 메아리를 담고 있는 이 순간에 귀를 기울여야 한다. 지친 가을 낙엽을 땅으로 끌어당기는 중력이라는 힘은 지구가 태양의 둘레를 공전하게 하는 것과 같은 힘이기에, 잎이 떨어진다는 것은 곧 다시 봄이 오리라는 굳건한 약속이다. 살아 있다는 것, 그리고 만물의 이치를 알 수 있다는 것은 선물이다. 그렇기에 과학자들은 세상에서 가장 운이 좋은 존재 중 하나다. 알 수 있으니까. 카산드라가 그랬듯, 우리도 미래를 본다. 여기서 중요한 것은 카산드라의 예언이 무시당했다는 것이 아니다. 카산드라의 예언이 **옳았다**는 사실이다.

평균 기온 15도의 마법

기후과학자들은 신이 내려준 예지력 따위로 미래를 보는 것이 아니다. 우리가 미래를 볼 수 있는 이유는 물리학이 있기 때문이다. 설명할 수 없을 만큼 근사한 이유로, 우주는 얼음 덩어리로 뒤덮인 산꼭대기에서도, 우주의 허공에서도, 대양의 가장 깊고 어두운 바닥에서도, 그 어떤 맥락에서도 참인 방정식들로 이루어져 있다. 이 방정식을 풀면 세계가 왜 이런 모습인지 이해할 수 있다. 비가 왜 내리는지, 바람은 어느 방향으로 부는지, 어째서 지구에 기온이 존재하는지, 그리고 그 기온은 왜 상승하는지 알 수 있게 된다. 이처럼 물리학은 우리가 가진 것 중 가장 마법에 가까운 도구다.

기후 모델은 바로 이 마법으로 만들어졌다. 우리는 수많은 방정식을 바탕으로 작은 세계를 만들고, 견고한 기반 위에 복잡한 구조를 층층이 쌓아간다. 시작은 별 하나, 바위 하나. 그다음에는 대기를 만든다. 공기가 상승하며 비가 내릴 수 있는 높은 대기 기둥을 형성한다. 대기를 사방으로 확장해 바람이 불어 갈 공간을 만든다. 바닥에는 구덩이를 파고 소금물로 채워 해양의 흐름을 살핀다. 수학과 코드가 뒤엉킨 그 혼잡 속에 아름답고 진실한 무언가가 들어 있다. 우리는 그것을 '기후 모델'이라 부른다.

모든 기후 모델은 태양과 함께 시작한다. 그리스인들은 태양에 아폴론의 이름을 붙였다. 알다시피 아폴론은 온갖 욕망과 성적으로 난잡한 버릇을 지녔으며 순진한 사람들을 불편한 사물로 변신시키는 걸 좋아하는 신이다. 사실 카산드라가 받은 저주 정도는 양반이다. 어쩌면 덤불이나 돌고래, 혹은 한낮의 태양 빛에 가려져 보이지도 않는 먼 하늘의 어느 작은 별자리 신세가 될 수도 있었다. 그러나 아폴론이 흥미를 보인 순간 카산드라의 운명은 정해졌다. 태양과 마주친 뒤 본래의 모습을 지킬 수 있는 이는 아무도 없다.

오늘날 우리는 태양이 그저 우리 은하를 이루는 천억 개쯤 되는 별 중 하나일 뿐이라는 사실을,[1] 그리고 우리 은하 역시 천억 개나 되는 다른 은하들 중 하나에 불과하다는 사실을 안다.[2] 태양이 떠오르는 건 어떤 눈부시게 아름다운 남성이 황금 전차를 몰고 하늘을 가로질러서가 아니라, 지구가 자전축을 중심으로 24시간 주기로 돌고 있기 때문이다. 우리는 지구의 자전축이 약 23.4도 기울어져 있다는 것도 알고, 지구가 태양 주위를 돌 때 반대쪽으로 기울어진 지구의 절반에는 겨울이 온다는 것도 안다. 모든 것이 변함없는 규칙에 따라 일어나는, 예측할 수 있는 평범한 일이다. 그러나 이 엄격한 질서 속에도 이상하고 근사한 일들이 벌어질 공간이 있다.

우리의 태양은 별 중에서는 그저 중간 크기지만, 빛을 낼 정도로는 크다. 내핵의 온도는 일반적인 물리 법칙이 더 이상 적용되지 않을 정도로 뜨거워서, 서로를 밀어내야 마땅할 작은 전하 입자들이 서로 부딪치며 신기한 핵융합을 일으킨다. 태양은 입자를 빛으로, 물질을 순수하게 빛나는 에너지로 바꾸는 연금술을 쉬지 않고 벌인다. 자연이 우리가 사는 세계를 이런 식으로 유지해주어서 참 다행이다. 태양이 석탄을 연소해 빛을 냈더라면 이미 오래전 다 타서 사라져버렸을 테니까.

태양의 뜨거운 내핵에서 생성된 에너지가 우리에게 오기까지는 아주 긴 시간이 걸린다. 에너지는 그 어떤 것보다 빠른 빛의 속도로 움직인다. 그러나 아무리 빠른 단거리 선수라도 장애물 앞에서는 속도를 늦추는 법. 태양의 중심부에는 장애물이 많다. 빛은 태양 주위를 벽처럼 에워싼 뜨거운 가스에 부딪쳐 튕겨 나오고 다시금 부딪치기를 거듭하다 마침내 틈을 찾아 빠져나온다. 그렇게 태양 바깥쪽 경계에서 흘러나온 빛이 우리 눈에 닿기까지는 8분이 걸린다. 그러나 어느 봄날 우리 살갗을 따스하게 데우는 미세하고 반짝이는 파편 하나하나는 전부 우리보다, 우리 선조보다, 인류 문명이 존재하기보다도 더 오래전에 일어난 핵반응에서 태어나 만 년간의 싸움을 벌인 끝에 살아남은 것들이다.[3]

지구가 이 빛나는 에너지의 근원과 지금보다 더 가까이 있었더라면 너무 뜨거워서 생명이 살지 못했을 것이다. 태양과 가장 가까운 수성의 낮 기온은 섭씨 430도에 달한다. 그렇다고 춥고 불쌍한 천왕성이나 해왕성만큼 멀었더라면 우리는 영영 얼어붙어 있었을 것이다. 태양이라는 별로부터 완벽한 거리에 있는 특별한 '골디락스Goldilocks'(너무 뜨겁지도, 너무 차갑지도 않은 딱 적당한 상태—옮긴이) 지대에 살게 된 건 행운이다.[4] 그러나 이렇게 운 좋은 위치에 있다고 해도, 그것만으로 지구가 생명이 살 만한 환경이 되는 것은 아니다. 태양으로부터의 거리만 놓고 본다면 지구의 평균 기온은 영하 18도 언저리여야 한다. 말하자면, 너무 추워서 생명이 살 수 없는 온도다.

물론 지구의 기온은 이보다 높다. 그 이유를 이해하려면 우선 세 가지를 알아야 한다. 첫째, 태양은 빛을 내지만, 지구도 마찬가지라는 것이다. 물리학에 따르면 모든 것에는 온도가 있다. 즉, 모든 것이 각자의 빛을 세상에 뿜어낸다는 것이다. 뜨거운 것이 차가운 것보다 훨씬 많은 빛을 내뿜는다는 차이만 있을 뿐, 세상 모든 물체는 예외 없이 빛을 낸다. 여러분도 지금 이 순간

100와트 전구에 해당하는 빛을 뿜어내고 있다. 우리가 사는 이 행성 역시 강렬한 태양 빛을 받고, 그 열로 뜨거워지고, 빌어 온 에너지를 다시 우주로 흘려보내며 빛나고 있다.

둘째, 지구는 태양과는 다른 방식으로 빛난다는 것이다. 빛을 **어떻게** 내뿜는가는 기온에 달려 있다. 달아오른 물체는 따뜻해지는 과정에서 서로 다른 빛을 뿜는다. 빨간색, 주황색, 파란색, 그러다가 태양처럼 모든 색채의 눈부신 혼합인 새하얀 빛으로 작열하기도 한다. 우리 눈은 태양이 보내는 빛을 볼 수 있도록 진화했고, 그것에 '가시광선visible light'이라는 창의적인 이름을 붙였다. 바리톤 음색 같은 짙은 빨간색에서부터 가느다란 고음 같은 보라색까지, 우리는 그 사이의 모든 빛을 본다. 그러나 우리가 보는 모든 색은 그저 훨씬 더 광대한 우주라는 교향곡의 희미한 음 몇 가지일 뿐이다. 우리 눈으로 볼 수 없는 곳에는 비가시광선으로 이루어진 하나의 우주가, 보라색보다 더 보랏빛인 색, 빨간색보다 덜 빨간 색이 존재한다. 태양보다 훨씬 차갑거나 훨씬 뜨거운 사물들이 이 보이지 않는 색으로 빛난다. 빨갛게 달아오를 정도로 뜨겁지 않은 우리의 지구 역시 보이지 않는 빛을 뿜고, 우리는 그것을 '적외선'이라고 부른다.

마지막으로 알아야 할 것은, 대기가 존재하기에 우리도 존재한다는 것이다. 우리 대기 중 극소량은 적외선을 흡수하는 분자들로 이루어져 있다. 그것들은 자연히 온실가스를 생성한다. 수증기, 이산화탄소, 메탄, 아산화질소다. 온실가스는 춤을 추며 우리의 빛을 붙든다. 이런 분자들이 방출되는 적외선 복사열에 부딪치면 원자를 묶어놓았던 결합이 진동하며 빛 에너지가 운동 에너지로 바뀐다. 결국 춤이 멈추며 빛이 사방으로 뻗어나간다. 온실가스는 가시광선에 영향받지 않는다. 구름에 가로막히거나 얼음에 반사되지 않는 모든 태양 광선은 우리에게 직접 내리쬔다. 그러나 온실가스는 우주로 뻗어나가는 적외선을 붙잡아 그중 일부를 되돌려보내 지표면의 온도를 높인다. 이런 셀 수 없이 많은 작은 춤들이 만들어내는 최종 결과가 지구의 기온 상승이다.

대기의 대부분은 질소와 산소로 구성된 이원자분자(두 개의 원자로 구성된 분자—옮긴이)로 이루어져 있으며, 이들은 적외선에 반응하지 않는 안정된 분자다. 온실가스는 대기의 1퍼센트 미만으로 상대적으로 희박하지만, 이 작은 춤꾼들은 뛰어난 활약을 펼친다. 만약 온실가스가 적외선을 흡수하고 재복사하지 않았더라면 지구는 이미 얼어붙고도 남았을 것이다. 즉, 온실가스가 존재하기에 지구의 평균 기온은 약 섭씨 15도 정도로 적당한 온기를 유지할 수 있다.[5]

간단한 기후 모델을 통해 행성이 생명력을 갖추어나가는 과정을 살펴보자. 먼저 평범한 별 하나를 택한 뒤, 그 별에서 1억 5000만 킬로미터 떨어진 곳에 작은 바위 하나를 놓는다. 바위가 너무 차갑다면 대기를 추가한다. 그러면 끝이다. 이제 마법이 일어나는 광경을 지켜보기만 하면 된다. 태양이 빛나면 행성은 반사광을 우주로 돌려보내려 하고, 대기 중에 있는 작은 가스 입자들은 방출되는 빛을 끊임없이 잡았다 놓아주었다 하면서 그중 일부를 다시 지표면으로 돌려보낸다. 이윽고 온도가 상승하고 안정화되며, 바위는 평범한 작은 별 주위를 돈다. 그렇게 지구의 이야기가 시작된다.

일상에 가득한 경이로움에 대하여

섬에 갇혀 있던 다이달로스는 감옥 위 하늘을 맴도는 새들을 보며 날개 속 섬세한 뼈들을 상상하고, 날개에 작고 부드러운 칼처럼 매달린 깃털의 수를 셌다. 이틀 전 아들 이카로스가 새를 한 마리 잡았는데, 갓 성인이 된 그는 지나치게 힘이 넘쳤던 까닭에 그만 새의 목을 비틀어 죽이고 말았다. 그 뒤로 이카로스는 야생동물을 해치고 만 자신의 잔인한 충동에 스스로도 충격을 받은 듯 침울하게 위축되어 있었다. "뭐라도 좀 먹어야지." 아버지가 말했다. "나가는 게 먼저죠." 오랜 감금에 진력이 난 이카로스가 대꾸했다. 그때, 마치 신이 영감이라도 준 것처럼 다이달로스의 머릿속에 기가 막힌 생각이 찾아왔다. 이제 감옥 구석에는 막대기와 노끈, 밀랍, 그리고 새한테서 빌려 온 깃털로 만든 두 쌍의 모형 날개가 마르는 중이다.

해가 뜨자 다이달로스와 이카로스는 팔에 날개를 단단히 묶고는, 위아래로 퍼덕이며 반짝이는 바다 위로 날아가기 시작한다. 아버지는 아들에게 뜨거운 태양으로부터 멀찍이 떨어져 낮고 안전하게 비행하라고 이른다. 다이달로스에게는 카산드라가 받은 재능도, 저주도 없다. 높이 뜬 차가운 구름 속에 응결된 수증기가 빗방울을 이루기 시작하는 것만큼 피치 못할 변화를 내다보지 못한다. 비행의 기쁨과 놀라움에 취한 아들이 순식간에 아버지의 경고를 잊어버리리라는 것을 그는 모른다. 그는 이카로스가 하늘 높이 날아오르리라는 것을, 모형 날개를 고정한 밀랍이 녹으리라는 것을, 그래서 아들이 땅으로 추락할 것이라는 사실을 모른다. 그의 성가시지만 소중한 아들이, 먼 훗날 그저 태양과 너무 가까울 만큼 높이 날아서는 안 된다고 경고하는 하나의 교훈적 이야깃거리로 전락하리라는 것을 알지 못한다. 가여운 이카로스, 가여운 다이달로스…. 정말 끔찍하고 슬픈 이야기다. 그렇지 않은가? 그러나 이 이야기는 사실과는 다르다.

이제는 다들 알다시피, 실제로는 태양 가까이 올라갈수록 더 뜨거워지지 않는다. 높은 산꼭대기일수록 더 춥고, 심지어 만년설로 뒤덮여 있다. 당연히 높이 날아오를수록 날개가 녹을 가능성은 **줄어든다**. 대기는 고도가 높아질수록 차가워진다. 그것이 우리가 사는 이 행성에서 가장 명백하면서도 재미없는 점 중 하나다. 그러나 이토록 평범한 진실 속에도 경이로운 비밀이 숨겨져 있다. 다이달로스가 얼기설기 만든 모형 날개처럼, 사물이 솟아오를 수 있는 것은 하늘 높이 올라갈수록 기온이 낮아지기 때문이다.

태양 빛이 지표면을 데우면 가열된 공기가 위로 올라가 마치 물 위의 기름처럼 더 차가운 공기 위에 둥둥 뜬다. 따뜻한 지표면을 떠난 공기는 차가워지고, 높은 곳에서 더 차가운 공기를 만나면 그 위로 솟구친다. 반대로 더 따뜻한 공기에 사로잡히면 다시

아래로 가라앉는다. 주변 대기의 기온이 공기의 상승과 하강을 좌우한다. 이로써 상승하는 공기 덩어리가 태양 가까이 다가가면 어떤 일이 벌어질지 예측할 수 있다.

우리는 이 공기 덩어리에 많은 관심을 쏟는다. 왜냐하면 상승하는 공기는 눈에 보이지 않는 놀라운 물질을 운반하기 때문이다. 너무나 평범하고 어디에나 존재하는 물질, 바로 물이다. 물은 지구와 같은 행성에서 살아가기에 **완벽한** 성질을 가지고 있다. 물은 지구에서 만들어낼 수 있는 온도만으로 고체부터 액체, 기체까지 그 형태를 변화시킬 수 있다. 이런 변신 능력 덕분에 물은 열정적 여행가가 되어 아주 먼 거리도 이동할 수 있다. 물은 상승하는 공기를 타고 하늘로 올라갈 수도 있고, 액체가 되어 땅 위를 흐를 수도 있으며, 단단한 얼음이 되어 고정될 수도 있다. 기체 상태에서는 온실효과로 열을 가두는 역할도 잘한다. 지구를 생명체가 살 수 있는 환경으로 만드는 자연적 온실효과의 절반은 바로 이 수증기 덕분이다.

이 놀라운 분자인 물은 심지어 춤도 출 줄 안다. 물이 형태를 바꾸면 에너지의 종류도 달라진다. 물이 고체, 액체, 기체로 변화할 때 주변 환경은 열을 빼앗기거나 열을 얻는다. 예를 들어 물이 증발할 때는 액체가 기체로 바뀌는 데 에너지가 필요하므로 표면에서 열을 빼앗는다. 더운 날 우리 몸이 땀을 내는 것도 증발을 통해 뜨거워진 몸의 열을 식히기 위해서다. 증발은 온도를 낮추는 데 매우 효과적인 방법이어서, 지표면 역시 뜨거워지면 땀을 흘린다. 그러면 열과 물 모두 지표면에서 하늘로 이동해, 따뜻한 공기의 흐름에 실려 위로 올라간다.

증발의 반대는 응결이다. 높은 곳으로 올라간 공기는 열이 식으며 수증기를 방출해 액체인 빗방울과 얼음 결정으로 이루어진 구름으로 응결된다. 빗방울 중 일부는 다시 굵은 물방울로 응결되고, 중력의 필사적인 끌어당김으로 인해 지표면으로 떨어진다. 즉, 비는 지구가 흘린 오래된 땀과 같다. 지표면은 햇빛이 비치면 땀을 흘리고, 보이지 않는 수증기를 하늘로 올려 보내며, 그것은 언젠가 다시 지표면으로 떨어지게 된다.

최초의 진정한 기후 모델은 빛을 내는 복사와 공기가 이동하는 대류를 균형 있게 조합해 만든 길쭉한 하나의 대기 기둥 속에 세계를 집어넣은 것이었다.[6] 이 모델을 통해 비가 내리는 원리를 보여줄 수 있었으며(따뜻한 공기가 상승하여 대기 중 수증기가 구름을 이루었다가, 공기가 식으면서 비가 내린다), 열대 지역에 비가 많이 오는 이유도 설명할 수 있었다(상승하는 따뜻한 공기가 많을수록 방출하는 수분량도 많아지기 때문이다). 더불어 아열대 지역 아래에는 공기가 가라앉아 사막이 형성된다는 사실도 알 수 있었다. 기후 모델은 하나의 대기 기둥 속에서 수직으로 솟아오른 짙은 뇌운雷雲(번개, 천둥, 뇌우 등을 몰고 오는 구름으로 대류권 상부까지 수직으로 발달한 형태—옮긴이)과 낮고 널찍하게 깔리는 층적운層積雲(흐린 날씨와 약한 비를 몰고 오는 일반적인 먹구름으로 넓고 낮게 깔린 형태—옮긴이)을 형성할 수도 있다. 우리가 지표면을 떠나 이카로스처럼 한없이 높이 날면 어떤 기분이 들지도 이 기후 모델 덕분에 알 수 있다.[7]

2021년, 최초의 기후 모델을 만든 마나베 슈쿠로真鍋淑郎가 노벨 물리학상을 받았다.[8] 내가 아는 모든 기후과학자들은 이 사실에 엄청난 감동을 받았다. 나 또한 그랬다. 보통 노벨 물리학상은 일상적 경험과는 동떨어진, 마법 같은 현상을 발견한 통찰에 주어지곤 했다. 그 전까지만 해도 쿼크, 블랙홀, 암흑물질 등을 발견한 사람들에게 수여되었으니 말이다. 그런데 이제 거기에 '비'가 포함된 것이다. 일상에도 경이로움이 존재한다는, 인정받아 마땅한 사실을 마침내 인정받은 기분이었다.

물리학은 때로 차갑고, 임상적이며, 재미와는 정반대에 있는 지루한 학문처럼 보인다. 이카로스 이야기처럼 교훈을 주는 단순한 설화조차도 현실과 마주하면 모순이 드러나기도 한다. 그러나 나는 세상이 어떻게 작동하는지를 아는 것, 대기가 위로 올라갈수록 차가워져서 구름과 비를 만들어낸다는 것을 이해하는 것에는 경이로운 면이 존재한다고 생각한다. 물리학, 그리고 물리학에 바탕을 둔 기후 모델은 풍요롭고 복잡하며 생명력이 가득한 진실을 말해준다. 현실이란 이야기가 생겨날 수 있는 아름다운 캔버스다. 나는 그 어떤 신화보다 현실을 좋아한다. 한 편의 깔끔한 교훈적 설화를 잃는 대가로 새로운 가능성과 더 나은 미래, 더 행복한 결말로 이루어진 세계를 얻는 것이 내게는 훨씬 공정한 거래처럼 느껴진다.

물리학이 지배하는 현실 세계에서는 이카로스가 하늘 높이 올라갈수록 공기는 더 희박하고 차가워진다. 그토록 높은 하늘에 몇 초 이상 머무르면 불편해지기에, 이카로스는 차가운 위쪽 공기와 안전하고 따뜻한 아래쪽 공기 사이를 빠른 속도로 오르락내리락한다. 공기 중의 보이지 않는 수증기가 햇빛을 받아 찬란하게 빛나는 물방울이 되는 모습이 보인다. 그는 매처럼 양 날개를 펼치고 상승기류에 몸을 싣는다. 드문드문 자리한 흰 구름, 가느다란 실 같은 구름 줄기에서부터 우뚝 솟은 적운積雲(흔히 뭉게구름으로 불리는, 맑은 날 관찰되는 수직으로 발달한 구름—옮긴이), 그리고 햇빛을 받아 빛나는 적란운積亂雲(적운보다 수직으로 더 치솟아 산처럼 보이는 큰 구름—옮긴이) 아래로 바다가 보인다. 지금까지 수없이 봐온 구름이지만, 지금 같은 모습은 처음이다. 이카로스는 팔을 흔들어 아버지를 부른 뒤, 웃으며 멀찍이 보이는 땅을 가리킨다. "저 좀 봐요, 아빠." 그 말을 남긴 뒤 이카로스는 마지막으로 한 번 더 차가운 하늘 위로 솟아올랐다가 이윽고 땅 위로 안전하게 착지한다. 숨을 몰아쉬며 축축해진 날개를 벗는다.

바람은 어디에서 불어올까?

내가 기후과학 연구를 시작한 것은 2010년대 초반, 이론물리학 박사 학위를 좀 더 시급한 문제 해결에 써야겠다고 결심하고부터였다. 나는 거대하고도 단순한 질문들을 기후 모델을 통해 던져볼 수 있다는 점이 좋았다. 지구가 거꾸로 돈다면 어떻게 될까? 지구에 땅이 없고 바다뿐이라면 어떻게 될까? 기후과학에서는 그런 질문들을 마음껏 상상하고 연구해볼 수 있었다.

내 첫 번째 연구 주제는 '바람이 고갈될 수 있을까?'였다.[9] 우리가 아직 그 답을 모른다는 사실이 놀라웠다. 이 질문은 매우 시의적절한 것이었다. 요즘 같은 시대라면 호황기를 누리는 테크 회사들이 넘쳐나는 돈을 가지고, 제트기류가 부는 상공에 풍력 터빈을 설치한다든지 하는 미친 과학 기술에 투자할 수도 있을 것 같았다. 게다가 이것은 아무도 시도하지 않을 얼토당토않은 아이디어는 아니었다. 지표면으로부터 멀리 떨어진 높은 하늘에는 빠른 속도로 움직이는 제트기류가 존재하는데, 이론상으로는 이 기류를 이용해 상당한 전력을 생산할 수 있다. 그러나 그 빠른 바람을 전기 생산을 위해 빨아들였을 때 기후에 어떤 영향이 생겨날지는 아무도 모르는 상태였다. 인류는 에너지를 끝없이 원할 것이 분명하기에, 상공에서 지나치게 많은 에너지를 추출할 경우 바람의 속도가 느려지고 기후 변화가 일어날 가능성이 있었다. 나는 바람이 실제로 재생 가능한 에너지원인지 알고 싶었다. 그러려면 우선 바람이 어디에서 오는지부터 이해해야 했다.

『오디세이아』에서 바람의 신 아이올로스는 고향 트로이를 떠나 10년간의 여정을 펼치던 가운데 자신의 섬에 나타난 그리스의 장군 오디세우스를 안타까이 여겼다. 그는 온화한 서풍인 제피로스를 불러 오디세우스와 그의 선원들을 고향으로 날려 보내도록 했다. 그리고 다른 바람들을 자루에 넣은 뒤 은실로 묶어 오디세우스에게 건네며 항구에 안전하게 도착했을 때 열라고 당부했다. 그러던 어느 밤, 선원들은 이 자루에 장군이 남몰래 모아 둔 보물이 들어 있을 것이라 생각하고는 자루를 묶은 은실을 풀어버렸다. 갇혀 있는 데 진력이 난 바람들이 순식간에 빠져나오면서 배가 떠밀리게 되었고, 이 불운한 선원들은 다시 아이올로스의 섬으로 돌아오고 말았다. "저희를 한 번만 더 도와주시겠습니까?" 그들이 묻자 아이올로스가 말했다. "이 멍청한 인간들을 다시는 돕지 않을 것이다." 다들 알다시피 공기는 갇혀 있기를 **싫어한다**. 압력을 가하면 공기는 반드시 빠져나갈 곳을 찾는다.

물리학에서는 공기가 움직이도록 가속하는 힘을 기압경도력pressure gradient force이라고 부른다. 자루 속에 갇혔던 바람처럼, 공기는 늘 압력이 높은 곳에서 낮은 곳으로 흘러가고자 한다. 기압이 다양한 것은 태양의 열기가 모든 곳에 동일하게 퍼지지 않기 때문이다. 더운 열대 지역에는 열기가 꾸준히 내리쬐지만, 극지방에는 간헐적으로 주어진다. 적도에서 상승한 따뜻하고 습한 공기는 극지방을 향해 흐르며 차가워지고 밀도가 높아지는데, 이때 공기가 다시 하강하면서 지표면을 무겁게 짓눌러 그 아래의 공기를 밀어낸다. 반대로 공기가 상승할 때는 이로 인해 생기는 지표면의 빈 공간을 주변 공기가 빠르게 밀려들어 채우게 된다. 즉, 바람은 이처럼 불공평하게 분배된 태양 에너지로 인해 발생한다.

바람을 살펴보려면 더 큰 규모의 기후 모델이 필요하다. 비가 내리는 모델을 만들려면 높이 솟은 대기 기둥을 만든 다음 물이 응결하고 증발하며 상승했다가 하강하는 모습을 관찰하기만 하면 된다. 그것은 마나베가 수십 년 전에 이미 해낸 일이다. 그러나 바람이 있는 모델을 만들려면, 바람이 움직여 갈 수 있는 공간까지 만들어야 한다. 그러기 위해서는 모델을 3차원으로 확장해 동서남북에 여러 개의 대기 기둥을 세워 나란히 정렬해야 한다. 하나의 기둥에 아래로 압력을 가하면, 공기는 다른 기둥으로 움직일 것이다. 다른 기둥의 압력을 줄이면, 공기가 그쪽을 향해 움직인다. 이 3차원 격자 구조에서는 공기가 단순히 상승하고 하강하는 것 외에도 바람이 되어 부는 모습도 관찰할 수 있다.

실제와 유사한 바람을 관찰하려면 지구가 회전하도록 만들어야 한다. 본래 공기는 평온하고 잠잠한 상태를 갈망한다. 그러나 지구가 빠른 속도로 회전하게 되면 그런 상태가 유지되기 어렵다. 지구가 자전축을 중심으로 회전하면, 우리는 모두 그와 함께 움직이게 된다. 지구의 자전으로 인해 공기는 북반구에서는 오른쪽으로, 남반구에서는 왼쪽으로 각기 다르게 움직인다. 회전하고 있는 지구본에 위쪽을 향하는 직선을 그어보면 이를 직접 확인해볼 수 있다. 이것을 코리올리 효과Coriolis effect라고 하는데,[10] 이는 지구의 자전 때문에 발생하는 가상의 힘으로 중력이나 전력, 자력 같은 진짜 힘은 아니다. 그저 지구의 회전으로 인해 바람이나 해류, 혹은 움직이는 물체 등의 경로가 휘어지는 것처럼 관측되는 현상일 뿐이다.

이처럼 기압경도력과 코리올리 효과가 불안정한 균형을 이루면서, 여기서 지구상의 모든 바람이 생겨난다.[11] 잔잔하게 불어오는 바람도, 사나운 폭풍도 마찬가지다. 일단 어느 곳에선가 저기압의 작은 영역이 형성되면 공기는 그곳을 향해 밀려간다. 그러나 공기는 그곳에 도착하기 전에 지구의 자전 때문에 방향이 휘어지는 편향이 일어난다. 이러한 편향은 공기의 속도가 빠를수록 더 심해진다. 북반구에서는 저기압 지대 주변에서 공기가 반시계 방향으로 돌아가고 남반구에서는 시계 방향으로 돌아간다. 기압이 극도로 낮으면 공기의 움직임도 매우 빨라지며, 편향으로 인해 나선형으로 급격히 회전하게 된다. 이것이 바로 허리케인이다.

    이 힘은 더 큰 규모의 대기의 움직임도 결정한다. 만약 지구가 자전하지 않는다면, 더운 열대 지역의 공기는 단순히 상승했다가 차가운 극지방으로 이동한 뒤 하강해 돌아올 것이다. 동풍이나 서풍 같은 것은 존재하지 않고, 오로지 남극과 북극 양 끝에서 가운데 적도를 향해 달려가는 두 개의 기류만이 존재할 것이다. 그러나 지구는 자전하기에, 열대 지역에서 상승한 공기가 극지방을 향해 가는 길에 편향이 발생해 아래쪽 아열대 지역으로 이동하게 된다. 이 공기는 아열대에서 하강하면서 더욱 따뜻해지고, 그에 따라 공기 중에 존재하던 수분은 응결되지 못하고 수증기의 형태로 남게 된다.[12] 전 세계 대부분의 사막이 이 위도상에 몰려 있는 이유가 바로 이 때문이다. 또한 지구의 자전으로 인해 대기는 휘어지며 무역풍을 생성한다. 적도 근처의 공기는 수평으로 부는 바람이 없기에 수직으로 상승하며, 불운한 선원들은 바람이 없고 비가 많이 내리는 적도무풍대에 갇히게 된다.

    극지방에서 하강하는 공기는 따뜻한 곳을 찾아 적도 쪽으로 흘러가다 다시 데워져서 상승한다. 이렇게 상승한 공기는 대기 상층부에서 제트기류라는 빠른 공기의 흐름 속으로 들어간다.

제트기류는 지구의 자전 방향에 따라 언제나 서쪽에서 동쪽으로 흐른다. 서풍 제피로스의 차분함은 표면적일 뿐, 하늘 위 8킬로미터 상공에서는 시속 약 130킬로미터 이상의 속도로 쉼 없이 빠르게 몰아친다. 뉴욕에서 출발한 비행기가 그리스까지 가는 데는 10시간이 걸리지만, 돌아오는 여정은 그보다 한 시간 더 걸리는 이유가 바로 이 제트기류 때문이다. 가는 길에는 순풍이 되어 도와주지만, 돌아오는 길에는 앞을 가로막는 맞바람이 된다. 모든 항공사는 비행경로와 시간을 계획할 때 이 제트기류를 계산에 넣는다. 즉, 이미 존재하는 것들을 통해 미래의 상황을 추론하는 것이다.[13]

한낱 과학자인 나는 신도 아니고 전능한 존재도 아니기에, 세상의 바람을 실제로 멈추게 할 수는 없다. 설령 그런 실험을 할 수 있다 해도, 대학 윤리위원회에서 결코 허락하지 않을 것이다. 그러나 기후 모델이라는 안전한 디지털 영역에서라면 얼마든지 그런 실험을 진행할 수 있다. 고약한 신이라도 된 것처럼, 나는 보이지 않는 터빈들을 제트기류에 장착하고 서서히 공기 흐름을 가로막기 시작했다. 더 많은 터빈을 추가할수록 제트기류는 점점 느려지고 불규칙해지다가 마침내 완전히 멈춰버렸다. 세계 각지로 메시지를 실어 나를 바람이 사라지니, 날씨의 변화도 더는 존재하지 않았다. 비가 자주 내리는 지역에서는 끝없이 비가 내렸고, 건조한 지역에는 비가 영영 내리지 않았다. 재앙이었다. 우리가 사용할 수 있는 풍력 에너지의 양에는 자연적 한계가 실제로 존재했다.

다행히도 이런 재난은 전 세계 전력 수요의 10만 배쯤 되는 어마어마한 양의 전력을 추출했을 때에야 일어났다. 즉, 합리적인 수준에서 풍력 에너지를 추출한다면 기후에 미치는 영향이 그리 크지 않을 거라는 뜻이다. 따라서 내가 기후 모델을 통해 관찰한 끔찍한 사태는 현실적으로 일어날 가능성이 없다. 게다가 실제 세계에서는 이렇게 정신 나간 양의 풍력 에너지를 얻겠다고 덤비는 사람도 없으니 말이다. 그러니 중요한 것은 예측 자체가 아니었다. 이 실험에서 놀라운 건, 우리가 바람을 이해했다는 사실이었다.

우리는 바람이 어느 방향으로 불지, 평균 풍속은 얼마인지, 그것이 얼마나 안정적이고 신뢰할 수 있는지를 알았다. 열대 지역은 왜 습하고 사막은 왜 건조한지를 이해했고, 중위도에서 휘몰아치는 폭풍과 적도무풍대의 느릿한 바람을 추적할 수 있었다. 우리는 세계의 서로 다른 지역을 연결하는 바람을 볼 수 있었다. 먼 땅의 소식을 전달하고, 낯선 곳에서부터 실려 온 수증기가 내륙에서 비가 되어 내리게 만드는 바람을 보았다. 그렇게 여러 미래를, 나아가 말도 안 되는 가설 속 미래까지도 예측할 수 있게 된 것은 우리가 다름 아닌 현재를 이해했기 때문이다.

만족한 나는 기후 모델의 대기에서 보이지 않는 터빈들을 제거했다. 그러자 다시 열대 지역의 공기가 상승해 극지방으로 흘러갔다. 메말랐던 아열대 지역이 원 상태로 돌아가는 모습을 보며 그 아래의 사막을 상상했다. 하늘 높은 곳에서는 공기가 응결되어 자전하는 지구와 함께 움직이며 또 한 번 거대한 흐름들을 형성했다. 그 아래에서는 온화한 무역풍이 자전축을 중심으로 회전하는 지구와 함께 반원형 곡선을 그리며 움직였다. 그렇게 다시금 형성된 하나의 새로운 디지털 세계가 물리학의 법칙대로 움직이며 미래를 기다리고 있었다.

천 년의 시간을 흐르는 바다

신들은 누구나 때때로 세상을 뒤흔들고 싶어 한다. 아폴론은 원치 않는 선물을 주고, 제우스는 진노해 번개를 쏘아 보내거나 어린 소년들과 여자들을 괴롭힌다. 그러나 바다의 신만큼 섬 문명을 혼란에 빠뜨리는 신도 없다. 포세이돈은 섬을 쥐락펴락하기를 일삼았다. 수면을 살짝 흔들기만 해도 사람들은 미쳐 날뛰었다. 그들은 기도하고, 영웅을 기다리고, 바다의 신을 흡족하게 할 만한 것이라면 뭐든지 희생 제물로 삼았다. 이런 사태를 싫어했던 포세이돈의 아내는 물에 퉁퉁 붇고 물고기에게 뜯어 먹힌 소나 말의 익사체가 해저 왕국으로 흘러올 때마다 남편에게 바가지를 긁어댔다. "대체 이딴 걸로 뭘 어쩌자고?" (맞는 말이다.) 한번은 사람들이 공주를 발가벗겨 바위에 사슬로 묶은 뒤 바다에 빠뜨렸는데, 포세이돈조차 '이건 좀 아니지' 하고 생각할 정도였다. 그래서 포세이돈은 길지 않은 인생 내내 이 모험담을 영원히 떠벌릴 법한 어떤 영웅이 공주를 구하게 내버려두었다.

포세이돈은 안타까움을 느꼈다. 인간들은 종종 불멸을 얻겠다며 미친 짓을 하곤 했다. 그러나 신들은 그렇지 않았다. 신들의 세계에서는 시간이 훨씬 더 천천히 흘렀다. 특히 포세이돈은 시대에 뒤처질 때가 많았다. 깊은 바닷속까지 소식이 전해지려면 아주 오랜 세월이 걸렸기 때문이다. 그가 누군가에 대한 새로운 소식을 들으려고 물 밖으로 나오기라도 하면, 그 누군가와 관련된 사람들은 이미 한참 전에 다들 죽어버린 뒤였다. 다시 파도 속으로 내려가며 포세이돈은 머리 위 얕은 물 너머로 별자리가 흐려지다가 마침내 사라지는 모습을 보았다. 신들과 오래전 죽은 영웅들의 이야기를 그리며 늘어선 별들이 한밤의 바다를 반짝반짝 비추었다.

포세이돈의 바다를 채운 물도 전부 이런 별들에서 태어난 것이다. 큰 별은 죽을 때 폭발하며 자기 자신을 우주에 산산이 흩뿌리고, 그 잔해는 우주에서 새로운 형태와 새로운 존재로 재탄생한다. 최초의 폭발에서 터져 나온 산소는 주위에 있던 수소와 결합해 최초의 물을 생성했다. 이어진 여러 폭발에서 생성된 물은 혜성과 별똥별의 얼어붙은 표면에 실려 마침내 우리에게 도착했다. 즉, 지구의 물은 지구보다 더 오래 되었다.[14] 아마 태양보다도 더 오래되었을 것이다. 먼 훗날 태양이 연료를 모두 소진해버리는 50억 년 후쯤에는, 지구상의 물은 아직 태어나지 않은 어느 행성을 향해 깊고 깊은 우주로 실려 갈 것이다.

처음에 갓 태어난 아기 지구는 너무 뜨거워서, 이런 광물에 실려 온 물은 즉시 증발해 역시 갓 생겨난 대기 속 수증기가 되었다. 아주 오랫동안 지구에는 바다가 존재하지 않았다. 그러다 차즘 행성 온도가 내려가고, 증기가 식으면서 응결되기 시작했다. 태고의 폭풍우가 일어나 처음에는 폭우가, 그다음에는 홍수가 되어 지구의 4분의 3을 물로 뒤덮었다. 바다는 하늘에서 온 것이다. 그때부터 하늘과 바다는 한 번도 떨어진 적이 없다.

바다는 태양의 열을 흡수하고 저장한다. 바다는 육지보다 데워지는 속도, 식는 속도도 훨씬 느리기 때문에, 해안 지역의 기온을 부드럽게 조절한다. 또 바다는 구름, 비, 눈의 재료인 물을 무한히 만들어내는 원천이다. 바다 역시 하늘과 마찬가지로 상승하고, 하강하고, 이동하고, 회전한다는 똑같은 물리 법칙에 지배받는다. 이 모든 움직임들이 바다가 열, 염분, 수분을 세계 곳곳으로 이동시키는 것을 돕는다. 지구의 기후 모델은 바다 없이는 완성될 수 없다. 바다는 대기 기둥을 3차원의 외부 영역뿐 아니라 아래쪽 깊숙한 곳까지 확장해 물이 상승하고, 하강하고, 이동하도록 한다. 바다와 하늘은 이처럼 분리될 수 없는 사이다. 그들은 함께 힘을 합쳐 바람이 불고 비가 내리는 세계를, 지구의 모든 생명이 살아가는 배경을 이룬다.

해수면 위로 꾸준한 바람이 불면 해류가 생겨나고, 이 해류는 지구의 자전에 따라 뒤틀리면서 대륙의 경계에 부딪친다. 이렇게 형성되는 거대한 해양 환류環流(코리올리 효과에 의해 발생하는, 바닷물의 거대한 원형 순환 시스템―옮긴이) 중에는 특별히 이름이 붙은 것들이 있다. 예를 들어 북대서양의 서쪽 경계인 멕시코만에는 이곳의 따뜻한 바닷물을 대서양 북쪽으로 보내는 해류가 있는데, 이를 멕시코만류라고 한다. 멕시코만류는 하루에 40에서 120킬로미터의 속도로 북쪽으로 흐르며 멕시코만의 열을 대서양으로 전달한다. 지구 반대편에서는 구로시오해류가 필리핀의 따뜻한 바닷물을 대만과 일본으로 실어 보낸다. 바람이 불고 지구가 자전하는 한 이런 해류들은 계속해서 존재할 것이다.

그러나 수면 아래에서는 훨씬 더 느린 속도로 서서히 진행되는 일이 있다. 심해의 순환은 떠오르는 물과 가라앉는 물에 의해 천천히 움직이는 컨베이어벨트와 같다. 표층의 물은 북쪽으로 이동하다가 북극에 도달하면 그중 일부가 얼어 해빙이 된다. 해빙으로 얼고 남은 북극해의 물은 염분이 더 높고 더 차갑다. 그 두 가지 성질 때문에 무거워진 바닷물은 차가운 북극의 바다에 체념한 듯 가라앉으며 심해의 물에 압력을 가해 흐르게 만든다. 이처럼 얼음이 되지 못한 북극 심해의 물은 깊은 해저 바닥에서 다시 남쪽으로 흐르기 시작한다. 남극을 향해 바닥을 기며 나아가는 해류다. 한편 남극 심해의 바닷물은 육지에 가로막히는 일 없이 차가운 고리 형태를 이루며 동쪽으로 나아간다. 그리고 이곳에서 자신들을 다시금 수면으로 데려가 줄 폭풍과 사나운 파도를 기다린다. 그렇게 마침내 수면으로 올라온 바닷물은 서서히 지구 위를 흐르는 긴 여정을 재개한다. 이것이 바닷물의 온도와 염분 차이에 의해 이루어지는 '열염 순환'이다. 바닷물이 심해로 내려갔다가 다시 표면으로 돌아오는 이 여정을 끝내기까지는 약 1,000년이 걸린다. 바다는 깊고, 비밀을 간직하고 있다. 심해의 시간은 다르게 흐른다.[15]

'시간'은 기후와 날씨를 구분 짓는 요소다. 아주 오랜 세월에 걸쳐 이동하는 심해처럼, 우리는 매우 느리게 변화하는 어떤 기상 현상에 대해 잘 모르더라도 날씨를 예측할 수는 있다. 현재의 대기 상태를 정확하게 측정하기만 하면 된다. 현재에 대해 충분히 안다면 과학이 미래를 알려줄 것이다. 중요한 건 외부 세계의 혼란에 휘둘리지 않고 올바른 정보를 모으는 것이다. 기상예보는 몇 시간 뒤에 대한 정보는 정확하고, 며칠 뒤에 대한 예측까지는 괜찮지만, 몇 주 후에 대한 날씨는 신뢰하기 어려운 것이 사실이다.

기후는 장기간에 걸친 날씨의 평균치이자, 날씨가 일어나는 배경 조건이다. 기후도 날씨처럼 자연적으로 변화하지만, 이 변화는 지각 판이 움직이고, 지구가 궤도 속에서 흔들리고, 심해의 해류가 바뀌는 수백만 년이라는 기간에 걸쳐 일어난다. 날씨가 인간이 짧은 생애 동안 경험하는 것이라면, 기후는 신들의 영역이라고 할 수 있다.

기후를 이해하려면 세계를 형성하는 모든 힘을 이해해야 한다. 여기에는 대기뿐 아니라 해양도 포함된다. 그 어떤 기후 모델이라 할지라도 2년 뒤 어느 날 아침 10시의 뉴욕 기온을 정확히 예측할 수는 없다. 그러나 여름이라면 덥고 습한 날씨가, 겨울이라면 춥고 흐린 날씨가 될 가능성이 높다는 건 알 수 있다. 뉴욕의 기후는 탁월풍prevailing wind(어느 한 지역에서 일정 기간 동안 가장 우세하게 나타나는 바람—옮긴이)과 북미 서부 지역의 지리적 상황, 대기의 화학적 구성, 그리고 인근 바다의 느린 순환에 의해 형성된다. 모두 변화의 속도가 매우 느려서, 인간의 한 생애 동안에는 전혀 달라지지 않을 요소들이다.

내가 매일 사용하는 기후 모델은 왜 세계가 지금과 같은 모습인지를 설명해준다. 우리는 이를 통해 지구가 둥글고, 물이 많고, 회전하고 있다는 사실을 알 수 있다. 지구는 태양열로 데워지며, 따뜻하고 습한 열대 지역에서는 공기가 상승하고, 아열대 지역의 사막에서는 하강한다. 하강하는 공기는 표면에 강한 압력을 가해 아래쪽의 공기를 기압이 낮은 곳으로 이동시킨다. 그 과정에서 공기의 이동과 함께 지구가 회전하면서 편향이 일어나, 저기압 지대로 이동하던 공기는 무역풍으로 바뀐다. 무역풍은 바다 위로 이동하며 바다와 대기의 경계에서 물을 밀어 움직이게 한다. 물은 바람의 힘에 순응하지만 그렇다고 고집이 없는 건 아니기에, 일렁이는 파도로 인해 느리게 움직이며 지구 자전의 영향으로 비스듬히 흐르게 된다. 해수면 아래의 물은 위쪽의 움직이는 해류에 끌려가면서 아래층의 물을 밀어낸다. 물은 비가 되어 바다에 떨어졌다가 다시 대기 중으로 증발해 돌아간다.

이것이 가장 기본적인 기후 모델이다. 여기에 더 많은 복잡한 요소를 추가해 모델을 보다 정교하게 만들 수 있다. 열대 지역에서 올라오는 따뜻한 공기와 극지방에서 내려오는 차가운 공기가 소용돌이치며 벌이는 대치 현상을 더해보자. 그다음 대륙들의 경계를 추가해보자. 산을 추가하고, 커다란 구름을 내뿜는 숲을 더해보자. 여기에 도시와 자동차, 공장을 추가하자. 그리고 이제 인간을 더해보자.

물리학에 의해 오랜 세월 형성된 법칙들이 이제 변하고 있다. 이 이야기에는 새로운 등장인물들이, 물리 법칙으로는 설명할 수 없지만 여전히 그 법칙에 종속된 독립 개체들이 등장한다. 그들은 작지만 강력하고, 자신들이 사는 행성의 대기까지도 바꿀 수 있는 존재들이다. 그들은 생각하고, 느끼고, 읽을 수 있다. 바로 우리 인간들이다.

프로메테우스의 선물

신의 모방품을 만들기 위해서는 먼저 진흙, 시간, 그리고 신이 어떻게 작동하는가에 대한 기초적인 이해가 필요하다. 프로메테우스는 이 모든 것을 갖추고 있었으며, 여기에 더해 무언가 쓸모 있는 것을 만들고자 하는 의지까지 있었다. 그는 번개를 내리꽂을 만큼 강하지는 않지만 팔의 기본적인 움직임은 엇비슷하게 따라 할 수 있는 진흙 팔을 만들었다. 속도가 느릴 뿐 신과 약간은 비슷하게 달릴 수 있는 진흙 다리도 만들었다. 그리고 일그러진 머리와 앙상한 몸통도 만든 뒤 거기에 팔다리를 갖다 붙였다. 그는 그런 것을 몇 개 더 만들어서는, 진흙 몸뚱이들이 서로 부딪치며 기묘하고 혼란스러운 상호작용을 하는 모습을 재미난 듯 지켜보았다. 신들은 프로메테우스가 해낸 일을 보았다. 아폴론이 낄낄 웃으며 말했다. "저것 좀 봐, 나랑 똑 닮았군." 그러고는 그것을 향해 소리쳐 불렀다. 지상에 있던 작은 장난감들은 그 소리에 고개를 들었다가 눈부신 태양 빛에 놀라 비틀거렸고, 신들은 그걸 보고 더 크게 웃었다.

프로메테우스는 자신이 신을 모방해 만든 이 조잡하고도 거침없는 인간들에게 애정을 느끼기 시작했다. 그들이 앞으로 보일 행동들, 모여들었다가 흩어지고, 예기치 못한 새로운 방향을 향해 끈질기게 나아갈 모습에 매혹되리라는 예감이 들었다. 또 그들을 불쌍히 여기게 되리라는 것도 예견했다. 사실 프로메테우스의 이름에는 '선견지명foresight'이라는 뜻이 담겨 있으며, 이름처럼 그에게는 예지력이 있었다. 그는 많은 것을 내다볼 수 있지만, 대체로 보지 않기를 택했다. 미래를 바꾸기 위해 무언가 행동을 하지 않을 거라면, 미래를 보는 일은 아무 의미가 없다고 생각했기 때문이다. 이 생각은 프로메테우스가 하는 다른 선택들을 더 쉽게 만들었다.

앙갚음을 일삼는 신들로부터 불을 훔쳤다간 그 결말이 좋지 않으리라는 건 예지력이 없어도 알 수 있는 일이었다. 그럼에도 프로메테우스는 앞으로 그가 받게 될 괴이한 형벌로부터 눈을 돌리고 기어코 불을 훔치기로 했다. 지켜보는 신이 없기에 슬쩍 횃불에 불을 붙이고 그 불꽃이 춤추듯 타오르는 모습을 보았다. 프로메테우스는 인간들에게 마른 장작을 모아다가 제대로 쌓는 법을 알려주었다. 처음에는 별일이 일어나지 않았지만, 장작 무더기에 불이 번지자 인간들은 놀라움에 큰 숨을 토해냈다. 그들은 경건한 마음으로 가만히 있으려 했지만, 눈에 연기가 들어가는 바람에 기침이 터져 나왔다. 프로메테우스는 친절하게 인간들을 불 앞에서 물러나게 했는데, 주황빛 도는 시커먼 숯 더미에 손을 집어넣으려는 몇몇 인간들을 막느라 좀 고생스럽기도 했다.

프로메테우스는 인간들이 자신이 준 선물을 고마워한다고 생각했다. 그는 인간들이 불을 이용해 고기를 굽고 겨울을 따뜻하게 보내는 모습을 보며, 먼 훗날 그들이 불의 마법을 더 잘 활용해 수많은 놀라운 물건들을 만들어내리라 예지했다. 프로메테우스는 이 모든 것에는 대가가 따른다는 걸 알았다. 그리고 인간들도 그 사실을 알 거라고 생각했다.

인류는 존재하기 시작한 이래로 줄곧 불을 사용했다. 나무, 열, 산소만 있으면 연소의 화학반응이 에너지, 수증기, 재, 이산화탄소를 생성한다. 이것은 **새로운** 에너지는 아니다. 장작은 한때 태양 에너지를 흡수해 성장했던 살아 있는 나무였다. 장작을 태우면 집을 따뜻하게 하고 음식을 익힐 수 있는 열이 생긴다. 나무는 불에 타 죽으며 한때 흡수했던 태양열 에너지를 돌려준다. 우리는 수천 년간 이런 일을 해왔다. 때로는 떨어진 가지와 죽은 통나무를 모아서, 때로는 벌목해서 장작을 얻었다. 상황이 변한 긴 최근 들어서야 생긴 일이다.

세상은 우리보다 훨씬 오래되었고, 먼 옛날에도 태양은 지금처럼 세상을 비췄다. 식물은 태양 빛을 받아 포도당을 생성했고, 동물들은 식물을 먹었으며, 그들 모두 자신이 마지막으로 먹은 음식의 잔여물을 품고 죽었다. 그들의 일부는 화석이 되었고, 오늘날 우리는 그것들을 연료로 사용한다. 인간이 이 고대의 사체를 파내서 불을 붙이면, 원시시대의 태양이 남긴 마지막 자취가 흘러나온다. 땅속 깊이 묻혀 있던 사체들이 빛과 열, 움직임, 그리고 공기 중의 보이지 않는 이산화탄소로 변한다. 우리 인간들은 먼 옛날의 태양에서 나온, 갇혀 있던 에너지로 때로는 멋지고 때로는 끔찍한 다양한 일들을 벌였다. 번쩍이는 도시들과 원기왕성하게 돌아가는 기계들을 만들었다. 우리는 더 오래, 더 편안하게 살게 되었지만, 동시에 더 효율적으로 더 많은 것들을 죽이고 있다. 이 모든 활동이 남긴 무색무취의 잔여물이 우리의 대기 중에 그대로 남아 있다.

지구의 온도를 높이는 온실가스는 수증기뿐만이 아니다. 이산화탄소 역시 열을 가둔다. 이런 이산화탄소 중 일부는 자연적으로 발생한다. 대기 중에도 약간의 이산화탄소가 필요한데, 생명이 살 수 있을 정도로 지구의 온도를 올리는 것뿐 아니라, 우리의 식량인 식물과 플랑크톤의 생장에 이산화탄소가 필요하기 때문이다. 그러나 자연적이지 않은 또 다른 방법으로 이산화탄소가 발생되기도 한다. 바로 에너지 생산을 위해 물질을 태울 때다. 그리고 우리는 너무 많은 양을 태워왔다.

지구에 왜 기온이 존재하는지를 설명하는 것과 똑같은 물리법칙으로 지구의 온도가 올라가는 이유도 설명할 수 있다. 비가 내리는 이유를 설명하는 모델은 왜 지구가 따뜻해질수록 비가 더 많이 내리는지 설명해준다. 해양 흐름을 설명하는 모델은 이 흐름이 느려지거나 멈춘다면 어떤 문제가 일어날지도 알려준다. 오늘날 지구의 뜨겁고 위험한 미래를 예견하는 기후과학자로 사는 건 참 불편한 일이다. 그러나 그것은 이 세계의 본연이 가진 모든 경이로움과 아름다움을 볼 수 있는 대가이기도 하다.

우리는 여전히 무한한 진실의 일부만을 알 뿐이다. 그 어떤 과학자라 해도 지구의 미래를 정확히 예측할 수는 없다. 우리는 아직 이 복잡한 세계의 물리 법칙을 다 깨닫지는 못했기 때문이다. 나는 땅과 얼음과 물과 공기가 독립적으로 어떻게 움직이는지는 알지만, 그것들이 상호작용하는 방식을 모두 알지는 못한다. 또한 인간이 혼자 혹은 집단으로 어떻게 행동할지도 전혀 모른다. 기후과학자는 신이 아니며, 신이 되려고 하지도 않는다. 나는 기후 모델을 연구할 때 하는 것처럼 지구의 미래를 조작할 수는 없다. 극단적 예측을 할 수는 있지만 그 예측이 현실로 일어나지 않도록 막을 수는 없다. 적어도 나 혼자서는 말이다. 내가 할 수 있는 것이라고는 여러분에게 내가 아는 몇 가지를 알려주고, 그 사실이 여러분의 마음을 움직이기를 바라는 것뿐이다. 프로메테우스처럼 나 역시 여러분과 나누고 싶은 아주 멋진 걸 발견했다. 그것을 어떻게 쓸지는 여러분의 마음에 달렸다.

진실을 안다는 건 얼마나 근사한 일인가

그리스 신들의 이름은 정복자들의 입을 통해 라틴어로 바뀌었고, 제국이 무너질 때 함께 쪼개져 프랑스어, 스페인어, 이탈리아어로, 또 망원경과 위성이 발전하며 정밀하고 과학적인 영어로 번역되어 오늘날까지 기억되고 있다. 우리는 새턴Saturn(토성. 농경의 신 사투르누스에서 유래한 이름으로 그리스 신화의 크로노스에 해당함—옮긴이), 하늘의 신 주피터Jupiter(목성), 그리고 제멋대로인 전쟁의 신 마르스Mars(화성)까지 아버지들과 아들들의 이름을 기억한다. 성마르고 난폭한 고모, 삼촌, 형제자매들까지, 전무후무한 소시오패스 신들의 계보를 기억한다. 이들의 이름을 딴 행성들은 살기 좋은 곳은 아니다. 사랑과 바다 거품의 여신인 아름다운 비너스Venus(금성)는 이산화탄소로 가득 찬 황폐한 돌덩이다. 지하 세계를 지배하는 죽음의 신 플루토Pluto(명왕성)는 심지어 이제는 태양계로 쳐주지도 않는다. 신들의 왕이자 팽창한 가스로 이루어진 거인 주피터(목성)에 착륙한들 단단한 땅이라고는 아예 없을 것이다. 만약 여러분이 이곳에 도착한다면, 그 즉시 대기에 압착되고 고온에 녹아내리다가 남은 내장 찌꺼기와 함께 수천 킬로미터 깊이의 수소 바다에 가라앉을 것이다.

    목성에는 날씨가 존재한다. 행성 표면에 빨갛게 농익은 거대한 여드름 같은 폭풍이 수백 년째 불고 있다. 우리는 목성 폭풍이 어떻게 움직일지 예측하고 추적하며, 그 폭풍이 언제 멈출지, 과연 멈추기는 할지 예상할 수 있다. 우리의 미래를 알려주는 물리 법칙은 태양계와 그 너머에 존재하는 모든 행성의 미래까지도 알려준다. 그러나 그런 예측은 오직 이곳에서만 중요하다. 살아 있는 생물들이 경험할 수 있는 미래가 존재하는 유일한 행성, 흙에서 이름을 따온 바로 이 '지구'에서.

    이제 트로이 최후의 날을 상상해보자. 서늘한 아침, 태양의 열기가 퍼지기 시작한다. 드문드문 볼품없이 남은 풀밭에서 반짝이던 이슬방울이 햇빛과 함께 서서히 공기 중으로 흡수되어 사라진다. 그날은 뜨겁고도 두려울 테지만, 저녁이 오면 서늘해진 공기가 품고 있던 습기를 떨어뜨리며 다시금 땅에 진주 같은 물방울을 흩뿌릴 것이다. 카산드라는 이 모든 일이 벌어지는 광경을 볼 테지만, 실시간으로 보지는 못할 것이다. 오늘 밤 카산드라는 다른 일에 마음을 빼앗길 테니까. 그렇기에 카산드라는 지금 모습을 감추고 공기 속으로 사라진 이슬방울들을 보고 있다. 하늘 높이 하염없이 떠오르다 차가운 상공에서 구름의 장막으로 변신하는 그 모습을.

오늘 밤 카산드라를 납치할 남자들은 구름 위에 세상을 호령하는 신들이 산다고 믿는다. 주술과 저주가 존재하며, 신탁이 운명을 말해준다고, 남자가 돼지로, 여자가 거미로 변할 수 있다고 믿는다. 그들에게는 자연의 법칙이 아니라 힘센 남성들이 만든 변덕스러운 법만이 존재한다. 성을 포위한 사람들과 그곳을 수비하는 사람들, 왕과 현인들, 그들은 모두 미래가 닥쳐와 아침 해처럼 분명하게 모습을 드러낼 때에야 미래를 보게 될 것이다. 그 모든 것을 다르게 볼 수 있는 이는 오직 카산드라뿐이다. 비록 혼자만의 비밀이라 해도, 그것이 저주와 비극, 종말에 맞닿은 것이라 해도, 진실을 안다는 건 얼마나 근사한 일이었을까.

"분노한 채로 있으렴, 메그."
와싯 아주머니가 속삭였다.
"이제 네 모든 분노가 필요하게 될 테니까."

매들린 렝글, 『시간의 주름』

2019년 5월, 따사로운 날이지만 나는 그 사실을 모른다. 네 시간 전부터 에어컨을 최대로 틀어놓은 방 안에 머물고 있기 때문이다. 열여섯 살 때 면접을 보려고 쇼핑몰에서 산 싸구려 검은 정장이자 내가 가진 유일한 정장을 입고 있다. 이제는 꽉 끼는 데다가 땀을 조금도 흡수하지 못해 눅눅한 이 옷이 우스꽝스럽게 느껴진다. 지금의 내 얼굴이 어떻게 보일지 궁금하다. 과학자다운 진지함과 무미건조한 중립성이 배어났으면 싶지만, 사실 무미건조하거나 중립적인 기분은 아니다.

잠시 노트를 들여다보다가 연단 위로 시선을 옮긴다. 값비싼 정장을 입은 사람들이 카메라 앞에 설 준비를 하며 바쁘게 움직이고 있다. 나는 모두 발언을 마쳤고, 이제는 그들이 질문을 던질 차례다. 준비됐다. 연습도 했다. "네, 사실입니다." "네, 그렇습니다." "네, 나쁩니다." "네, 확신합니다." 이따금씩 어떤 사람이 기록을 위해 다시 한번 말해달라고 한다. 그러나 의원들은 대체로 내 증언에 그리 관심이 없어 보인다. 솔직히 말하면, 나도 내 증언에 관심이 없다. 이제는 우리 모두 알고 있는 사실이니까. 적어도,

알아야 마땅하니까.[1]

공화당의 한 의원이 발언권을 얻어 석탄 발전이라든지 석유 시추라든지를 극찬하며 현 상태를 옹호한다. 이번에는 민주당 의원이 진부한 우려의 말을 읽지만 머릿속으로는 점심때 뭘 먹을까 하는 생각뿐이다. "좀 닥쳐요, 제발"이라고 말하고 싶지만, 이번만큼은 나도 예의 바르게 굴고 있기에 속으로만 삼킨다. 이 사람들이 나에게 원하는 게 아무것도 없다는 것이 확실하기에 잠시 딴생각을 하다가, 불쑥 솟구치는 격렬한 감정에 흠칫 놀란다. 지금 내가 앉아 있는 자리는 이전에도 많은 기후과학자들이 앉았던 자리이고, 모두 같은 말을 반복해왔다. 언제나 과학자들이 무언가를 발견하고 경고하면, 사람들은 전혀 그럴 줄 몰랐다는 듯이 대꾸한다. 이런 어처구니없는 일의 역사는 말도 안 되게 길다. 나는 선배 과학자들이 들었던 것과 같은 말을 듣고 있다. 거짓말, 말 돌리기, 완전한 헛소리다. 나는 화가 난다. 너무너무 화가 난다. 다시는 이곳에 오고 싶지 않다.

대개 사람들은 과학자라면 감정 표현에 신중해야 한다고들 생각한다. 감정이나 편견, 정치적 논리와는 거리를 두고 철저한 객관성을 추구해 고매한 이성의 영역에 머물러야 한다고 말이다. 그러나 나는 우리가 무시당하고 멸시받고 모욕을 당하면서도 아무 감정도 느끼지 않는 척한다고 해서 신뢰성이 높아지는 건 아니라고 생각한다. 감정에 대해 거짓말을 한다고 더 정직해질 리는 없다. 그래서 하는 말인데, 나는 화가 난다. 저들의 냉소주의가, 거짓말이, 탐욕이 노엽다. 기후 위기에 대해 더 잘 알고 있어야 할 정치인이나 기업가들이 멍청한 것도 아니면서 (실제로는 뻔히 다 알면서) 모르는 척 내뱉는 허위 사실들 때문에, 심지어 그 똑같은 헛소리를 앵무새처럼 반복하는 걸 볼 때마다 분노가 이글이글 타오른다. 나와 내 동료 과학자들이 받는 대접도 짜증 난다. 과학적 방법론에는 본질적으로 불확실성이 내재되어 있기 마련인데, 이때다 하고 그걸 꼬투리 잡아 물고 늘어지며 진실을 왜곡시키는 모습을 보면 분이 치밀어 오른다. 당연히 과학자들이 "100퍼센트 확실합니다"라고 말할 수는 없다. 하지만 아, 나는 비명이라도 지르고 싶다. 그렇다고 그게 사실이 아니라는 말은 아니라고!

묵살당한 최초의 기후과학자들

화석연료 관련 이익 단체로부터 큰 지원을 받는 싱크탱크인 하틀랜드 연구소Heartland Institute 웹사이트에는 우리를 안심시키는 주장이 실려 있다.[2] 대기 중 이산화탄소 농도는 420피피엠ppm으로, 이는 대기 전체의 0.05퍼센트에도 못 미치는 미미한 수준이라는 설명이다. "하늘이 얼마나 넓은지 생각해보세요! 이 '미량'의 가스가 지구의 기후에 무슨 수로 그만한 영향을 미치겠어요?" 이런 주장은 뉴욕시의 바퀴벌레만큼이나 흔하고, 그만큼이나 없애기도 불가능하다. 소셜미디어에서도, 대중 강연에서 청중으로부터도 듣는 말이다. 그럴 때마다 나는 예의 바르고 책임감 있게 대처한다. 나는 그들에게 '미량'의 화학물질이 내는 효과를 이해할 수 있도록 비소를 **아주 조금** 삼켜보라고 권하지는 않는다. 그러나 유난히 격한 논쟁이 펼쳐진 뒤에는 위스키를 한 잔, 아니 세 잔 정도 들이켜고 싶어진다. 그러고 나면 내 혈액의 구성이 몇십 분의 1퍼센트 변하고, 자제력이 낮아지며, 판단력도 흐려진다. 그러나 기후 위기를 부정할 정도로 흐려지지는 않는다. 고주망태가 된 과학자라 해도 이산화탄소가 지구의 온도를 높인다는 사실은 안다. 아주 오래전부터 알고 있던 사실이다.

1856년 조지프 헨리Joseph Henry라는 사람이 미국과학진흥협회American Association for the Advancement of Science 연례 학회의 연단에 섰다. 그가 발표하려던 논문 「태양광의 온도에 영향을 미치는 요인들Circumstances Affecting the Heat of the Sun's Rays」은 간단한 실험 결과를 담고 있었다. 평범한 유리병에 다양한 물질을 채워 볕에 둔 다음 온도계로 온도를 측정하는 실험이었다. 헨리는 오늘날 우리가 이산화탄소라고 부르는 '탄산 가스'를 채운 유리병과 수소를 채운 유리병, 일반 공기를 채운 유리병을 각각 볕에 두고 온도를 비교했더니 '탄산 가스'가 담긴 유리병의 온도가 다른 병들에 비해 더 높아졌다고 설명했다. 심지어 '탄산 가스'의 농도가 매우 낮은 경우에도 같은 결과가 나타났다고 주장했다. 논문의 결론은 분명했다. "탄산 가스로 이루어진 대기는 지구의 온도를 높일 것이다." 나아가 이 논문은 이산화탄소 농도의 증가가 전 세계적인 기온 상승을 유발할 것임을 밝혔다. 말 그대로 세상을 바꿀 이 발견은 당대에는 거의 관심을 받지 못했다. 심지어 헨리 자신조차도 그날 발표한 논문에 담긴 의미를 전부 이해하지는 못했다. 사실 이것은 당연한 일이었다. 그 연구는 헨리가 한 것이 아니었기 때문이다.

알고 보니 해당 논문의 저자는 **여성**이었다. 남성의 입에서 나왔을 때 이 메시지가 더 진지하게 받아들여질 것이라 기대한 친구 유니스 푸트Eunice Foote의 부탁을 헨리가 받아들였던 것이다. 그러나 생각대로 잘 되지는 않았다. 《사이언티픽 아메리칸 Scientific American》이 놀랍게도 이런 일을 하는 특이한 여성이 있다며 언급한 것을 빼면 푸트의 연구는 대체로 무시당했다. 어쩌면 그것은 헨리 박사가 (그의 명예를 위해 덧붙이자면) 발표할 때 이 연구를 수행한 것이 그 누구보다 기발한 존재, 즉 여성 과학자임을 강조하며 푸트의 공로를 충분히 인정했기 때문인지도 모르겠다. 그는 이렇게 말했다. "여성의 영역은 오로지 아름답고 쓸모 있는 것뿐 아니라 진실한 것까지도 포괄합니다." 당시 이 발견이 쓸모 있을 거라고 믿은 이는 아무도 없었지만, 푸트의 발견은 분명 진실이었다. 그리고 유니스 푸트가 '아름다움'이라는 이 궁극적으로 여성적인 조건을 충족했는지 아닌지에 관해서 우리는 전혀 알 수 없다. 푸트의 사진이나 초상화는 단 한 점도 전해지지 않기 때문이다.

사실, 유니스 푸트는 2011년까지 완전히 잊혀 있었다. 그러다 한 연구자가 헨리의 발표에 대한 기록을 우연히 읽고 그 연구의 중요성을 깨닫게 된 것이었다. 물론 유니스 푸트의 논문은 모든 과학 연구가 그러하듯 불완전했다. 푸트는 이산화탄소가 지구의 온도를 상승시킨다는 사실은 알아냈지만, 그 이유를 설명하지는 못했다. 그럼에도 푸트의 실험은 대기 구성의 변화가 기온의 변화를 일으킬 수 있으며 이산화탄소에 온난 효과가 있음을 입증했다. 그 누구도 이산화탄소와 온난화의 관계를 이야기하기 전에 푸트가 오롯이 혼자 해낸 일이었다. 그리고 그가 옳았다. 1856년 유니스 푸트가 이 논문을 쓴 이래로 우리는 그의 실험을 전 지구적 규모로 반복했다. 인간의 활동, 특히 화석연료의 연소는 대기 중 온실가스 농도를 50퍼센트 가까이 증가시켰다. 이제 푸트가 예측한 그대로 지구의 기온이 올라가고 있으며 우리 모두 그 대가를 치르는 중이다. 이는 유니스 푸트가 또 한 가지 씁쓸한 영예를 얻은 것일지도 모른다는 의미다. 바로 묵살당한 최초의 기후과학자라는 영예다.[3]

오늘날 온실효과를 발견한 과학자로 잘 알려진 인물은 19세기 영국계 아일랜드인인 존 틴들John Tyndall이다. 틴들의 사진은 꽤 여러 장 남아 있는데, 그는 모든 사진마다 탐탁잖아하는 눈길로 카메라를 바라보고 있다. 무성한 구레나룻과 턱수염으로 하관을 화려하게 장식한 그는 그야말로 빅토리아시대 귀족 과학자의 초상 그 자체다. 암벽 등반을 즐겼던 틴들은 산봉우리가 태양과 훨씬 가까움에도 산 정상의 기온이 해수면보다 낮다는 것을 직접 경험해 알았다. 당시에 그것은 과학적으로 무척이나 혼란스러운 사실이었다.

이보다 수십 년 전 프랑스의 수학자 조제프 푸리에Joseph Fourier는 태양과 지구로 이루어진 단순한 모델을 개발했는데, 내가 1장에서 이야기한 것과 엇비슷한 것이었다. 푸리에는 이 모델을 사용해 태양열만으로는 지구를 따뜻하게 하기에 부족하다는 정확한 결론을 내렸다. 그리고 성간 공간interstellar space(항성과 항성 사이의 공간—옮긴이)에서 나오는 보이지 않는 빛이 지구를 따뜻하게 만들고 있다고 추정했다. 틴들은 푸리에가 **거의** 옳았다는 사실을 밝혔다. 지구를 따뜻하게 만드는 복사열이 실제 존재했던 것이다. 그러나 그 빛은 푸리에의 추측처럼 우주에서 오는 것이 아니었다. 지구 자체에서 나와 대기 중 분자들에 의해 가두어진 열이었다.

 틴들의 실험은 가시광선이 대기를 대부분 투과하여 지나간다는 사실을 보여주었다. 온실의 유리 지붕처럼, 낮의 하늘은 거의 투명해 태양 빛이 지표면에 방해 없이 내리쬐였다. 그러나 그는 반대로 지면에서 복사되어 우주로 돌아가는 적외선은 무언가에 의해 방해를 받고 있다고 추론했다. 그는 이산화탄소, 오존, 수증기 등 주요 온실가스 몇 가지를 밝혀냈고, 그것들이 미량으로도 지구의 온도를 올린다는 사실을 증명해냈다. 온실가스가 없다면 지구는 "곧장 강철 같은 서리의 손아귀에 붙들릴 것"이라고 틴들은 말했다.[4] 그 말은 옳았다. 틴들은 온실가스 발견 등의 공로로 명망 높은 왕립학회 회원으로 선출되었으며, 누구나 탐내는 자연과학 교수직도 얻었다. 그러나 그와 빈번히 협력한 그의 동료는 아무것도 얻지 못했다.

 존 틴들은 평생 아내 루이자Louisa Tyndall의 도움을 받아 연구했다. 그는 딱히 힘이 되는 배우자는 아니었던 모양이다. 친구들에게 보낸 편지에서 그는 아내가 아름답지 않다고 불평하고, 그러면서도 강인하며 일을 잘한다는 점은 인정했다. 루이자는 실험을 설계하고, 수행하고, 기록하고, 나아가 틴들의 논문을 대신 써주기까지 했다. 그러나 그의 남편은 여성에게는 수준 높은 과학 연구를 수행할 능력이 없다고 믿었다.[5] 그는 루이자의 진정한 잠재력을 알아차리지 못했다. 또한 루이자가 자신을 죽이리라는 것도 예견하지 못했다.

존 틴들은 아내 루이자에 의해 자신이 수면 보조제로 사용하던 클로랄수화물을 치사량으로 복용해 사망했다고 널리 알려져 있다.[6] 그러나 루이자의 자서전을 비롯한 대부분의 기록을 보면 그것은 그저 비극적인 사고일 뿐이었다. 남편이 죽은 뒤 루이자는 상심에 빠진 과부의 역할을 완벽하게 수행했다. 남편의 위대한 업적을 기리는 책 『삶과 편지A Life and Letters』를 출판할 계획이라며 그의 논문과 일기, 서신(아마도 자신을 못생겼지만 순종적인 아내라 표현한 편지들까지 포함해)을 모으기도 했다. 그러나 책은 출판되지 않았다. 틴들의 명성은 사라지고 그의 업적도 잊혔다가, 훗날 온실효과에 관한 관심이 다시금 커지면서 또 한 번 중요한 존재가 되었다. 역사학자들은 대개 남편의 유산을 안전하게 지키지 못한 것은 루이자의 슬픔이 너무나 컸기 때문이라고 한다. 이런 위대한 남편을 잃고 비탄에 빠지지 않는 여성이 어디 있다는 말인가?[7]

그러나 나는 루이자 틴들이 자신이 하는 일을 정확히 알고 있었다고 생각한다. 역사적 증거는 한 점도 존재하지 않지만, 나는 루이자를 복수의 천사이자 억압받은 여성들의 수호성인이라 상상해본다. 그가 끔찍한 남편을 없애버리고도 완벽하게 빠져나간, 복수심에 불타는 살인자였다고 생각하면 통쾌하기 이를 데 없다. 유니스 푸트와 루이자 틴들은 분명 한 번도 만난 적 없었을 테지만, 두 사람이 힘을 합쳐 복수하는 모습을 상상해보곤 한다. 백 년이 더 지난 오늘날 화석연료 기업 자금으로 운영되는 싱크탱크들이, 그들이 수십 년에 걸쳐 고생스럽게 연구한 사실들을 부인하는 모습을 보면 어떤 생각이 들까? 화석연료로 번 돈을 뒤에 감추고, 이산화탄소로는 지구의 온도가 올라가지 않는다고 주장하는 오만한 남자들에게 그들은 어떤 복수를 벌일까? 아마도 '미량'의 클로랄수화물과 '대량'의 차갑게 계산된 분노가 버무려진 어떤 통쾌한 이야기가 펼쳐지지 않을까?[8]

과학은 더듬더듬 헤매며 앞으로 나아간다

나는 생각한다. '하느님, 은퇴한 기술자들로부터 제발 우리를 지켜주세요.' 내 책상에는 그들이 보낸 편지가 세 통 놓여 있고, 그중 한 통은 코믹 산스Comic Sans 서체(만화 등에 흔히 사용되는 서체—옮긴이)로 타이핑된 것인데, 전부 기후 변화에 대해 이미 과학적으로 합의된 결론에 허점이 있다고 지적하는 것들이다. 이들이 차라리 화석연료 기업으로부터 돈을 받고 이런 일을 하는 거라면 좋겠다. 그러나 안타깝게도 은퇴한 뒤 무료한 하루하루를 보내다가 하필 여기에 꽂혀 아무런 대가 없이 이런 노력을 하고 있을 가능성이 높다. 편지의 어조는 늘 비슷하다. "젊은 아가씨, 내가 한 수 알려드리죠." 그들은 자신이 물리학에 대해 많이 알고 있으니 설명을 잘 들어보라고 한다. (이들은 젊은 아가씨들 역시 물리학을 연구할 수 있게 되었다는 최근의 역사적 발전에 관해서는 모르는 모양이다.) 이런 편지들은 대부분 그대로 재활용품 수거함에 들어가지만, 기후 위기를 부정하는 은퇴한 기술자 커뮤니티의 최신 동향을 살피기 위해 이따금 훑어보기도 한다.

오늘 온 세 통의 편지는 기본적으로 비슷한 주장을 담고 있다. (커뮤니티 정기모임이라도 열렸던 걸까?) 그들의 주장은 대략 다음과 같다. 대기에 이산화탄소가 조금 더해진다고 해서 온난화가 일어날 리가 없다. 이산화탄소가 과학자들 말처럼 열 흡수 효과가 뛰어나다면 지구에서 방출되는 복사열을 전부 삼켜버리지 않았겠는가? 그래서 이미 열을 100퍼센트 가두고 있다면 더 이상 흡수할 온실가스도 없지 않겠는가? 그건 마치 헛간을 계속 빨간색으로 칠하는 것과 마찬가지 아니겠는가! 어느 시점에 색깔은 포화 상태, 즉 최대치로 빨갛게 되어버려서, 거기서 페인트를 더 칠해봤자 더 빨개지지는 않는다는 소리였다. (은퇴한 기술자들은 특히 이 페인트칠 비유에 매우 흡족해하는 것 같았다.) 대기 중에도 똑같은 '포화 효과'가 존재하기에, 당신과 당신 동료들이 틀렸음을 증명한다고 했다. 그러나 물리학을 모르는 건 그들이다. 대기 중에 포화 효과 같은 건 존재하지 않으며, 이산화탄소가 많아지면 실제로 지구가 더 뜨거워진다.

이 사람들에게 좀 더 연민을 가져야 마땅할 것이다. 나 역시 존재하지 않는 것들을 믿으니까. 예를 들면 그들이 내게 더는 아무것도 설명하려 들지 못하게 막을 수 있을 만큼 충분한 교육 수준 같은 것 말이다. 먼 옛날 '포화 효과'라는 것이 과학계에 혼란을 불러일으켰던 시절도 있기는 있었다. 그러나 이 또한 오래전에 해결된 문제다. 과학이란, 가설을 세우고, 그것을 증명하고, 다음으로 나아가는 것이다. 그렇게 함으로써 늘 새로운 질문을 던지게 만드는 것이다. 수십 년 전에 이미 결론이 난 문제를 도돌이표처럼 붙잡고 늘어지는 건 과학자들이 할 일이 아니다. 대학과 정부의 물리학 연구소를 채우고 있는 과학자들은 경사면에 공을 놓아두면 어떻게 되는지 따위는 관찰하지 않는다. 종이 반죽으로 만든 모형 화산에 식초와 베이킹소다를 섞는 실험 같은 것도 하지 않는다. 그러니까, 맞다, 과학계는 한때 포화 효과 때문에 혼란스러워했다. 그러나 지금은 아니다. 수십 년간 과학자들이 참을성 있게 설명하고 또 설명했음에도 이런 논란이 사라지지 않는다면, 그건 아마 과학자들 잘못은 아닐 것이다.

이 이야기는 1896년 스웨덴의 화학자 스반테 아레니우스Svante Arrhenius가 대기 중 이산화탄소가 장기간에 걸친 자연적인 지구화학적 과정에 의해 증가하거나 감소할 수 있다는 것을 발견하면서 시작되었다. 아레니우스는 이 사실로 지구의 역사가 겪어 온 다양한 기후를 일부 설명할 수 있다고 했다. 대기 중 이산화탄소의 양이 줄어들면 온실가스가 가두는 열이 줄어들어 지구의 온도가 떨어진다는 주장이었다. 어쩌면 그것이 지난 빙하기의 원인이었을 수도 있다고, 뿐만 아니라 그것이 미래의 기후 변화의 한 요인이 될지도 모른다는 논쟁적인 주장까지 펼쳤다. 이산화탄소 감소가 지구의 온도를 낮출 수 있다면, 이산화탄소의 증가 역시 지구의 온도를 높일 수 있다고 말이다.

그러자 스웨덴의 물리학자 크누트 옹스트룀Knut Ångström이 그건 말도 안 되는 소리라고 반박했다. 우리는 이산화탄소와 수증기가 강력한 온실가스라는 사실을 알고 있다. 그것들은 지구의 열 대부분을 가둔다. 그들이 이미 막강한 효과를 발휘하고 있는데, 더 많아진다고 뭐가 달라지겠는가? 옹스트룀은 온실가스는 이미 최대한의 위력을 발휘하고 있다고 주장했다.[9] 이를 설명하기 위해 그는 조수에게 간단한 실험을 지시했다. 이산화탄소를 채운 튜브를 적외선 광원에 비춘 뒤 광원을 통과한 복사열의 양을 측정하는 실험이었다. 그 뒤 튜브 내의 이산화탄소량을 줄였다. 튜브가 가둔 적외선 복사열의 양은 그대로였다. 옹스트룀은 이 실험이 대기 중 온실가스의 효과 역시 규모는 더 크다 해도 가스의 농도에 따라 변동하는 것이 아님을 분명히 보여준다고 믿었다.

그러나 대기는 가스를 채운 튜브가 아니다. 1장에서 이야기한 기둥 모양의 기후 모델을 떠올려보자. 아니면 그저 하늘을 올려다보아도 좋다. 실제 하늘은 높다. 유리 온실의 천장은 유리판 하나지만, 대기권은 수십 킬로미터 위까지 뻗어 있고, 모든 층마다 온실효과가 일어난다. 대기 속 분자들은 적외선을 흡수했다가 사방으로 다시 방출한다. 이 에너지의 일부는 아래층 공기로 전달되고, 일부는 위로 올라가 대기의 더 높은 층에 있던 분자들이 또 한 번 에너지를 흡수한다. 대기는 마치 '말 전하기' 게임을 하듯이 지구의 열을 받고, 흡수하고, 전달한다. 그러나 하늘은 무한하지 않기에, 더는 복사열을 가둘 층이 없는 고도에 다다르게 마련이다. 바로 거기, 지표면에서 아주 멀리 떨어진 곳에 적외선을 가두고 복사할 최후의 분자들이 존재한다. 그곳에서 게임은 끝난다. 받는 쪽이 없어지면 외침은 무심한 우주의 허공을 향해 쏟아진다. 그렇게 대기의 최상단에서 지구의 빛이 퍼져나간다.

온실가스의 양이 증가하면 게임의 판세는 바뀐다. 대기층의 최상단에는 갑자기 열을 가두는 분자가 더 많아진다. 이전에는 복사열이 우주로 빠져나가던 지점이다. 드디어 형, 누나들과 함께 놀 수 있게 되어 잔뜩 들뜬 어린아이처럼, 이제 이 최상단 층도 게임에 참여해 아래층과 똑같이 복사열을 가두고 재방출하기 시작한다. 복사열이 우주로 빠져나가는 마지막 단계는 더 높고, 더 추운 곳으로 이동한다. 놀랍게도 온실가스는 하늘을 더 넓게 확장한다. 정확히 말하면, 대류권(기상 현상이 발생하는 대기의 최하층)의 꼭대기를 더 높은 곳으로 밀어 올린다.[10] 관측 결과, 대류권 그리고 더 높고 추운 성층권의 경계선이 10년마다 약 45미터 이상 상승하고 있다.[11] 대기층의 상단이 높아지면서 우주로 빠져나가는 에너지도 줄어든다. 지구는 이에 반응해 더 따뜻해진다.

아레니우스가 옳았다. 하지만 그와 대척점에 섰던 옹스트룀도 잘못인 줄 알면서 반대되는 주장을 펼친 건 아니었다. 비록 옹스트룀의 주장으로 인해 기후 변화에 대한 진지한 연구가 수십 년 더 지연되기는 했지만, 그가 화석연료 기업의 지령을 받아 악의적으로 행동한 건 아니었다는 말이다. 그는 그저 **틀렸을** 뿐이고, 이후 나온 데이터가 그 사실을 증명해주었다. 과학은 원래 이런 식으로 작동한다. 전진과 후퇴를 반복하며, 어둠 속에서 희미한 빛을 찾아 더듬더듬 진실을 향해 나아간다. 우리는 모른다. 그러다 알게 된다.

이 사실을 누군가 그 은퇴한 기술자들에게 설명해주면 좋으련만. 어차피 내 말은 안 들을 테니까.

과학을 믿지 않는 사람들

내가 의회에서 증언하기 4년 전, 환경 및 공공사업 위원회 Environment and Public Works Committee 위원장이 상원 본회의장에 무언가를 들고 나타났다. NASA(미국 항공우주국)와 NOAA(미국 해양대기청)가 지난해 기온이 역대 최고일 것이라고 모두 발표를 한 뒤였다. 공화당 소속 제임스 인호프James Inhofe 오클라호마주 상원의원이 큼지막한 눈 뭉치를 흔들어대며 물었다. "이게 무엇인지 아십니까?" 모르는 사람은 없었다. "방금 바깥에서 가져온 눈 뭉치입니다." 그는 불필요한 말을 덧붙였다. "바깥은 지금 덥기는커녕 몹시, 엄청나게 춥습니다. 계절에 맞지 않게도 말입니다." 실제로 바깥은 추웠다. 2월이었으니까 말이다. 여기서 확실히 해야 할 문제는, 겨울의 추위란 과학적으로 익히 알려진 현상이라는 점이다. 인호프는 옆에서 기다리던 보좌관에게 무심한 듯 눈 뭉치를 던져 건네고는 비웃음을 띤 얼굴로 지구가 뜨거워지는 게 아니라는 식의 말을 이어갔다.

민주당 소속 셸던 화이트하우스Sheldon Whitehouse가 그의 주장에 논박하고자 했다. "기온 상승에 대해 방금 NASA에서도 발표했습니다.[12] NASA의 위성 데이터도 그 증거를 제시하고 있고요. 미국의 모든 주요 과학 학회에서도 한결같은 주장을 하고 있지요. 그런데도 손에 눈 뭉치를 든 저 상원의원의 주장을 믿으시겠습니까?" 안타까운 사실은, 그럼에도 불구하고 많은 사람들이 눈 뭉치를 든 상원의원을 믿기로 택했다는 것이다. 정말 큰일이다. 지구는 분명 뜨거워지고 있고, 그 원인은 인간의 활동이다. 이 결론은 단순히 실험실에서 수행한 실험 결과만 가지고 낸 것이 아니다. 지구의 실제 기온 측정값에 기반을 둔 것이다. 인호프와 그의 후원자들은 인정하고 싶지 않겠지만, 그건 엄연한 과학적 사실이다.

1930년대에 영국의 기술자 가이 스튜어트 캘린더Guy Stewart Callendar는 지구의 온도를 측정하기로 했다. 그는 영국, 유럽 대륙, 그리고 북미의 자료를 이어 붙인 표준화된 데이터를 직접 연필로 빼곡히 적어 내려갔다. 지구과학이나 기상학 분야의 정규 훈련을 받지 않은 아마추어였던 캘린더는 본업 외의 시간에 틈틈이 이 기록들을 조합했다. 길고 고된 과정이었다. 1938년 그는 연구 결과를 발표했다.[13] 지난 45년간 지구의 기온이 상승한 것은 틀림없는 사실이었다. 옛날에는 겨울이 더 추웠고, 눈이 더 높이 쌓였다던 조부모님들의 말씀이 맞았다(그분들이 이로써 명예를 회복하셨기를 바란다).

이제 우리는 열정적인 아마추어들에게 기대지 않아도 전 세계의 온도를 모니터링할 수 있다. 여러 데이터 세트를 활용해 육상 기상 관측소에서 측정한 기온과 선박 및 부표에서 측정한 해상 기온을 통합한다.[14] 위성은 대기 온도를 관찰한다. 이 중 사소한 건 아무것도 없다. 예를 들어 도시의 기온 관측기가 측정하는 기온은 시골보다 높을 때가 많은데, 이 '도시 열섬 효과'는 집계 시에 반드시 바로잡아야 한다(실제 그렇게 한다). 위성은 궤도 안에서 위치를 바꾸고 이동한다. 시간이 흐르면서 바다의 기상 관측소도 늘어나고, 측정 데이터가 증가함에 따라 관측 범위도 변화했다. 그럼에도 다양한 방식으로 수집된 수많은 데이터 세트는 전부 같은 사실을 외치고 있다.[15] 세계가 급속도로 더워지고 있다는 사실이다.

캘린더의 주장은 옳았고, 그의 연구 결과 역시 놀랄 만큼 정확했다. 물론 특정 지역과 시기를 선택적으로 고른다면, 이따금 기온이 내려가는 데이터도 있을 수는 있다(콕 집어 그런 데이터만 선별하려는 사람들이 있다). 그러나 지구 전체의 기온은 틀림없이 상승하고 있다. 모든 현대적 측정 데이터가 그 사실을 증명한다. 이와 반대되는 결과를 보여주는 데이터 세트가 있다면, 단언컨대 그건 조작된 것이다.

캘린더는 기온 계산과 함께 인류가 이제까지 대기 중에 배출한 이산화탄소의 어림치도 발표했다. 온실효과로 인한 지구온난화는 이미 진행 중이라는 주장이었다. 그러나 거의 아무도 그의 주장을 믿지 않았다. 당대의 전도유망한 기상학자들은 세계의 온도가 0.5도쯤 오르락내리락하는 건 이상할 게 없는, 극히 자연적인 현상일 뿐이라고 대중들을 설득하기에 급급했다. 지구의 기온은 몇 년 또는 몇십 년간 낮을 수도 있고, 높을 수도 있으며, 지금처럼 약간 오르락내리락하는 것은 당연하다고. 이 패턴을 무언가가 깨뜨릴 수 있다는 주장은 종말을 부르짖는 음모론에 불과하며, 그런 일은 아주 느린 지질학적 시간 규모에서나 고려해볼 수 있다고 말이다.

다만 그 무렵에도 **만약** 이산화탄소가 대기에 축적된다면 지구의 온도가 상승하리라는 사실은 일반적으로 받아들여지고 있었다. 그러나 대부분의 과학자는 그런 일이 불가능하다고 믿었다. 지구의 시스템이 그런 일이 일어나게 내버려둘 리가 없다고 여긴 것이다. 보잘것없는 인간 따위가 이토록 거대한 행성에 영향을 미칠 능력이 있을 리가 없다고 생각했다. 당대 과학자들은 해변에만 가봐도 알 수 있다고 주장했다. 지표면의 70퍼센트는 깊은 바다다. 이에 비하면 하늘은 무시해도 될 만큼 얕다. 인류가 대기에 배출한 잉여 이산화탄소는 궁극적으로 바다로 들어와 차갑고 깊은 심해에 단단히 갇힐 것이다. 즉, 과학자들은 바다가 하늘을 조절하리라 생각했다.

안도감을 주는 이 확신은 1955년의 어느 바람 부는 날 산산이 무너졌다. 캘리포니아 시간으로 정오에 샌디에이고 남서쪽 약 800킬로미터 지점에서 핵폭발이 일어났다.[16] 미국 정부는 원자폭탄을 투하해 현대식 잠수함을 파괴할 수 있을지 알고자 했는데, 실제 실험까지 해봐야 직성이 풀렸던 모양이다. 수심 800미터 깊이에서 2만 톤급 핵무기를 터뜨리자 방사능에 오염된 물기둥이 수백 미터 높이의 허공으로 치솟았다. 폭발 지점 근처에 있던 시험 잠수함은 순식간에 침몰했다. 당연히 놀라운 일은 아니다. 웬만한 것들은 핵폭발에 휘말리면 기능을 상실하니까. 그러나 이 실험은 핵폭발 자체보다 더 큰 파장을 일으킬 중대한 발견을 가져왔다.

    정부는 폭발이 미친 영향을 알아보기 위해 해양학자로 구성된 연구팀을 투입했다. 그들은 방사성 물질이 곧 심해로 퍼지며 희석될 것이라 예상했다. 그런데 방사성 물질은 실제로 퍼지기는 했으나, 예상보다 훨씬 얇은 층을 이루며 퍼졌다.[17] 핵폭발의 낙진은 쉽게 사라지지 않았고, 깊은 수심으로 내려가기보다는 수평으로, 그것도 그리 넓지 않은 면적에서만 희석될 뿐이었다. 그 일을 계기로 과학자들은 바다에 들어간 모든 물질이 이와 같은 방식으로 퍼진다는 것을 알게 되었다. 모든 물질, 그러니까 이산화탄소도 말이다. 바다의 표층에 녹아든 이산화탄소가 빠른 속도로 뒤섞여 심해로 내려간다면 바다가 대기 중 이산화탄소 축적을 방지할 수도 있을 것이다. 그러나 이산화탄소가 표층수에 갇힌 채 남아 있다면 대부분은 오래지 않아 증발하여 다시 빠져나올 것이다. 그렇게 대기 중으로 돌아온 이산화탄소는 육지와 바다의 온도를 높일 것이다. 즉, 바다가 하늘을 조절하는 것이 아니라 그 반대다.[18]

그로부터 채 3년이 지나지 않은 1958년 3월, 하와이의 마우나로아산 정상에 설치된 적외선 가스 분석계가 대기 중 이산화탄소 농도를 313피피엠으로 측정했다. 4월에는 314피피엠, 5월에는 더 상승했다. 6월이 되자 수치가 다시 떨어지기 시작했다. 그러나 10월 이후로는 또다시 증가했다. 이듬해 3월에는 처음보다 더 높은 수치를 기록했다. 그다음 해 3월에는 더 높았다. 수치는 계절에 따라 오르내리긴 했지만 매년 꾸준히 증가했다.

찰스 데이비드 킬링Charles David Keeling이 수집한 이 데이터는 지금은 킬링 곡선Keeling Curve이라는 이름으로 잘 알려져 있다.[19] 킬링 곡선은 두 가지를 알려준다. 첫째, 식물은 여름에 성장하며 대기 중 이산화탄소를 들이마셨다가, 겨울(인호프 상원의원에게 다시 한번 말하지만 과학자들 역시 잘 알고 있는 계절이다)이 되어 죽을 때 도로 뱉어낸다. 둘째, 인간 활동으로 배출된 과도한 이산화탄소는 안전하게 지구에 재흡수되는 것이 아니었다. 그것은 대기 중에 남아 지구의 온도를 높이고 있었다.

그들은 알고 있었다

"현재의 과학적 증거로는 인간 활동이 전 지구적 기후에 중대한 영향을 미친다는 결론을 내릴 수 없습니다." 1997년 글로벌 석유 기업 엑손모빌ExxonMobil의 CEO 리 레이먼드Lee Raymond가 한 말이다.[20] 그는 3년 뒤인 2000년에는 이렇게 썼다. "현재의 과학으로는 화석연료 사용이 중대한 지구온난화를 유발한다고 확인할 수 없습니다." 그러나 이는 거짓말이었고, 그 역시 이 사실을 알고 있었다. 왜냐하면 해양학자들이 연구 결과를 발표한 지 10여 년이 흘러 킬링 곡선의 변동 폭이 상승한다는 것이 사실로 받아들여졌을 무렵, 또 다른 연구팀이 지구온난화를 일으키는 과도한 이산화탄소가 실제로 화석연료에서 나오는 것임을 입증했기 때문이다.

연구팀은 이를 위해 창의적인 실험을 설계했다. 이 실험의 기본 논리는 다음과 같다. 연구자들은 탄소에 다양한 성질이 있음을 알았다. 자연에 존재하는 탄소 중 극히 일부는 방사성이다. 이 '방사성 탄소'는 영원히 남는 것이 아니라 시간이 흐르며 붕괴해 다른 원자가 된다. 살아 있는 모든 것들은 일반 탄소와 방사성 탄소 모두를 조직에 흡수한다. 생물이 죽으면 탄소 대부분은 그대로 남지만 체내에 남은 극소량의 방사성 탄소는 분해되어 사라진다. 이것이 탄소 연대 측정의 기본 원리다. 물질에 남은 방사성 탄소의 양을 측정하면 그 연대를 알 수 있다.

화석연료는 수백만 년 전 죽어 묻힌 생명의 잔해다. 따라서 화석연료 속에는 방사성 탄소가 이미 오래전에 분해되었을 것이므로 존재하지 않기 마련이다. 그렇기에 화석연료를 연소시키면 대기 중에 대량의 탄소가 발생하겠지만 **방사성** 탄소는 없을 것이다. 생물은 대기 중에 존재하는 비율에 따라 일반 탄소와 방사성 탄소를 흡수한다. 대기 중 이산화탄소가 화석연료에 의해 발생한 것이라면, 생물이 흡수한 탄소의 양에서 방사성 탄소보다 일반 탄소의 비율이 더 클 것이다. 즉, 정확한 연대를 아는 생물학적 시료와 그것이 자란 환경에 대한 기록이 있다면, 그 속에 담긴 방사성 탄소의 비중을 측정해 화석연료의 기여도를 유추할 수 있을 것이다. 연구팀은 곧 현재까지 오랫동안 보관되어 있으며, 정확한 연대와 생육 환경에 대한 기록까지 갖고 있는 최고의 생물학적 시료를 찾아냈다. 바로 빈티지 프랑스 와인이었다. 가격이 엄청나다는 것만 빼면 이보다 더 알맞은 연구 시료가 어디 있겠는가! 결국 그들은 연구를 위해 빈티지 와인 100병을 개봉해야 (마셔야) 했다. 내가 그 실험 아이디어를 떠올렸더라면 좋았으련만.

연구팀은 또한 대형 선박에 센서를 달아 대서양을 운항하며 대기와 해양의 이산화탄소를 측정하는 연구 계획도 세웠다. 연방 기금이 고갈되는 바람에 연구는 조기 종료를 맞았지만, 이 실험에서 나온 데이터를 통해 인간 활동이 배출한 이산화탄소의 20퍼센트만이 바다에 흡수된다는 사실이 밝혀졌다. 한편 와인 연구는 이산화탄소가 실제로 대기에 누적되며, 대부분은 방사성 탄소를 포함하지 않는다는 사실을 입증했다. 즉, 이산화탄소는 화석연료 연소로 인해 생긴 것이었다.

엑손모빌 CEO가 이런 연구 결과를 몰랐을 리 없다. 왜냐하면 값비싼 프랑스 와인 실험을 제안한 그 진취적인 과학자들이 바로 엑손모빌 소속이었기 때문이다.[21] 이들이 해양의 이산화탄소를 측정하던 선박 역시 엑손모빌이 소유하고 운영하는 초대형 유조선 에소 애틀랜틱이었다. 1970년대 엑손모빌은 정부의 과학 기금을 활용해 에너지 전략을 다각화하고자 했다. 그들은 활발하고도 공정한 과학 연구 프로그램을 구축했다. 이 프로그램을 통해 얻은 정보를 봉인하거나 감추지도 않았다. **엑손모빌은 알고 있었다.**

과학 프로그램 책임자는 연구 결과에 담긴 함의를 이사회에 보고했다. 엑손모빌이 계속해서 제품을 판매한다면 지구의 온도는 올라가고, 빙하가 녹으며, 해수면이 상승할 거라고. 하지만 이보다 더 심각한 일이 곧 일어날 거라고 책임자는 덧붙였다. 정책 입안자들이 이 함의를 진정으로 이해하고 온실가스 배출을 규제하려는 움직임을 보인다면 엑손모빌은 기업의 생존을 모색해야 할 거라고 말이다. 적어도 이 점에 대해서 엑손모빌의 입장은 분명했다. 기후 변화와 엑손모빌의 사업 모델 변경 사이에서 하나를 선택해야 한다면, 지구의 온도를 올리는 수밖에 없다고.

우리는 기후 변화의 현실을 확신하는 것만큼이나 엑손모빌을 비롯한 기업들이 기후 변화에 관한 거짓말을 일삼았다고 확신한다. 1988년의 내부 문건에 그들의 전략이 분명하게 드러나 있다.[22] **"불확실성을 강조할 것."** 1998년 엑손모빌 로비스트와 미국석유협회 홍보 담당자는 세계 기후과학과 정반대의 일을 하고자 '세계 기후과학팀'을 창설했다. 유출된 문건에 담긴 그들의 전략은 다음과 같은 것이었다. "일반 시민들이 기후과학의 불확실성을 이해하고, 불확실성에 대한 인식이 통념이 된다면 우리가 승리를 거머쥘 것이다."[23]

나 역시 일반 시민들이 기후과학의 불확실성을 이해하길 바란다. 이 말을 들으면 엑손모빌은 기뻐할 테고, 기후 변화 부정론자들이라면 "거봐, 과학은 불확실해"라고 말할 것이다(실제로 그렇게 말한다). 당연히 그렇다. 그렇기에 내게 직업이 있는 것이다. 우리가 모든 것을 안다면 과학은 지루하고, 불필요하고, 정부의 지원 또한 지금보다 더 형편없을 것이다. 150년간의 과학적 진보에도 불구하고 우리는 아직도 지구의 온도가 올라가면 구름이 정확히 어떻게 변할지 알지 못한다. 대륙 빙하가 정확히 얼마나 빨리 녹을지도 모르고, 이산화탄소가 증가할 때 식물이 정확히 어떻게 반응할지, 고온과 가뭄과 산불이 그 반응에 어떤 변화를 일으킬지도 우리는 모른다. 정말 흥미로운 질문들이다. 얼마나 흥미로웠으면 그 이야기로 이 책의 한 장을 다 채웠을까(6장 '놀라움'을 읽어보시길). 나는 초대형 유조선에 센서를 달고 와인의 방사성 탄소를 측정한 엑손모빌 소속 과학자들에게 화가 난 게 아니다. 그들은 호기심이 많고 성실했으며, 연구 결과를 숨김없이 발표했다. 그러나 그들을 고용한 기업에는 미치도록 화가 난다.

    엑손모빌을 비롯한 화석연료 거대 기업들은 석유와 가스를 팔 때만큼 의심을 파는 일에도 능수능란했다. 그들은 상황을 균형 잡힌 시각으로 봐야 한다고 주장했다. 과학자들이 진실을 말하니 엑손모빌이 거짓말을 해서 균형을 맞춰야 한다는 얘기였을까? 이 기업들은 자사 제품을 친환경적으로 바꾸거나, 위험물을 팔지 않도록 다른 사업 모델로 나아갈 수도 있었다. 태양광 패널, 지열 시추, 풍력 터빈에 투자할 수도 있었다. 그러나 그러는 대신 상당한 자원을 투입해 진실을 숨기기를 택했다. 수십 년이 지난 지금, 나는 그들이 만든 미래에 살고 있다. 더 뜨겁고 위험한 세계, 이미 예고되었고 어쩌면 피할 수 있었던 뜨거운 행성이다.

거짓말쟁이들의 시나리오

2017년 2월, 엑손모빌의 CEO였던 렉스 틸러슨Rex Tillerson이 제69대 미국 국무장관이 되었다. 그는 기후 변화에 대해 다음과 같은 말을 남겼다. "저는 그것이 여전히 열린 질문이라고 생각합니다. 인간이 기후에 영향을 미칠 능력이 있다는 믿음은 아주 광범위한 결과를 도출하는, 무척이나 복잡한 기후 모델에 기반을 둔 것이니까요."[24] 그가 국무장관으로 취임한 것은 도널드 트럼프Donald Trump 대통령이 "날씨 예보조차 제대로 못하는 그들이 기후에 대해 뭘 알겠는가"라는 구실로 파리 기후 협약Paris Climate Agreement(2021년 1월부터 적용된 국제적인 기후 변화 협약으로 190여 개 국가가 참여함—옮긴이)에서 탈퇴한 뒤였다.[25]

만약 내가 친절하고 중립적인 과학자였다면 참을성 있게 기후와 날씨의 차이를 설명해줄 수 있었을 것이다. 혹은 기후 모델의 원리에 대해 일반인의 눈높이에서 이해하기 쉽게 알려주는 글을 썼을지도 모르겠다. 그러나 나는 파리 기후 협약에서 탈퇴한 것이 미국 역사상 가장 어리석은 짓이라고 말하고 싶다. 그 전까지는 '잠수함에 핵폭탄을 떨어뜨리면 과연 파괴되는지 알고 싶어서 실험을 벌였던 사건'이 1등이었는데, 놀랍게도 그걸 제친 것이다.

우리는 수십 년 전부터 기후 모델이 기후를 예측하는 데 뛰어나다는 사실을 이미 알고 있었다. 미국은 실제로 핵무기 실험을 벌인 이후 모델을 이용한 가상 폭발 실험을 하는 것이 훨씬 더 쉽고 저렴하다는 사실을 깨달았고, 이에 수없이 폭발시켜도 되는 진짜 현실 같은 디지털 세상을 구축할 수 있도록 연구용 컴퓨터는 더욱 강력해졌다. 연산력의 향상 역시 더 정확한 날씨 예측을 가능케 했고, 이는 군사적 목적이기도 했다. 전장의 상황을 미리 아는 군대는 전략적 우위를 차지할 수 있기 때문이다. 무기와 날씨에 대한 군사적 관심의 부산물인 일기예보의 신뢰성도 꾸준히 높아졌다.

하지만 그 두 가지 관심사를 결합한다면 어떨까? 날씨 자체를 무기로 사용할 수 있을까? 아마도 미국은 소련의 '기후전쟁' 앞에서 방어할 필요를 느꼈는지도 모른다. 어쩌면 두 국가 모두 장기간의 핵겨울nuclear winter(핵전쟁 후에 나타나게 될 것으로 여겨지는 추위 현상—옮긴이)을 대비할 필요를 느낀 건지도 모르겠다. 삽시간에, 지구의 기후가 외부 변화에 어떻게 반응할지에 관한 질문에 국방 연구 예산이 투입되기 시작했다.

그런 연유로, 냉전이 극에 다다랐을 때 기후 모델에 엄청난 예산이 쏟아졌다. 과학자들은 지구에 관해 더 많이 알아야 한다는 사실을 재빨리 깨달았다. 물이 토양에 어떻게 스며드는지, 빙하는 어떻게 형성되고 이동하고 녹는지, 바다는 어떻게 열과 탄소를 흡수하는지. 점점 더 다양한 분야의 많은 과학자들이 협력 연구를 시작했다. 심지어 천문학자들까지 가세했다. NASA는 다른 행성들의 대기를 이해할 수 있는 정교한 모델을 개발했는데, 이 모델은 지구에도 적용할 수 있었다. 컴퓨터 속 기후 모델은 점점 더 정교하고 복잡해졌으며, 다양한 집단이 각자의 모델을 개발하기 시작했다. 1970년대 후반에 이르자 기후 모델은 이산화탄소가 계속해서 증가하면 어떤 일이 벌어질지 예측할 수 있을 정도의 성능을 갖게 되었다. 그 결과는 분명하고도 극도로 심각했다. 그럼에도 불구하고 그 시절엔 모두가 아무렇지도 않게 그 결과를 무시했다.

1988년, 선구적인 기후 모델 개발자들로 이루어진 패널이 미국 의회에 출석했다.[26] 훗날 노벨상을 받게 될 프린스턴대학교 교수 마나베 슈쿠로가 기온이 상승하면 더 가혹한 가뭄이 더 자주 일어날 것임을 증언했다. NASA 산하 고다드 우주연구소 Goddard Institute for Space Studies 소장은 당해인 1988년이 역대 최고 기온을 기록할 것으로 예측했다. 우즈홀 연구소 Woods Hole Research Center 소장은 상원의원들에게 석탄과 석유를 비롯해 이산화탄소를 배출하는 화석연료를 즉시 감소하는 계획을 지금 당장 세울 것을 강력히 권고했다. 그들 모두 오랜 연구와 발견에 기반한 강력한 과학적 합의가 존재한다고 강조했다. 그들이 제시하는 미래 전망은 각자의 최신 기후 모델에 바탕을 둔 것이었다. 과학자들의 메시지는 간결하고 절박했으며, 이해하기도 쉬웠다. 다음 날 《뉴욕 타임스》 1면 헤드라인은 "지구온난화는 이미 시작되었다"였다. 그때가 전환점이 되었어야 했다. 그때도 이미 더 이상 미룰 수도, 부정할 수도 없는 시점이었다. 그로부터 30년도 더 지난 지금까지 과학자들이 의회로 불려가 똑같은 경고를 반복하는 일이 일어나서는 정말 안 되는 거였다.

기후 모델이 몹시, 굉장히 복잡하다는 엑손모빌 CEO의 말은 정확했다. 엑손모빌에도 전문 연구팀이 존재했고, 자체 기후 모델도 보유하고 있었으니 당연히 알았을 것이다. 2013년 그는 기후 모델이 "뛰어나지 않다"고 말했는데, 아마 자사의 모델도 포함한 말이었던 듯하다. 그러나 당시 기후 모델의 성능은 무척이나 뛰어났고, 지금은 더더욱 그렇다. 게다가 이제는 기후 모델이 개발된 지 충분히 오랜 시간이 흘렀기 때문에 과거 예측의 정확성까지 소급해 평가해볼 수 있게 되었다. 2020년의 한 연구는 기후 모델에 실제 이산화탄소 배출량을 적용했을 때 지구 기온 상승을 고도로 정확하게 예측했음을 밝혔다.[27] 1988년 과학자 패널이 의회 증언의 근거로 사용했던 모델들도 검증되었다. 그렇다면 엑손모빌 내부의 기후 모델은 어땠을까? 2023년의 한 연구가 이 모델의 예측 정확도를 평가했다.[28] 그 결과 엑손모빌 모델의 예측 정확도는 NASA의 모델보다도 더 우수한 것으로 나타났다.

그러나 이 모든 것이 아무 소용이 없었다. 과학자들이 불확실성을 줄이고, 설명하고, 맥락화하기 위해 했던 그 어떤 일도 소용이 없었다. 이제 우리는 그 시나리오를 알고 있다. 바로 이런 것이다.

과학적 합의라는 것은 존재하지 않는다. 과학적 합의란 집단 사고일 뿐이다. 모든 과학 연구는 전부 쓰레기다. 그렇기 때문에 우리에겐 더 많은 연구가 필요하다. 동료 평가를 거친 과학이 의사결정의 근거가 되어야 한다. 그런데 문제는 동료 평가가 부패했다는 것이다. 정부 자금을 받는 과학자들은 편향되어 있다. 스톡옵션을 가진 기업 소속 과학자들은 그렇지 않다. 그들의 관측에는 어떤 경향도 나타나지 않는다. 지구는 서늘해지고 있다. 아니, 따뜻해지고 있지만 좋은 일이다. 인간이 온난화를 일으킨 게 아니다. 아니, 인간이 온난화를 일으키기는 했지만 지구가 알아서 스스로를 보호할 것이다. 그렇게까지 나쁠 리는 없을 것이다. 우리는 적응할 수 있기 때문이다. 변화를 시도하는 것이 더 위험하다. 규제는 불가피하게 세계 경제를 붕괴시키고, 이 나라를 빈곤에 빠뜨려 신석기시대로 돌아가게 할 것이다. 환경론자들은 과장을 일삼는 데다가, 그렇게 히스테리를 부리는 사람들을 믿을 수는 없다.

화석연료 산업의 전략을 잠깐만 빌려 와보겠다. 나는 그들과 그들의 거짓말에 분노를 쏟아내는 이 장을, 그들이 내게 원하는 바로 그 일을 하며 마무리할 생각이다. **불확실성을 강조할 것**. 미래의 기후 변화가 어떤 모습일지 우리가 모르는 건 사실이다. 그런데 그것은 과거의 불확실성 때문이 아니라, 인간이 어떤 선택을 할지 알 수 없기 때문이다.

이것이 미래를 예측하기 어려운 이유다. 온실효과를 이해하지 못해서도, 기온이 상승한다는 사실을 몰라서도, 이산화탄소가 대기 중에 누적된다는 사실을 몰라서도 아니다. 온실가스가 증가하면 지구의 온도는 상승한다는 것이 이 세계의 물리 법칙이다. 그러나 바로 그 온실가스를 증가시키는 물리 법칙은 어디에도 존재하지 않는다. 이산화탄소는 탄화수소 연소의 불가피한 부산물이다. 인간 사회를 움직이는 에너지의 상당 부분은 석탄, 석유, 가스 같은 화석연료에서 비롯된다. 그것은 물리 법칙이 아니라 인간의 선택이다. 다르게 말하는 사람이 있다면, 그 사람이 바로 거짓말쟁이다.

바꿀 수 있는 미래

내가 의회에서 진짜로 해야 했던 말은 다음과 같다. 앞으로 내가 또 한 번 그곳에 가게 되는 일이 생긴다면(그렇지만 이 책을 쓰고 나면 앞으로 의회에 초청받는 일은 없을 것 같다), 이렇게 말할 계획이다.

우리는 지구가 뜨거워지고 있다는 걸 확실히 알고 있습니다. 온실가스가 지구의 온도를 높이는 것은 명백한 사실입니다. 또한 온실가스의 농도가 높아졌다는 것에도 의심의 여지가 없습니다. 그것은 어느 정도는 벌목 때문이고, 대부분은 화석연료 연소 때문입니다. 우리는 여러분에게 이 사실을 납득시키려고 오랫동안 애써왔지만 실패했습니다.

엑손모빌이 했던 말 중 거짓말이 아닌 것도 있습니다. 웹사이트에 쓰여 있는 "석유는 1차 에너지의 가장 큰 원천입니다"와 "석유는 경제 성장의 동력입니다"는 사실입니다. 우리가 그토록 경고했음에도 화석연료는 여전히 전 세계 에너지의 80퍼센트를 생산합니다. 오늘날 세계는 엑손모빌이 처음 기후 연구 프로그램을 시작하고, 연구 결과를 무시하고 덮어버렸던 시절보다 약 두 배 더 많은 화석연료를 사용하고 있습니다. 그것이 역사입니다. 과학자들이 무언가를 발견하면, 기업은 거짓말을 하고, 지구는 점점 더 뜨거워졌습니다.

그러나 역사는 재생 가능한 자원입니다. 우리는 계속해서 역사를 만들어냅니다. 인류 전체가 1년 동안 사용할 수 있는 에너지를 불과 한 시간 만에 태양으로부터 얻을 수 있는 행성에서 화석연료는 불가피한 것이 아닙니다. 우리는 더 나은 선택을 할 수 있습니다. 땅속에서 탄소를 추출해 대기 중으로 퍼붓는 일을 계속할 필요가 없습니다. 시대가 바뀌어감에 따라 거짓말의 말투는 조금씩 달라지지만, 그 핵심은 늘 똑같습니다. 물리 법칙만큼 인간 활동에도 절대적인 법칙이 있고, 우리는 반드시 파국을 향할 수밖에 없다는 것입니다.

저는 기업들의 거짓말이, 부정이, 의도적으로 의심을 심어놓는 계략이 화가 납니다. 그러나 그중에서도 가장 참을 수 없는 건, '인간의 본성'이란 변하지 않기 때문에 세상을 바꿀 수 없다는 생각입니다. 기후 모델이 보여주는 미래들을 보십시오. 악몽 같은 미래, 불쾌한 미래도 있지만, 기적 같은 미래도 분명 존재합니다. 인류는 최악의 미래를 피할 수 없으므로, 그냥 이렇게 살다가 그 결과를 받아들여야 한다는 물리 법칙은 어디에도 없습니다.

지구는 변할 수 있습니다. 우리도 변할 수 있습니다. 기후 변화에 맞서기 위해 사회와 경제를 재편하는 것은 전례 없는 거대한 실험이 될 것입니다. 그럼에도 저는 그 실험을 하고 싶습니다. 어차피 저는 미친 과학자니까요.

자신의 실수로 인해 고통받게 되리라는 양심이 있다면,
그것이 그에게는 감옥이나 마찬가지인 형벌이 될 것이다.

표도르 도스토옙스키, 『죄와 벌』

　16세기 후반 유럽의 겨울은 날아다니던 새가 얼어서 뚝 떨어질 만큼 추웠다.[1] 남자들의 수염에는 고드름이 매달리고, 네덜란드의 강물은 홍수로 범람했으며, 잉글랜드를 침략하러 가던 스페인 무적함대는 폭풍우에 무너졌다. 북부 지역에서는 빙하가 떠밀려 와 농지를 삼켰고, 농작물의 성장 기간이 짧아지며 유럽 전역에서 식량난과 기근이 일어났다. 당시 사람들에게 이런 일들은 자연적으로 일어날 수 있는 일로 여겨지지 않았다. 평민부터 왕에 이르기까지 모두가 이 사태에 관해 설명을 듣고 싶어 했다. 세상 모든 고통받는 자들과 마찬가지로, 이들 역시 탓할 대상을 찾았다.

　16세기 유럽인들에게 그 범인은 명백했다. 바로 마녀였다.[2] 사탄의 영향력이 유럽 대륙 곳곳에 미친 것만 같았다. 신성로마제국의 독일어권 지역에서는 밤이면 마녀들이 묘지에서 연회를 열고 교수대 위에 올라가 춤을 췄다. 프랑스에서는 매력적인 남성 마녀들이 마법으로 아름다운 여성들을 꾀어냈다. 폴란드에서는 사탄이 아주 깊이 뿌리내린 나머지 19세기까지도 마법을 부렸다는 혐의로 처형되는 이들이 존재했다.[3] 우박이 쏟아지는 것도, 비가 내리는 것도, 밭의 농작물이 죽는 것도 전부 마녀 탓이었다. 홍수도, 가뭄도, 폭풍이 몰아쳐 배가 가라앉고, 위험한 강풍이 부는 것도 마녀가 저지른 짓이었다. 마녀의 특성은 지역에 따라 달랐지만, 한 가지 공통점이 있었다. 어느 나라에서건 마녀는 마법으로 날씨를 좌지우지했다는 것이다.[4]

1590년, 스코틀랜드 노스버릭에서는 북해에 맹렬한 폭풍을 일으킨 죄로 여러 명의 여성이 고발당했다.[5] 이들은 그동안 마녀로 몰렸던 이들보다도 특히나 더 운이 나빴는데, 왜냐하면 하필 자신을 혐오하는 덴마크 공주와 결혼하러 스칸디나비아로 갔던 스코틀랜드 왕의 귀향길에 악천후로 지장이 생겼기 때문이었다. 가엾은 이 여성들은 스코틀랜드 국왕 제임스 6세가 평범한 군주가 아니라는 사실을 곧 알게 되었다. 그는 유럽 최고의 마녀 전문가로, 이들의 죄를 낱낱이 증명할 작정이었다. 계몽주의 시대의 진정한 군주로서 그는 과학 논문을 발표한 유일한 영국의 왕이었는데(지금까지도 유일하다), 그의 논문은 마녀를 식별하고 벌하는 방법에 관한 광범위한 연구를 담은 것이었다. 실험 대상이자 백성을 손에 넣은 과학자 왕 제임스는 실험적 고문법을 제안하고, 그들의 자백 내용을 세세히 보고하라고 명령하는 등 노스버릭 마녀들의 신문 과정에 적극 참여했다. 그는 이 과정을 몹시 즐겼던 듯하다.

엄격한 감시하에서 마녀로 몰린 여성들은 두들겨 맞고, 굶주림에 시달리고, 벽에 못으로 박혔다. 머리카락은 물론 온몸의 털이 뽑히기도 했다. 결국 한 노파의 음모를 뜯어내는 과정에서 실험자들은 드디어 돌파구를 찾았다. 그 노파가 지난여름 리스 해안에서 고양이를 바다에 빠뜨렸다고 자백한 것이다. 그 일을 저지를 때 머릿속으로 왕과 덴마크 공주의 모습을 떠올렸다고 했다. 이 행동은 혼자 저지른 것이 아니었다. 악마가 그러라고 시켰다고 했다. 이 늙은 과부는 유죄 판결을 받았다. 그러나 한 사람의 소행일 리 없었다. 제임스는 이 마녀들이 날씨를 가지고 놀면서 악마의 소망을 이루어주었다고 확신했다. 마녀들이 악마와 내통해 여름을 짧게 줄이고 겨울을 더 춥게 만들었다고. 폭풍과 죽음, 왕의 끔찍한 결혼이 준 고통, 한파와 홍수, 모든 걸 간단하게 설명할 방안이 생겨났다. 제임스는 기후 변화에 인간의 손길이 닿았다는 증거를 발견한 것이다.

제임스 6세와 당대의 유럽인들이 겪은 근대 초기의 이상한 기후는 놀랍게도 상상이 아닌 사실이었다. 나이테와 빙하 코어 ice core(극지방이나 높은 산 등에서 채취하는 얼음 기둥으로, 수천 년간 쌓인 얼음 층을 통해 과거 기후와 환경 변화를 연구하는 핵심 자료가 됨—옮긴이)를 통해 얻은 데이터를 보면, 13세기 후반 실제로 북반구 전체의 기온이 떨어지기 시작했음을 알 수 있다.[6] 그 후로도 기온은 계속 떨어져 16세기에서 17세기에 정점을 찍었다. 이에 따라 빙하가 확장되고, 식물이 죽고, 강우 패턴이 바뀌었으며, 그 모든 현상은 오늘날 과학자들이 연구할 수 있는 물리적 기록체에 흔적을 남겼다. 훗날 '소빙하기 little ice age'라고 부르게 된 이 기간은 기후 변화 부정론자들이 즐겨 언급하는 시기이기도 하다. 과거에도 이처럼 기후 변화가 존재했으니, 오늘날 기후 변화가 인간 때문이라는 건 거짓이라는 주장이다. 그러나 이 시기는 실제 빙하기와는 거리가 멀다. 모든 시기를 통틀어 북반구 기온은 마지막 대규모 빙하기 때의 4.5~6도 차이와 비교해[7] 약 0.3도 낮은 수치였다.[8] 게다가 이것은 오늘날의 기후 변화에 비하면 아무것도 아닌 수준이다. 오늘날은 1850년~1900년 사이에 비해 1.3도 이상 뜨거우며, 기온은 매 10년마다 높아지고 있다.[9]

제임스 6세 시대 이후로 과학이 발전했기에 이제 우리는 더는 기후 변화를 마녀 탓으로 돌리지 않는다. 현대 과학은 지구의 기온에 영향을 미치는 다양한 요인들, 즉 인간과 자연의 여러 요인을 식별했다. 우리는 이제 무작위처럼 보이는 기후 변동성을 더 잘 이해하게 되었고, 이런 외부 영향의 신호들을 배경 소음으로부터 엄격하게 분리해낼 수 있게 되었다. 이는 과거와 현재 일어난 기후 변화의 원인들을 대충대충 식별하는 것이 아니라는 뜻이다. 평소와는 다른 경향이나 사건을 탐지하고, 그 근본 원인을 찾아내는 일에는 엄청난 연구가 필요하다. 이 분야에서 일하는 과학자들은 범죄 현장 수사관들처럼 단서를 샅샅이 조사하며 합리적 의심의 여지가 없는 유죄를 입증하고자 한다. 지난 한 세기 동안 분명 지구의 온도를 극적으로 상승시킨 무언가가 존재했다. 지금부터 그게 무엇인지 밝혀내기 위해 모든 탐정들과 똑같은 지점에서 출발해보자. 유력한 용의자부터 나열해보자.

첫 번째 용의자: 내부 변동성

첫 번째 용의자는 뻔하다. 바로 순수하게 무작위적인 우연이다. 인간이 존재하지 않았다 할지라도 기후는 해마다, 10년마다 조금씩 변했을 것이다. 지난 세기에 어쩌다 보니 특별히 따뜻한 몇 년이 연속으로 이어졌고, 이런 드문 폭염의 시기는 곧 끝나게 되어 있는 것인지도 모른다. 불운한 우연일 뿐, 누가, 무엇이 잘못한 건 아닐 것이다. 실은 과학자들 역시 증거를 검토하기 전, 처음엔 대체로 이렇게 가정했다. 우리가 관찰한 현상은 그저 세계에 내재한 무작위성에서 나온 것들이라고. 만약 그렇다면 애초부터 어떤 누군가, 혹은 무언가를 탓할 일이 아니었을 것이다.

기후가 자연스럽게 변하는 이유는 지구가 복잡한 공간이기 때문이다. 지구의 기후 배경은 여러 악기로 이루어진 교향곡과 같다. 대기, 물, 얼음, 공기, 땅이라는 악기가 다 함께 이 교향곡을 연주한다. 때로는 화음으로, 때로는 독주로. 해수면 온도는 자연적으로 변화하며 위쪽 공기의 온도를 올리거나 내린다. 바람은 강해지기도 하고 약해지기도 하며, 아래쪽 바다에 영향을 미친다. 기압 역시 자신만의 리듬으로 고동친다. 이 모든 것이 배경 소음이 이루어내는 불협화음, 즉 과학자들이 '내부 변동성internal variability'이라고 부르는 무작위적인 소음의 혼합이다.

이 교향곡에는 특히 더 크게 울려 퍼지는 음이 있다. 페루의 어부들은 자신들의 생계가 달린 태평양의 해류가 제멋대로 달라지는 경향이 있다는 사실을 예전부터 알고 있었다. 규칙적이지도 않고, 예상할 수도 없지만, 살면서 몇 번은 해류의 흐름이 약해지거나 역전되는 경우를 보아왔기 때문이다. 평소에는 차갑던 바닷물이 따뜻해지면서 물고기가 잡히지 않는 때가 있었다. 이런 현상은 대체로 크리스마스 전후로 일어났기에, 어부들은 이것에 아기 예수를 뜻하는 '엘니뇨el Niño'라는 이름을 붙였다. 엘니뇨가 찾아오면 온 세상이 그 사실을 알게 된다.

엘니뇨 현상은 언제나 열대 태평양 지역에서 시작되지만, 그곳에 머무르지는 않는다. 적도의 바다가 따뜻해지면 극지방으로 향하는 공기의 흐름은 더 활발해지고, 그 결과 지구 전체의 바람을 조절하는 상승과 하강의 순환이 더 강력해진다. 그 영향은 뜻밖의 지역에서도 반향을 일으킨다. 중앙 태평양과 동태평양의 강우량은 늘고, 서태평양과 남태평양의 강우량은 줄어든다. 폭풍이 북아메리카 남부 지역을 강타하고, 남아프리카, 오스트레일리아, 브라질, 중앙 안데스 지역에는 가뭄이 찾아온다. 엘니뇨 기간에 태평양의 따뜻한 물의 양은 전 세계의 기온을 상승시키기에 충분할 만큼 많다. 우리는 바다와 공기가 일으키는 혼란스러운 춤, 차가운 적도의 바다가 예기치 않게 따뜻해지는 이 현상에 귀를 기울이며 살아간다.[10]

엘니뇨는 역사에도 흔적을 남겼다. 1524년 스페인의 정복자 프란시스코 피사로Francisco Pizarro는 약탈할 새로운 대륙을 찾아 파나마에서 남쪽을 향해 항해했다.[11] 그러나 아무리 최신식 함대라도 북쪽으로 흘러가는 해류와 남동쪽에서 불어오는 강풍에는 당할 도리가 없었기에, 그는 어쩔 수 없이 회항해야 했다. 그로부터 7년 뒤 엘니뇨가 찾아왔다. 해류가 역전되고 바람의 방향이 바뀌자, 스페인 함대는 해안선을 따라 어렵잖게 툼베스 항에 도착할 수 있었다. 내륙으로 진격한 침략자들은 습하고 비옥한 땅을 발견할 수 있었다. 이때 따뜻한 바다에서 올라온 습한 공기가 에콰도르와 페루의 건조한 해안 지역에 폭우를 쏟아부었다. 이 땅은 침략자들이 해안에서 점점 더 내륙으로 진격하는 내내 그들을 지탱해주었다. 결국 그들은 잉카제국의 수도에 도착해 죽음과 질병을 퍼뜨리고, 총구를 들이대고 종교를 강요했다. 훗날 엘니뇨(아기 예수)라는 이름을 남길 그 종교였다.

그렇다면 소빙하기나 오늘날의 꾸준한 온난화 같은, 더 오래 지속되는 변화들 역시 엘니뇨 탓일까? 우리는 순수한 내부 변동성을 직접 관찰할 수 없다. 인류가 지구에 대한 데이터를 수집해온 이래로 우리가 줄곧 지구에 영향을 미쳐왔기 때문이다. 그러나 기후 모델을 이용해 외부 영향이 전혀 존재하지 않는 가상의 세계를 시뮬레이션해볼 수는 있다. 기후 모델에서 인간이 미친 모든 영향을 제거해보는 것이다. 온실가스를 산업화 이전 수준으로 고정하고, 땅에서는 농업과 도시화의 흔적을 전부 지우고, 대기 중 오염을 전부 없앤다. 키보드를 몇 번 두드리는 것만으로 마치 그런 것들이 애초에 존재한 적도 없었던 것처럼 만들 수 있다.

그런 뒤 기후 모델로 열대 태평양에서 바닷물이 이리저리 출렁이는 현상을 구현한다. 때로는 물이 따뜻해지는 시기가 찾아오고(디지털이 만든 엘니뇨다), 또 때로는 이상하게 차가워지면서 엘니뇨의 자매인 라니냐la Niña의 도착을 알린다. 이런 현상들은 대개 몇 년에서 십몇 년의 간격을 두고 무작위적으로 일어난다. 간혹 물이 따뜻해지는 시기가 우연히도 잇달아 일어나고, 지구의 온도가 몇 년 연속으로 올라가기도 한다. 그러나 물은 곧 제자리를 찾아가고, 무역풍의 방향이 바뀌며 세계는 평소 상태로 돌아간다. 기후 모델에는 엘니뇨에 대한 우리의 가장 발전된 과학적 이해가 담겨 있다. 엘니뇨는 불규칙하게 찾아올 수도 있고, 세상을 바꿀 수도 있지만, 반드시 끝이 있다. 오직 엘니뇨 하나만으로 100년 이상 지구가 따뜻해지거나 차가워지게 만들 수는 없다. 엘니뇨는 소빙하기나 오늘날의 지구온난화를 일으킨 주요 용의자가 애초에 될 수 없다. 그러니 용의선상에서 제외하자.

엘니뇨는 기후에 내부 변동성을 일으키는 요소 중 한 가지에 불과하다. 태평양이 가장 큰 바다이기 때문에 엘니뇨의 불규칙한 음이 가장 큰 반향을 일으키는 것일 뿐, 바닷물이 출렁이고 뒤섞이는 현상은 태평양 외의 다른 해양 분지들에서도 일어난다. 또 대기 전체 역시 흔들리고 요동치며 예측 불가능한 고기압과 저기압의 진동을 일으킨다. 그 모든 것이 자연적인 것이지만, 그 어떤 의미로도 '순환'이라고 볼 수는 없다. 또렷한 음은 거의 없고, 알 수 없는 자신들만의 박자에 맞춰 끽 긁히거나 빵 불어대는 악기들이 만들어내는 불협화음뿐이다.

때로 이토록 고동치는 기후의 소음 위로 날카로운 음 하나가 솟아오른다는 사실을 우리는 안다. 1877년 겨울, 특히나 더 강력한 엘니뇨 현상이 발생했다. 하필이면 그해 북대서양과 서인도양 역시 특히나 더 따뜻했다. 해수면 온도의 이 무작위적인 변화들이 결합한 결과, 바람과 날씨의 패턴이 충격적인 수준으로 흐트러졌다.[12] 인도, 중국, 이집트, 모로코, 에티오피아, 남아프리카, 브라질, 콜롬비아, 베네수엘라에 가뭄이 들었다. 여러 지역에서 유럽 식민 통치자들이 회복력 강한 전통 농업을 파괴하거나 방해한 이후였고, 비가 내리지 않는 기간을 버틸 물이나 곡식은 부족했다. 곡물 가격이 가파르게 상승했으며, 얼마 안 되는 농작물은 새로이 등장한 수출 시장에서 제국 정부에 팔려나갔다. 대가뭄은 대기근으로 이어졌다.[13] 비가 내리지 않던 기간에 5000만 명이 사망했다.

이것은 누구의 책임일까? 만약 '이것'이 날씨를 가리킨다면, 물론 누구의 잘못도 아니다. 빅토리아시대 후기의 전 세계적 가뭄은 불가항력이자, 기후의 무작위성이 얼마나 강력한 힘을 가졌는지 보여주는 사례다. 스페인이 잉카제국을 정복하게 만든 1531년의 엘니뇨도 그랬다. 과거의 기후와 역사를 만든 수많은 재난 역시 마찬가지였다. 오늘날 우리는 악천후가 짧은 기간 찾아올 때 마녀가 아니라 무작위성을 탓할 수 있다. 그러나 어떤 사건이 '소음'이라고 해서 따분하거나 온화하기만 한 것은 아니다. 방향을 바꾼 바람은 스페인 정복자들을 희생자들에게 데려다주었다. 심한 가뭄은 무능하고 냉담한 통치로 인해 식민지 기근이라는 재앙으로 악화되었다. 유럽에 갑작스러운 추위가 찾아오자 여성들이 마녀로 몰려 화형을 당했다. 이토록 충격적인 규모의 모든 범죄가 기후가 급격히 혹은 서서히 변화하던 기간에 벌어졌다. 그러나 기후 변화 그 자체가 이런 끔찍한 일들을 일으킨 것은 아니다. 공기와 물의 자연적인 움직임은 세계의 기온을 높이거나 낮출 수 있지만, 이곳을 위험하게 만드는 건 바로 우리다.

1877년 대기근이 끝나자 다시 비가 내렸다. 이렇듯 내부 변동성은 나타났다가 사라지고는 한다. 지구의 온도는 불규칙하게 오르락내리락한다. 마치 서로 다른 리듬으로 뛰는 수많은 심장들이 함께 고동치는 것처럼. 내부 변동성이 한 세기 넘게 지구의 온도를 지속적으로 올리는 일은 없다. 기후에 무작위적인 변동이 생기는 것은 사실이다. 그러나 오늘날의 기후 변화를 일으킨 주범이 이런 변동이라고 우기는 건, 마치 피 묻은 손자국으로 범벅이 된 범죄 현장에서 등에 칼이 꽂힌 시신을 살펴보고 어깨를 으쓱이며 "자연사겠네요" 하는 것과 다를 바 없다. 우리는 더 사악한 어떤 힘이 작용하고 있음을 알고 있다.[14]

두 번째 용의자: 태양

또 다른 유력한 용의자는 태양이다. 태양은 우리가 가진 거의 모든 에너지의 근원이다. 태양이 없다면 기후라는 것은 애초 존재하지도 않았을 것이다. 태양의 내부에는 강력한 자기장이 있는데, 이 자기장은 태양의 자전에 따라 뒤틀리고 늘어난다. 자기장이 활성 상태일 때는 태양 표면이 활동으로 꿈틀거리고, 자기장이 특히 강한 곳에서는 흑점sunspot(태양 표면에서 강한 자기 활동으로 대류 활동이 방해를 받아 주변보다 온도가 낮아지면서 표면이 검게 보이는 영역—옮긴이)이 나타나며, 태양이 더 강하게 빛난다. 자기장이 잠잠할 때는 흑점이 적거나 사라지고, 빛도 줄어든다. 그렇다면 소빙하기를 불러온 건 태양일까? 나아가 태양이 지구온난화를 일으키는 원인일까?

1980년대에 천문학자 애니 마운더Annie Maunder와 그의 남편은 태양이 유독 잠잠하던 시기가 있었음을 발견했다. 흑점이 거의 나타나지 않았고 태양 에너지가 감소한 1645년에서 1715년 사이를 '마운더 극소기Maunder Minimum'라고 부른다.[15] 이 시기의 잠잠한 태양 아래에서 아주 많은 일이 일어났다. 당시 잉글랜드 왕은 찰스 1세(마녀 사냥꾼 제임스 6세의 아들)였는데, 백성들은 그에게 너무 짜증이 난 나머지 왕을 참수하고 종교 독재 정권을 세웠다. 그런데 청교도 정권을 고작 몇 년 겪고 나자 백성들은 죽은 찰스 1세에게 부디 돌아와 다시 왕이 되어달라고 부탁하고 싶을 지경이었다.

한편 바다 건너 북아메리카 대륙의 뉴잉글랜드에서는 유난히 혹독한 겨울이 찾아와 이곳에 정착한 독실한 청교도인들을 덮쳤다. 대부분은 식량과 연료가 부족해 절박한 상황이었다. 매사추세츠주의 새뮤얼 해리스Samuel Harris라는 목사가 땔감이 비싸졌다며 난방 보조금을 요구했지만 단칼에 거절당했다. 추운 데다가 불만까지 폭발한 해리스는 사탄의 힘이 세일럼Salem이라는 도시 전체를 사로잡았다고 설교하기 시작했다. 사람들은 그 말에 귀를 기울였다. 참을 수 없이 추웠던 그해 겨울, 세일럼 사람 중 200명이 마녀로 고발당했고, 그중 스무 명이 처형되었다.[16]

마운더 극소기는 소빙하기가 극에 달한 시기와 겹쳐 있다. 그래서 오랫동안 마운더 극소기는 태양의 변동성과 지구의 기후를 연결하는 '결정적 증거'로 간주되었다. 태양이 약해지면, 지구가 추워진다. 사건 종결! 태양은 소빙하기, 그리고 그것이 불러온 혼란의 범인으로 지목되었다. 그러니 태양이 과거의 세계를 차갑게 만들었다면, 당연히 오늘의 세계를 뜨겁게 만들 수도 있지 않을까?

그러나 이제 우리는 태양은 연막일 뿐임을 안다. 소빙하기는 마운더 극소기보다 훨씬 더 이전에 시작되었고, 태양 흑점의 활동이 적은 기간의 기온은 직전 세기보다 현저히 낮지도 않았다.[17] 태양이 잠잠해지기 훨씬 전부터 유럽인들은 마녀를 화형시키고, 겨울이 춥다며 투덜거렸다. 게다가 태양 에너지의 실제 변화는 미미했다. 마운더 극소기의 태양 에너지는 태양이 가장 활성화된 상태의 99.9퍼센트 수준이었다. 이는 태양이 기후 변화에 전혀 영향을 미치지 않는다는 뜻은 아니다. 그러나 오늘날 우리는 태양이 바람이나 해류를 바꾸어 기후에 영향을 미칠 수는 있지만, 직접적으로 지구 전체의 기온을 올리거나 내리는 것이 아님을 알고 있다.[18]

또한 태양이 최근 들어 더 강력해진 것도 아니다.[19] 만약 그랬다면 전 세계 항공우주 기관 중 한 곳에서라도 그 사실을 알아차렸을 테니까. 우리는 수십 년간 태양 에너지의 데이터를 측정해왔으며, 그것이 미치는 영향은 기후의 내부 변동성이라는 소음에 가려져 전혀 감지되지 않는다. 즉, 고발당한 수천 명의 마녀들과 마찬가지로 태양은 내세우기 쉬운 희생양이었다.

세 번째 용의자: 지구의 공전과 자전

태양이 기후 변화를 일으키는 것이 아니라면, 하늘 어딘가에 설명이 되어줄 만한 다른 무언가가 있는 건 아닐까? 아이작 뉴턴 Isaac Newton이 중력의 법칙을 써 내려간 이후로 천체의 움직임은 분명했다. 지구는 태양 주위를 돌고, 달은 지구 주위를 돌며, 다른 행성들과 달은 전부 각자의 궤도에서 각자의 할 일에 충실히 임하고 있다.

그러나 달을 비롯한 모든 행성은 저마다 약한 중력을 가지고 있다. 그들이 형제자매와 옥신각신하듯이 지구를 밀고 당기는 바람에 지구 역시 흔들린다.[20] 거의 완벽한 원이던 지구의 공전 궤도는 1만 년에 걸쳐 약간 길쭉한 타원형으로 변하다가 다시 원래대로 돌아오기를 반복하게 되었고, 그러면서 여름과 겨울의 길이가 바뀐다. 지구의 자전축 기울기는 대략 4만 년을 주기로 서서히 변하며, 그에 따라 계절은 기묘하고 낯설게 변해간다. 지구가 팽이처럼 기우뚱하게 돌아가기에 2만 년에 걸쳐 북극성은 폴라리스Polaris에서 베가Vega로 바뀐다. 이런 변화들 중 어떤 것도 인간의 생애 내에서는 알아차릴 수 없다. 그러나 지구의 공전과 자전이 기후를, 또 우리를 바꿀 수는 있다.

리비아 경계에서 가까운 이집트 서부 사막에는 여러 동굴이 있다. 나일강에서도, 해안에서도, 사람들이 사는 지역과도 멀리 떨어진 곳이다. 이 동굴 중 한 곳의 벽에는 작은 인간 형상들이 수많은 동물을 쫓고 있는 고대 벽화가 그려져 있다. 기린, 코끼리, 하마, 오록스aurochs(오늘날 소의 조상에 해당하는 대형 포유류로 17세기에 멸종했다—옮긴이)도 있다. 이런 동물들은 모두 고지대 사막이 아니라 사바나에 산다. 근처 또 다른 동굴에는 엎드린 자세로 팔을 구부리고 발차기하는 인간 형상이 그려져 있다. 근처에 강도, 바다도, 호수도 없는 사막 한가운데에 수영하는 사람이 그려져 있는 것이다.[21]

동굴 벽화가 그곳에 있는 건 1만 년 전에는 사하라 사막이 초원이었기 때문이다. 오늘날 사하라 사막의 모래 언덕들 사이에는 한때 그곳이 호수의 바닥이었음을 보여주는 증거들이 있다. 폭우로 넘친 호수의 물은 나일강을 통해 동지중해로 실려 갔고, 해저의 퇴적물에는 이때 범람했던 민물의 흔적이 남아 있다. 이 지역 전체의 지질학을 하나로 엮으면 완전한 이야기 하나가 탄생한다. 먼 옛날 아프리카 북부는 습하고 나무와 호수가 있는 곳이었다. 여기에 고고학은 또 다른 이야기를 덧붙인다. 이곳에는 그 모든 것을 즐기던 사람들이 살았다고.

오늘날 사하라가 사막이 된 것은 지구의 궤도가 아주 조금 달라졌기 때문이다.[22] 현재 지구가 태양에 가장 가까운 시기는 1월인데, 대부분의 사람은 이를 인지하지 못한다. 애초에 계절이라는 것은 우리와 태양 사이의 거리가 아니라 지구의 자전축 기울기에 따라 발생하는 현상이기 때문이다. 그러나 1만 년 전에 지구가 태양에 가장 가까운 시기는 6월이었다. 그래서 그 시절 아프리카 북부는 오늘날보다 조금 더 화창하고 따뜻했다. 지표면이 따뜻해 차가운 대서양의 축축한 공기를 끌어왔고, 그 공기가 응결되어 폭우를 내렸다. 수천 년간 북아프리카에는 해마다 여름이면 몬순monsoon(계절에 따라 바람의 방향과 강도가 바뀌는 대규모 기후 현상으로, 우기와 건기를 유발한다—옮긴이)이 찾아왔다. 그러다 언제부터인가 몬순이 그쳤다. 지구의 궤도가 살짝 바뀌면서 비가 줄어들다가 완전히 멈췄고, 호수도, 초원도, 동물도, 사람도 먼지가 되어 사라졌다.23 이제 남은 건 지구 육지의 8퍼센트를 뒤덮은 사막뿐이다.

대규모 사막화가 일어난 것과 엇비슷한 시기의 동굴 벽화들을 보면, 진짜 동물들이 줄고 그 대신 무시무시한 상상 속 야수들이 등장하기 시작했다.24 인간과 동물을 성적인 주제로 그린 그림들도 있는데, 이는 생식과 생존에 대해 갖게 된 집착을 보여주는 것으로 해석된다. 또 귀중한 소가 도살되는 모습은 있어도 먹히는 모습은 없는데, 정확한 이유는 알 수 없지만 무엇을 속죄하거나 어느 분노한 영적 존재를 달래기 위한 제물로 삼은 것인지도 모른다. 이런 벽화들이 자신들을 넘어선 드높은 존재에게 호소한 인간들에 대한 최초 기록일 가능성도 있다. 초록빛 사하라에 살던 사람들은 삶의 터전이 알아보기 힘든 모습으로 변해가는 것을 지켜보았을 것이다. 무섭고 혼란스러웠을 테고, 납득할 만한 설명이 필요했을 것이다. 당연히 탓할 누군가를 찾았을 것이다.

오늘날 우리는 사하라가 사막이 된 이유를 알고 있다. 지구의 궤도가 달라지면 커다란 기후 변화를 일으킬 수 있다. 우리가 그 사실을 아는 건 이 현상 배후에 있는 물리 법칙을 이해하기 때문이다. 우리는 또한 이 현상이 이전에도 여러 번 일어났다는 사실도 알고 있다. 지구의 궤도는 인간의 생애 동안에는 눈에 띄게 변하지 않는다. 그러나 역사 기록을 보면 아주 조금씩 변해왔다는 것을 알 수 있다. 지난 천 년 사이 태양과 지구가 가장 가까운 날은 12월에서 1월로 약 20일 정도 뒤로 이동했다. 궤도는 조금 더 둥글어지고, 기울기는 조금 더 줄어들었다.

천문학자들은 이 데이터를 꼼꼼히 모아 기후 모델에 입력했다.[25] 그 결과, 지난 몇백 년간 지구의 궤도가 조금씩 변화된 것과는 달리 지구의 기온은 눈에 띄게 달라지지 않았음을 알 수 있었다. 즉, 지구 궤도의 변화만으로는 지금까지 일어난 온난화를 설명할 수 없다. 실제로 지난 수천 년 동안 이런 궤도 변화는 기후에 그 어떤 영향도 미치지 않았다. 궤도 변화로 빙하기를 설명할 수는 있지만(이에 대해서는 5장에서 더 살펴볼 것이다), 소빙하기는 설명할 수 없다. 행성의 궤도 변화는 기나긴 지질학적 시간대에서 일어나는 일이다. 그렇기 때문에 고작 100년 남짓의 시간 동안 전 세계 기온을 이만큼 올릴 방법은 존재하지 않는다.

네 번째 용의자: 화산 폭발

1815년, 마녀는 유행이 끝났고 소빙하기 역시 차츰 저물어가기 시작할 무렵, 또 다른 충격이 찾아와 소빙하기를 연장했다. 역사상 최대 규모의 화산인 인도네시아 탐보라 화산이 폭발했다.[26] 해가 흐려지고 기온이 뚝 떨어지면서 '여름 없는 해'가 시작되었다.

탐보라 화산 폭발 뒤 찾아온 참혹한 계절에, 한 10대 소녀가 친구들과 함께 제네바 호수 근처에 집을 빌려 함께 지냈다. 그칠 줄 모르는 추위와 빗속에 집 안에 갇힌 그들은 누가 가장 무시무시한 유령 이야기를 하는지 시합하기로 했다.[27] 고작 열여덟 살이던 소녀는 그중 가장 어렸지만 꼭 이기고 싶었다. 그래서 생명의 신비에 집착하는 어느 과학자가 오래된 시체의 조각을 이어 붙여 괴물을 만드는 이야기를 썼다. 괴물의 몸뚱이에 전기 충격을 가하자 괴물은 살아 움직이기 시작한다. 자신이 저지른 짓에 기겁한 과학자는 자신이 창조한 괴물을 거부하고, 괴물은 자꾸만 끔찍한 사건을 일으켜 과학자의 가족과 친구들 대부분을 죽게 만든다. 죄책감에 사로잡힌 과학자는 괴물을 붙잡아 모든 일을 바로잡는 데 얼마 남지 않은 평생을 쏟는다.

메리 셸리Mary Shelley라는 이름의 그 소녀는 분명 어렵잖게 시합의 승자가 되었을 것이다. 『프랑켄슈타인』은 고딕 호러의 독창적 걸작으로, 다른 시기라면 쓰일 수 없는 이야기였을 것이다.[28] 탐보라 화산 폭발 직후의 음울한 시기에는 괴물을 상상하기 쉬웠다. 프랑켄슈타인 박사가 만든 괴물에게 생명을 불어넣은 바로 그 전기는 점점 더 서구 세계의 큰 동력이 되어갔다. 그런데 그 세상이 별안간 혼돈에 빠졌다. 추위가 가시지 않았고, 여름이 오지 않았다. 갑작스러운 변화를 맞이하기 직전의 불안한 사회에서 그것은 심판으로 느껴졌을 것이다. 분명 사람들은 이렇게 생각했을 것이다. **우리가 대체 무슨 짓을 저지른 거지?**

그러나 '여름 없는 해'는 인간이 저지른 일의 결과가 아니었다. 화산은 폭발하며 성층권에 티끌과 가스 구름을 토해낸다. 입자가 큰 화산재는 곧 땅으로 떨어지고, 화산 폭발과 함께 발생한 아황산가스는 화학적 변화를 거쳐 '에어로졸aerosol'(공기 중에 부유하고 있는 작은 고체 및 액체 입자들—옮긴이)이라는 미립자가 된다. 이 에어로졸은 태양 빛을 직접 차단할 뿐만 아니라, 구름의 생성을 유발해 더 많은 햇빛을 가리게 만든다. 이로 인해 지표면에 다다르는 빛이 줄어들어 지구의 온도가 내려간다.

모든 화산이 이런 효과를 내는 건 아니다. 2021년 말에서 2022년 초 남태평양 섬나라 통가의 해저화산인 '훙가 통가-훙가 하파이'가 대규모 분화를 일으켰으나, 이때의 폭발은 바닷속 깊은 곳에서 일어났기에 대기 중에 많은 에어로졸을 흩뿌리지는 못했다.[29] 또한 2010년 국제 항공 대란을 일으켰던 아이슬란드 화산 '에이야퍄들라이외퀴들'의 폭발은 높은 고도까지 에어로졸을 흩뿌릴 만큼 강력하지 못했다.[30] 그러나 알맞은 유형의 화산이 대규모로 폭발할 때는 기온이 급강하할 수 있다. 특히 이런 폭발이 연속으로 일어난다면 정말로 기이한 상황이 되고 만다.

소빙하기는 난폭한 화산 활동이 연속으로 일어나며 시작되었다. 1275년에서 1300년 사이 최소 네 번 이상의 대규모 화산 폭발로 성층권까지 재가 퍼졌다.[31] 1452년 또는 1453년 일어난 또 한 번의 큰 화산 폭발로 늦봄에 눈이 내렸고 하늘은 이상할 만치 붉어졌다. 그러다가 1641년에서 1680년 사이, 최소 **여섯 번**의 큰 폭발이 연속으로 일어났다. 소빙하기의 기후 조건[32]을 가장 잘 설명해주는 것이 화산 활동이 드물게 왕성했던 이 시기다.[33] 우리는 이를 통해 소빙하기에 지속적으로 추워지다가도 이따금씩 평소와 같은 시기가 찾아왔던 이유를 알 수 있다. 또 추운 기후가 언제 시작되고 언제 끝났는지도 알 수 있다. 무엇보다도, 연속적인 화산 폭발은 왜 갑자기 추워지는지를 설명해준다. 화산재와 티끌이 태양 빛을 간헐적으로 차단해 장기간 이어지는 갑작스러운 한파와 이상한 강우 패턴을 유발했다.

지구의 온도를 떨어뜨리는 데 있어서, 화산 폭발에는 공범들이 있었을지 모른다. 순전한 우연으로 일어난 한파, 온도 상승 패턴을 바꾸고 해양 순환에 영향을 미친 태양열 에너지의 작은 변화,[34] 나아가 흑사병[35]과 식민지화[36]라는 재앙에 잇따른 지표면의 변화까지도 공범이었을지 모른다. 지금에 와서는 그것들의 책임을 부정할 수 없다. 화산은 분명 기온을 떨어뜨릴 힘이 있다. 그렇다면 지금 일어나는 온난화 역시 화산이 일으켰을 가능성이 있을까?

그러나 1815년 탐보라 화산 폭발, 그리고 1883년 더 작은 규모인 인도네시아 크라카타우 화산 폭발 이후 화산 활동은 대체로 멎었다. 20세기에 세계 여기저기서 몇 차례 화산 폭발이 있긴 했지만, 1991년 이전에는 대수롭지 않은 규모였다. 문제의 1991년, 필리핀 피나투보 화산이 맹렬하게 폭발했다. 기후 모델은 이 폭발이 지구 온도를 약 0.5도 떨어뜨릴 것이라고 예측했다.[37] 그리고 이 예측은 맞아떨어졌다. 센서와 위성의 시대에 폭발한 피나투보 화산은 역사상 가장 속속들이 연구된 화산이다. 피나투보 화산은 특정한 유형의 화산 폭발이 가진 위력, 그리고 지구의 반응을 포착하는 기후 모델의 뛰어난 능력을 보여주었다.

오늘날의 기후 변화의 용의선상에서 화산 활동을 제외한 것도 바로 그 기후 모델들이다. 지구가 소빙하기에 지속적으로 일어난 화산 폭발로부터 회복하는 데는 수 세기가 걸렸는데, 피나투보 화산 폭발 후에는 불과 몇 년 안에 기온이 정상으로 돌아왔다. 화산 폭발이 소빙하기를 일으켰다고 볼 증거는 충분히 많다. 그러나 지구온난화에 있어서는 무죄다.

다섯 번째 용의자: 에어로졸

메리 셸리는 소빙하기의 끄트머리에 살면서 세상이 더워지며 산업혁명에 접어드는 모습을 지켜보았다. 그는 화산 폭발의 흔적으로 검게 그을린 제네바를 떠나 마찬가지로 음울한 런던으로 돌아왔다. 템스강은 하수, 피, 근대 산업이 남긴 화학 폐수로 시커멓게 물들어 있었다. 런던 외곽의 공장 지대는 기계들이 중력이라도 가진 것처럼 시골 사람들을 끌어들였다. 수십 년 만에 런던 인구가 두 배가 되었다. 공장 굴뚝이 안개 자욱한 하늘에 검은 연기를 토해냈다. 성층권에서 화산재가 사라지고 '여름 없는 해'의 기억이 희미해진 뒤로도, 오랫동안 런던의 하늘은 시커멨다. 탐보라 화산은 화산이 태양 빛을 차단할 수 있음을 보여주었다. 알고 보니, 인간에게도 그런 능력이 있었다.

인류는 100년 이상 하늘을 흐리게 만들어왔다. 우리가 '오염'이라고 여기는 것, 즉 태양 빛을 차단하고 사람들을 병들게 하는 가스와 티끌과 그을음은 전부 발전소와 배기구에서 나온다. 화석연료를 연소할 때 나오는 아황산가스는 대기 중 아황산 에어로졸 입자가 된다. 이 에어로졸은 햇빛을 직접 차단하고 더 많은 햇빛을 가리는 구름의 생성을 유발하기에 산업혁명의 공장들과 기계들이 토해내는 연기와 가스가 누적되어 대규모 지구 차광화global dimming 현상이 일어났다.[38] 이는 인간 스스로 만들어낸 저지대 화산이었다. 2차 세계대전 이후 서구 경제가 회복되면서 태양은 갈수록 더 흐려졌고, 1970년대에야 여러 국가가 대기청정법을 통과시키기 시작했다. 이런 정책들의 결과로 서유럽과 북아메리카의 에어로졸 배출은 급격히 감소했다.[39] 전 세계 에어로졸 총배출량은 2차 세계대전 직후 최고점을 달성했다가 점차 감소하는 추세이며, 지금은 남아시아와 동아시아 지역에 불균형하게 집중되어 있다.

그렇다면 에어로졸 공해가 지구온난화의 주범일까? 그렇게 생각하면 마음이 편할지도 모른다. 정책을 통해 대기오염을 감소시킬 수 있다면, 중국, 인도를 비롯한 아시아 국가들이 청정한 대기라는 불가피한 선택의 길로 들어서기를 기다리기만 하면 될 테니까. 다른 지역들이 기술과 정책을 결합해 에어로졸 공해를 대폭 감소시킬 수 있음을 이미 증명했고, 정부는 행동에 나설 강력할 유인을 품고 있다. 에어로졸은 오염된 공장이나 더러운 발전소, 스모그로 뒤덮인 도시에 가까이 살아가는 사람들의 건강을 심각하게 위협하기 때문이다. 더러운 공기와 물을 마시고 싶은 사람은 없다. 따라서 전 세계 에어로졸 배출량의 최고점은 이미 지나갔다.[40] 미래에는 더 빠른 속도로 감소할 것이라 예상한다.

그러나 에어로졸이 지구의 온도를 올리는 것은 아니다. 사실 에어로졸이 하는 일은 그 반대다. 해를 차단하고 구름을 유인하는, 이 작은 그을음과 티끌 입자들은 지표면에 내리쬐는 햇빛을 감소시킨다. 대체적인 예측에 따르면 1950년대에서 1980년대 사이 유럽과 북아메리카의 에어로졸 배출이 유발한 지구 차광화가 없었더라면 오늘날 지구의 온도는 훨씬 더 높았을 것이다. 또 최근 에어로졸의 효과를 보여주는 실험도 있었다. 2020년, 코로나19로 인해 공장이 문을 닫고 자동차 운행이 줄어들자 많은 지역에서 에어로졸 배출량이 급감했다. 그 결과 태양을 가리는 오염 물질이 감소하며 지구의 온도가 소폭 상승했다.[41]

다만 어떤 범죄에 대해 무고한 용의자라 해도 다른 범죄에는 주범일 수 있다. 에어로졸이 지구의 온도를 낮춘 것은 분명하지만, 그렇다고 에어로졸이 좋은 것이라거나 에어로졸 오염을 줄이지 말자는 것은 아니다. 에어로졸로 인한 대기오염은 심장마비, 당뇨, 암, 호흡기 질환 발생률을 높인다. 에어로졸이 기후에 미치는 긍정적 효과보다는 인간의 건강에 끼치는 해로움이 훨씬 크다. 또한 에어로졸이 **지구의** 온난화는 어느 정도 완화했다 해도, **지역의** 기후에 미친 영향은 치명적이었다.

지구의 자전 궤도가 살짝 기울어지면서 초원이던 사하라는 사막화되었고, 한때 육지에서 가장 큰 호수였던 차드호Lake Chad(아프리카 사하라 사막 남쪽 끝에 있는 호수로, 차드, 니제르, 나이지리아, 카메룬까지 무려 네 나라에 걸친 거대 호수—옮긴이) 역시 얕은 웅덩이가 되었다. 오늘날 남아 있는 차드호는 사헬Sahel이라는 지역의 주된 수원이다. 사하라 사막 남부를 따라 세네갈에서 에티오피아 북부까지 이어진 사헬에는 5000만 명 이상의 사람들이 살고 있다. 이곳은 비와 가뭄을 오가는 급격한 변화에 취약한 경계 지대로, 대부분의 사람들은 농사를 지으며 자급자족으로 살아가고 있다. 1970년대에서 1980년대에 이 지역은 깊고 지속적인 가뭄에 시달렸고, 이는 결국 상상조차 힘든 생태 재앙으로 이어졌다.

사헬의 심각한 가뭄에 대해, 이곳과 동떨어진 서구 과학계는 빠른 속도로 합의에 도달했다. 정확히 그런 표현을 쓰지는 않았지만, 숨겨진 의미는 분명했다. 그것은 그 사람들의 잘못이라고. 사헬 주민들의 지나친 방목과 부실한 토지 관리가 연쇄 반응을 일으켜 사헬을 사막으로 만들고 있다고 말이다.[42] 지표면의 변화가 그 지역의 기후를 변화시킨다는 사실은 이미 알려져 있다. 예를 들어 어떤 지역에 대규모 관개시설을 설치하면 그 이전에 비해 지역의 평균 습도가 상승한다. 또 과거 미국에서 일어난 끔찍한 더스트볼Dust Bowl(1930년대 미국의 중부와 남부 지역을 강타한 대규모 모래 폭풍—옮긴이) 역시 해당 지역의 잘못된 농업 관행에서 비롯되었다는 증거가 존재한다. 그렇기에 초목의 변화가 사헬 같은 경계 지대의 섬세한 균형을 깨트렸을 수 있다는 주장은 합리적인 것처럼 보인다. 그래서 한동안은 이런 서사가 널리 받아들여졌다. 가뭄은 안타까운 일이지만, 순전히 그 지역 사람들의 탓이라고. 그러나 이는 전적으로 틀린 서사였다.

   2000년대 초반, 과학자들은 사헬의 강우가 멀리 떨어진 북대서양의 해수면 온도와 연관되어 있다는 사실을 알게 되었다. 해수면이 따뜻하면 비가 7월에 제때 내리기 시작해 9월까지 이어졌다. 해수면이 차가우면 가뭄이 들었다. 1970년대와 1980년대에는 대서양의 장기적 저온 상태가 두드러졌다. 과학자들은 기후 모델을 이용해 둘의 관계를 실험했다.[43] 관측된 수온을 기후 모델에 입력하면, 모델은 관측된 가뭄을 거의 완벽하게 재현해냈다.[44] 이 말은 곧 차가운 바다가 가뭄을 일으킨 것이지, 사헬 지역에서 그 무슨 일을 벌였건 간에(토지 이용을 달리했든, 그 어떤 완벽한 관리를 했든 간에) 이 현실을 바꿀 수는 없었을 거라는 뜻이다. 잘못은 사헬에 사는 사람들이 아닌 먼 곳의 바다에 있었다.[45] 그렇다면 애초에 바다는 왜 차가워졌던 것일까?

   2차 세계대전 이후 서유럽과 북아메리카의 호황기는 석탄과 석유를 연료로 삼은 것이었고, 그것들이 대기 중에 뿜어낸 아황산가스를 비롯한 오염 물질은 바다 위로 밀려나갔다. 에어로졸이 북대서양을 뒤덮고 구름 생성을 유도해 태양 빛을 차단했고, 그 결과 해수면이 차가워졌다. 기후 모델 속에서는 이 과정을 여러 번 반복해볼 수 있다. 바다 위 하늘을 흐리게 만들고 어떻게 되는지 살펴보는 것이다. 하늘이 바다와 소통하며 바다는 차가워진다. 바람이 방향을 바꾸며 이 메시지는 먼 곳으로 전해진다. 열대 강우대가 따뜻한 기온을 찾아 남쪽으로 밀려난다. 그러면서 사헬을 완전히 비껴간다. 사헬에 순전히 우연으로 찾아왔을 온갖 가능성들을 시험하며 거듭 되풀이해볼 수도 있다. 몇 번을 반복하든 가뭄은 반드시 일어날 것이다. 서구 세계의 오염은 매번 바다를 뒤덮을 것이고, 북대서양은 매번 차가워질 것이고, 사헬의 사람들은 매번 가뭄을 겪을 것이다. 결국 **가뭄은 그들의 잘못이 아니었다**. 잘못한 건 우리였다.

마지막 용의자: 온실가스

마지막 용의자는 온실가스다. 이 분자들은 지표면에서 복사되는 적외선을 가두고 재복사함으로써 지구의 온도를 올린다. 우리는 온실가스가 얼마나 강력한지 안다. 이것들이 대기에서 차지하는 비중은 0.5퍼센트도 되지 않지만, 온실가스는 지구의 온도를 영하에서 거의 영상 15도까지 올릴 수 있다. 우리는 대기 중 온실가스 농도가 지속적으로, 급격히 증가하는 중이라는 것도 안다. 그리고, 그 이유도 알고 있다.

약 5,000년 전, 중국 서부에서 누군가가 검은 돌을 발견해 불을 붙였다.[46] 나무가 부족한 지역에서는 바로 이 석탄을 태워 난방하고 물을 끓이게 되었다. 13세기가 되자 영국과 스코틀랜드에 탄전coalfields(석탄이 광범위하게 매장된 지대—옮긴이)이 만들어졌고, 여행을 마치고 돌아온 마르코 폴로Marco Polo는 중국인들이 석탄으로 목욕물을 데우더라고 전했다. 인류와 석탄의 긴밀한 관계는 1769년, 제임스 와트James Watt가 증기기관의 특허를 획득했을 때 본격적으로 시동이 걸렸다. 몇 년 뒤, 산업혁명은 전 세계로 확산되었다. 메리 셸리의 런던에 있던, 석탄으로 가동되던 공장들은 그저 공기 중에 눈에 보이는 오염 물질을 토해내는 데 그치지 않았다. 보이지 않는 것들 역시 배출하고 있었다.

석탄(그리고 석유와 가스) 같은 화석연료는 태울 때 에너지와 이산화탄소를 발생시킨다. 이산화탄소를 배출하지 않고 화석연료에서 에너지를 얻는 방법은 없다. 이산화탄소는 연소 반응의 불가피한 부산물이기 때문이다. 19세기부터 이산화탄소는 적어도 지난 80만 년 동안 전례 없던 속도로 대기 중에 배출되기 시작했다.[47] 강력한 온실가스인 이산화탄소는 대기 중에 수백 년, 수천 년 잔류할 수 있다. 산업혁명이 시작될 때 배출된 이산화탄소의 분자 일부가 아직도 대기에 남아 있을 정도다. 과거의 결정이 남긴 찌꺼기가 여전히 현재를 빚어내는 중인 셈이다.

화석연료 연소 외에도 대기 중 이산화탄소 농도를 증가시키는 것들이 있다. 숲을 벌목할 때 우리는 광합성 과정에서 공기 중 이산화탄소를 흡수하는 나무들을 없앤다.[48] 해초 군락이나 맹그로브 습지 같은 서식지들을 파괴할 때 우리는 생태계가 이산화탄소를 제거하는 능력 역시 파괴한다. 철, 시멘트, 플라스틱을 만들 때, 제조 과정 자체에 화석연료를 사용하는 것이 아니라 해도 이산화탄소가 배출된다. 현대의 삶은 거의 모든 측면에서 더 많은 이산화탄소로 귀결된다.

심지어 이산화탄소는 인간이 대기 중에 배출하는 온실가스 중 가장 강력한 것도 아니다. 우리가 전력과 난방을 위해 태우는 '천연' 가스는 대개 메탄가스로, 시추 지점이나 송유관에서 새어 나와 대기 중으로 들어간다. 공장식으로 사육되는 소는 어림잡아 약 10억 마리인데, 이 소들의 트림 역시 메탄가스의 주요 배출원이다. 우리가 매립지에 파묻어 썩게 내버려두는 쓰레기들도 마찬가지다. 메탄가스에 좋은 점이 있다면, 그다지 오래가지 않는다는 점이다. 메탄가스 분자들은 평균 10년이 조금 넘는 시간 동안 대기 중에 머무른다. 그러나 메탄가스의 나쁜 점은, 아이러니하게도 이것이 무척 효과적이라는 점이다. 메탄가스는 이산화탄소보다 열을 가두는 힘이 약 80배 크다. 짧은 수명 동안 엄청난 피해를 주는 셈이다. 그런데 우리는 메탄가스를 끝없이 대기 중에 쏟아내고 있다. 대기 중 메탄가스 농도는 산업혁명이 시작된 이래로 150퍼센트 이상 증가했다.[49]

인간의 활동으로 배출되는 온실가스의 종류는 그 외에도 많다. 비료 사용은 아산화질소를 대기에 축적하는데, 이것은 수명이 길고 극도로 강력한 온실가스다. 냉장고와 에어컨 등에 쓰이는 불화 가스도 온실효과를 일으킨다. 열을 가두는 이 모든 가스의 농도가 산업혁명 이후로 크게 증가했다.[50] 기후 모델에 이를 반영하면, 세계가 더워지는 것을 보여줄 것이다.

그렇다면, 이제 오늘날 기후 변화의 유력한 용의자가 나타났다. 우리는 모든 걸 철저히 확인했다. 범인은 태양이 아니다. 지구의 자전도 아니다. 화산도 아니다. 에어로졸 배출에는 분명히 냉각 효과가 있고, 그것이 온난화를 일부 상쇄하기는 하지만, 이 또한 범인이 아니다. 또 몇몇 사람들이 제시한 우주 방사선, 지구 내핵, 공장에서 발생한 폐열, 또는 핵실험 같은 모호한 후보들 역시 범인이 아니다. 이 모든 것을 종합해 추리한 결과, 합리적 의심의 여지 없는 범인은 바로 온실가스다. 우리가 최근 몇십 년간 겪은 온난화 경향은 **전부** 온실가스 탓이다. 사실, 온실가스가 없었더라면 에어로졸과 자연적 요인들이 지구의 온도를 더 낮추었을 것이므로 온실가스의 잘못은 100퍼센트 이상이다. 증거는 차고 넘치고, 과학은 한목소리로 말한다. 세계는 온실가스 때문에 더워지고 있다고.

진범은 따로 있다

스코틀랜드의 마녀 사냥꾼 제임스 6세가 영국의 왕좌를 계승했을 때, 영국의 예술가와 작가들은 왕의 특별한 개인적 관심사에 비위를 맞춰 환심을 사려 들었다. 당대 독보적인 왕실 아첨꾼이던 윌리엄 셰익스피어William Shakespeare는 잊히지 않을 마녀의 이미지를 창조해냈다. 『맥베스』의 첫 장면에는 외딴 스코틀랜드 황야에서 날씨를 쥐락펴락하며 마법을 부리는 기묘한 세 자매가 등장한다. 맥베스 부인 역시 지워지지 않는 죄의 상징이다. "사라져라, 저주받을 흔적이여." 그러면서 맥베스 부인은 손에 물든 피를 절박하게 지우려 든다.

소빙하기는 죄책감으로 점철된 시대였다. 날씨는 춥고, 흉작이 들었으며, 지독한 폭풍우가 몰아쳤다. 누군가는 책임을 물어야 했다. 그러나 당연히 실제로 그런 힘을 가진 이는 아무도 없었다. 제임스 6세의 치세하에 수천 명이 마녀로 몰려 처형당했다. 거의 모두가 여성이었으며, 그들 대부분은 나이 많고, 남편이 없고, 가난하고, 남성의 눈에 매력적이지 않거나 보호해줄 사람이 없는 이들이었다. 악마가 지상의 끄나풀 노릇을 시킬 상대로 부유하고 인맥이 뛰어난 이들을 택하지 않고, 사회의 가장 힘없는 구성원들하고만 힘을 합친다는 사실은 참 이상하다. 유럽 전역, 그리고 북아메리카 식민지에서 이런 패턴이 되풀이되었다. 수만 명이 체포되고 거의 모두가 법정에서 유죄 판결을 받았다. 그중 교육 수준이 낮고 겁에 질린 몇몇은 정말로 자신에게 죄가 있다고 믿었을지도 모른다.

죄책감은 법적으로 정의할 수 있는 유일한 감정이라는 점이 우습다. 배심원단은 당신이 슬픈지, 화가 났는지, 겁이 났는지 판단할 수는 없지만, 당신에게 죄가 있는지는 분명히 알아낸다. 사실 죄는 여러 가지다. 과학적(증거에 따르면 누가, 무엇이 잘못했는지), 법적(법정에서 내려지는 판결), 그리고 도덕적(수치심이나 후회) 죄책감이다. 첫 번째에 대해 현대 과학의 의견은 일치한다. 온실가스가 지구의 온도를 높인다는 사실은 기초 물리학으로도 밝힐 수 있다. 배심원단이 선언했다. 오늘날 기후 변화에 대한 다른 어떤 설명도 존재할 수 없다는 굳건한 과학적 합의가 이루어졌다고. 그런데 죄책감의 도덕적 차원은 어떤가? 결국 우리는 온실가스 분자만을 탓할 수는 없다. 그것들이 스스로 배출되기를 선택한 게 아니니까. 우리는 진실을 마주해야 한다. 기후 변화의 진짜 원인은 온실가스가 아니다. 바로 **우리다**.

 물론 우리 모두는 아니다. 모든 인류가 같은 양의 온실가스를 골고루 배출하는 것은 아니니까. 현재는 매년 중국이 배출하는 온실가스가 모든 국가 중 가장 많고, 따라서 관측된 지구온난화의 대략 12퍼센트에 책임이 있다.[51] 내가 사는 미국의 배출량은 중국보다 낮고 점점 감소하는 추세다.[52] 그러나 이산화탄소는 대기 중에서 오래 살아남기 때문에, 미국은 관측된 온난화의 17퍼센트 이상에 책임이 있다.[53] 우리는 더 오랫동안, 더 많이 배출해 왔고, 지금까지의 역사에서 배출한 이산화탄소 대부분은 여전히 대기 중에 남아 있다. 반면 가장 덜 발전된 국가들의 경우, 그들이 배출한 온실가스를 전부 합쳐도 전체의 6퍼센트 수준에 불과하다. 인구수의 차이는 계산에 넣지도 않은 수치다. 그것까지 고려해 계산하면 부유한 나라의 배출량은 더 높아진다. 평균적으로 부유한 나라의 주민 한 명이 매년 10톤의 이산화탄소를 배출한다. 가난한 나라의 주민이 평균적으로 배출하는 양은 그 10분의 1밖에 되지 않는다.

 지구는 기후를 바꾸는 것이 누구인가에는 관심이 없다. 온실가스는 대기에 잘 섞이기에, 세계 각지에서 배출된 이산화탄소,

메탄, 아산화질소 분자들이 전 지구의 온도를 높이고 있다. 부유한 나라들이 배출한 온실가스는 지구상 모든 곳에 영향을 미쳤고, 그 대가를 지금 모든 사람이 느끼고 있다. 극단적 기상 현상이 놀라울 정도로 빈번하게 찾아오고 있다. 기록적인 폭염, 파괴적인 홍수, 끊임없는 가뭄. 전례 없는 시기다. 그러나 변하지 않는 것들도 있다. 언제나 선택은 부유한 이들이 하고, 그 대가는 가난한 이들이 치른다는 사실이다. 기후 변화로 가장 고통받는 이들은 그 책임이 가장 없는 이들이다.

북극의 기온은 지구상 다른 곳에 비해 약 4배 빠른 속도로 상승하고 있어서, 수천 년간 이곳을 고향 삼아 서식하던 거주자들에게 피해를 주고 있다.[54] 지구에서 가장 더운 열대는 더 뜨거워져서, 이제 이곳의 거주자들은 역사상 그 어떤 인간도 경험할 수 없는 높은 기온 속에 살고 있다. 과거의 식민주의와 오늘날의 자원 추출로 인해 황폐해진 지구 남부의 가난한 국가들은 변화하는 기후로 인한 타격을 더 심하게 받고 있지만, 이에 대처할 자원은 터무니없이 부족한 상황이다.[55] 부유한 국가 내에서도 소외되고 차별받는 계층이 입는 피해가 가장 크다. 도시에서 밀려나 '최전선'에 노출되는 이들 계층은 홍수 지역, 산불 위험 지역, 해안 저지대 등으로 내몰려 기후 변화의 직격탄을 맞는다. 상황은 더욱 악화될 것이다. 세계는 더 위험하고, 비참하고, 불평등해지고 있다. 고소득 국가에서 편안한 삶을 누리는 이들은 불편한 진실을 마주해야 한다. 모든 것이 우리 잘못이라는 사실을.

온실가스 배출의 역사는 전쟁, 정복, 오염, 자원 추출 같은 수

치스러운 역사와 뒤엉켜 있다. 오늘날 부유한 국가들에는 더러운 돈이 넘쳐난다. 화석연료에 의지하는 시스템은 부패와 도둑질에도 의존하며, 우리 중 다수가 이런 지독한 유산의 혜택을 여전히 누리는 중이다. 우리의 편안한 삶은 석유와 가스에 의해 돌아가며, 자연이 파괴된 땅에서 우리는 살아간다. 도덕적 죄책감은 우리가 우리 손으로 만들어낸 이 거대한 문제에 대한 적절한 반응일 것이다.

그러나 죄책감이라는 감정은 그 자체로는 그리 쓸모가 없다. 맥베스 부인은 손에 묻은 핏자국에 홀려 한밤에 성 안을 배회하지만, 그런다고 달라지는 건 없다. 이미 죽은 왕을 되살릴 수는 없다. 사과하는 사람, 보상하는 사람, 폭력과 아수라장으로 내달리는 전개를 멈추려는 사람은 아무도 없다. 마녀들의 예언은 현실이 된다. 맥베스는 살해당하고, 다른 누군가가 왕위에 오르며, 여러 세대가 지나간 뒤 그렇게 대신해 왕위에 오른 이의 실제 후손이 날씨와 마녀에게 관심을 갖기 시작한다.

오늘날 우리는 소빙하기 동안 스코틀랜드를 휩쓴 마녀사냥을 제임스 왕 탓으로 돌릴 수 있다. 고문과 처형을 유럽과 식민지 정부의 탓으로 돌릴 수 있다. 오늘날 시간의 흐름 덕분에 갖게 된 선명한 시야로는 소빙하기를 수상하고 치명적인 시대로 만든 인간의 선택들이 보인다. 마녀 사냥꾼들이 그 열정으로 자신들의 방식이 얼마나 잘못된 것인지 스스로 깨닫고 부끄러워했더라면 좋았을 것이다. 그 전에 누군가가 그들을 멈추었더라면 더 좋았겠지만.

우리는 오늘날 기후 변화를 일으키는 원인이 무엇인지 정확히 알고 있다. 인간, 특히 부유한 이들이다. 다시 말해 부유한 나라의 거주민들이 범인이며, 우리가 그 죄책감을 느껴야 마땅하다는 뜻이다. 그러나 이는 한편으로 우리가 기후 변화를 멈추는 법 역시 알고 있다는 뜻이다. 만약 온실가스가 원인이 아니었다면, 기후 변화가 우리의 이해나 통제 범위를 넘어선 힘에 의해 발생한 것이었다면, 그 세계는 훨씬 더 끔찍했을 것이다. 그러나 온실가스가 기후 변화의 원인임을 밝혀낸 그 과학은, 우리가 온실가스 배출을 중단하면 지구의 온도가 안정화될 거라는 사실도 알려준다. 우리가 우리의 책임을 인정할 때, 우리는 강력한 진실을 얻게 된다. 상황이 얼마나 더 나빠질지는 우리에게 달려 있다. 미래는 여전히 인간의 손에 달려 있다.

기후 위기 부정론자들의 말대로다. 기후는 과거에도 변했다. 과거에서 배운 교훈은, 인간의 활동이 기후를 바꿀 수 없다는 것이 아니다. 인간의 활동이 세상을 바꿀 수 있다는 것이다. 화산이 소빙하기를 일으켰고, 왕들이 마녀사냥을 주도했다. 지구의 무작위적인 내부 변동성이 대가뭄을 일으켰고, 식민 정부가 이를 대기근으로 이어지게 만들었다. 엘니뇨는 해류를 교란시켰고, 침략자들은 문명을 파괴했다. 이제 범인이 밝혀졌다. 기후 변화를 일으킨 진범은 불을 켜고, 자동차를 운전하며, 고대의 태양 에너지로 만든 물건들을 사용하는 이들, 바로 우리 인간들이다.

그렇다, 우리에게는 죄가 있다. 그리고 그것은 우리가 후회하고, 또 만회할 수도 있다는 뜻이다. 이제는 더 나쁜 상황을 피하기 위해 서둘러 행동에 나설 때다. 그런데 우리는 마치 저주받은 맥베스 부인처럼, 다시는 깨끗해지지 않을 손을 늘어뜨린 채 잠에 취한 걸음으로 견딜 수 없는 미래를 향해 나아가고 있다.

4장

두려움

: 어둠 속 괴물보다 무서운 것

사악한 무언가가 다가오고 있다.
윌리엄 셰익스피어, 『맥베스』

어릴 때 나는 어둠이 무서웠다. 이따금씩 방문 밖 복도를 서성이는 유령이나 침대 밑 괴물이 나오는 악몽을 꾸곤 했다. 그럴 때마다 부모님은 유령 같은 건 진짜로 존재하지 않는다고 설명해주려고 애쓰셨지만, 상관없었다. 나는 그런 것들이 있다고 굳게 믿었으니까.

그런데 이제 나는 빛이 두렵다. 특히 눈에 보이지 않는 사악한 형태의 빛이. 대기 중 온실가스가 지표면에서 빠져나가는 적외선 복사열을 가두면서 세계가 변하고 있다. 그로 인해 지구의 기온은 1.3도 이상 상승했다. 그 정도는 별것 아닌 것처럼 여겨질지도 모르겠다. 조금 더 더워지긴 했지만, 그 정도면 치명적이지는 않을 거라고 말이다. 심지어 흐린 겨울날이라면 약간의 기온 상승은 차라리 더 따뜻하고 좋겠다고 생각될지도 모른다. 하지만 그런 문제가 아니다. 흡수된 열은 우리에 갇힌 야생동물만큼 예측할 수 없는 위험한 존재다. 언제든 끔찍한 짓을 저지를 수 있다.

지구의 기온이 상승하면 날씨는 더욱 극단으로 치닫는다. 폭염이 빈번히 발생하고 더 뜨거워진다. 가뭄은 더 길고 건조해진다. 동시에 비가 더 많이 내려 치명적인 홍수를 일으킨다. 폭풍은 더 심해지고, 해수면이 상승한다. 과학자들은 기후 변화와 이런 극단적 현상들 사이의 연관성을 설명하는 기본적인 물리학을 대부분 이해하고 있다. 우리는 수십 년간 이러한 현상들을 예측해왔다. 이제, 마치 과학자들이 옳았다는 걸 자연이 증명해주기라도 하듯 우리가 상상한 최악의 공포가 실제로 일어나고 있다.

최근에는 연구할 만한 재난이 너무 많았다. 수백 명의 목숨을 앗아가고, 해양 생물들이 말도 안 되게 뜨거워진 물속에서 끓어올라 죽게 만든 2021년 북서 태평양 열파,[1] 뉴욕시에 치명적인 홍수를 일으킨 허리케인 아이다,[2] 미국 서부에서 20년 이상 지속된 혹독한 가뭄,[3] 허리케인 헐린과 밀턴의 연이은 타격. 나는 기존의 모든 기록을 갈아치운 열파와 종말론적 폭풍우를 추적해왔다. 통계는 충격적이었다. 2023년 미국 국가 기후 평가U.S. National Climate Assessment에 따르면, 1980년대에는 미국에서 (인플레이션을 반영한 기준으로) 10억 달러 규모의 재난이 4개월에 한 번 꼴로 일어났다.[4] 그런데 지금은 그런 재난이 3주에 한 번씩 일어난다.[5]

그러나 극단으로 치닫는 건 날씨뿐만이 아니다. 이 모든 재난은 이미 혼란스러운 세계에 더 많은 혼돈을 심어주고 있다. 기후 변화는 이미 우리가 사는 극도로 불평등하고 불공정한 사회에 영향을 미치는 중이다. 위협을 증폭시키고, 질병을 퍼뜨리고, 식량과 물 공급에 지장을 주고 있다. 빠른 조치와 가혹한 처벌을 약속하는 선동가들에게 힘을 실어주고 있다. 파괴의 씨앗을 뿌리고 있다. 그것은 날씨가 아니라, 그 날씨 속에서 살아가는 사람들이 벌이는 일이다.

미래는 두렵다. 지구의 기온은 계속 올라갈 것이다. 극단적인 기상 현상들을 피할 길은 없다. 그런 날씨에 대한 극단적인 반응도 마찬가지다. 이제 나는 유령이나 늑대인간, 마녀를 무서워하지 않는, 알 건 다 아는 어른이다. 그러나 여전히 나는 괴물이 존재한다고 믿는다.

기후 변화로 발생한 최초의 대량 사망 사건

2003년, 프랑스의 8월은 여느 8월과 다를 바 없이 시작되었다. 관광객이 몰려들고 주민들은 긴 여름휴가를 떠났다. 정부는 여름에 43도가 넘는 전례 없는 폭염이 예상된다는 우려스러운 보도 자료를 발표했다. 다들 코웃음을 치며 무시했다. 여름은 **원래** 더운 거라고. 매년 여름과 마찬가지로 파리의 공무원과 의사들은 해변으로 휴가를 떠났다. 그런데 돌아온 그들을 맞이한 건 끔찍한 사태였다. 푹푹 찌는 아파트에 갇혀 이곳을 떠날 수도, 즐겁게 휴가를 보내는 가족들에게 연락할 수도 없었던 독거노인들이 해가 진 뒤까지도 이어지는 유례 없는 폭염을 마주한 것이다. 1만 5,000명의 노인들이 고독사했고,[6] 이들의 시신은 누군가가 찾아가기를 기다리며 냉장 트럭 속에 쌓여 있었다.

2003년에 유럽인들은 폭염을 두려워해야 한다는 사실을 배웠다. 여름 일기예보는 더 이상 유유자적한 지중해에서의 걱정 없는 나날들을 뜻하는 게 아니었다. 이제 가혹한 더위는 요란스럽게 울려 퍼지는 사이렌, 남겨진 도시에 쌓인 시신들을 뜻할 수 있는 것이 되었다. 이후 이루어진 과학 연구들은 그해 유럽 대륙에서 폭염으로 인한 사망자 수가 7만 명이라고 추정했다.[7] 이 연구들이 추정한 건 또 있었다. 2003년 유럽 폭염은 기후 변화로 인해 일어난 최초의 개별 사건이었다는 것이다.[8] 폭염은 언제나 일어날 수 있고 실제로도 그랬지만, 이번 사건은 달랐다. 뜨거워지는 공기 속에 사악한 무언가가 도사리고 있었고, 위험의 굵직한 촉수가 여태까지는 감히 떠올릴 수도 없었을 숫자들을 향해 뻗어나가고 있었다. 과학의 예측은 분명했다. 기후 변화로 인해 2003년의 끔찍한 사건이 또다시 발생할 가능성은 두 배 더 높아졌다.

폭염은 지구의 평균 기온 상승이 일으키는 결과 중 가장 잘 알려진 문제다. 과학자들은 폭염이 더 잦아지고, 심해지고, 더 광범위한 지역에 일어날 것으로 예측한다. 일일 기온은 종 모양 곡선을 따르는데, 어떤 날은 지독하게 덥고 어떤 날은 비정상적으로 춥지만, 대부분의 날은 그 사이 어딘가에 존재한다. 세계의 온도가 올라가면 곡선 전체가 오른쪽으로 이동하고, 한쪽 꼬리가 극단적인 추위로부터 멀어지면서 다른 한쪽 꼬리는 전례 없던 이상 고온을 향해 뻗어나간다. 약간 더 더워진 새로운 정상이 생겨났고, 또한 지난 수십 년 동안은 상상할 수조차도 없었을 타오르는 새로운 비정상도 함께 생겨났다.

변화는 이것만이 아니다. 북극의 기온은 지구상 다른 지역보다 훨씬 빠르게 상승하고 있다.[9] 그 이유가 무엇인지 우리는 안다. 해빙은 반사율이 매우 높아서 마치 자동차 창문에 설치하는 은박 햇빛 가리개처럼 얼음 아래의 물을 식힌다. 지구가 더워지면 얼음이 녹으며 이 반사판도 사라진다.[10] 6장에서 살펴보겠지만, 여기서 북극 기온을 더욱 상승시키는 순환이 발생한다. 이 현상이 중요한 건, 북극에서 벌어지는 일이 북극에만 머무르는 것이 아니기 때문이다.

바다와 대기는 세계의 차가운 곳과 따뜻한 곳이 일으키는 기온차를 동력 삼아 끊임없이 움직이는 거대한 엔진이다. 제트기류가 존재하는 것은 적도에서 상승한 더운 공기가 차가운 극지대를 향하기 때문이다. 북극이 지금처럼 더워지며 균형을 깨뜨리게 되면 이 엔진을 돌리는 연료가 동나면서 공기의 흐름이 사뭇 느려지게 된다. 이는 특히 북극의 얼음이 가장 많이 녹는 여름에 기상 시스템이 예전보다 더 오래 지속될 수 있다는 뜻이다.[11] 숨 막힐 정도의 고기압 아래에서 형성된 열돔heat dome(발달한 고기압이 정체되면서 반구 형태로 뜨거운 공기를 가두는 현상—옮긴이)이 날씨가 바뀌기 전까지 몇 주, 심지어 몇 달이나 지속될 수도 있다.

이 가차 없는 더위는 녹지 공간이 부족하고, 나무 그늘을 만나기 어려운 지역에서 더 치명적이다. 이런 지역은 전반적으로 빈곤하고, 적어도 미국의 경우 거주민 중 유색인이 불균형할 만큼 많다. 이는 우연이 아니다. 기상 지도에서는 기압이나 기온이 높은 지역을 빨간 선으로 표시한다. 한때 미국 정부 지도는 투자 가치가 없다고 판단되어 주택담보대출 보험 대상에서 제외된 흑인 거주 지역을 빨간 선으로 표시해 구분했다. 이런 정책적 선택은 정부의 조치를 통해 인종 분리를 강제하려는 의도된 시도였다. 이 선택은 오늘날의 기후에도 반영되어 있다. 녹지, 그늘, 공원이 부족한 '레드라인' 지역은 주변 도시보다 기온이 더 높은 경향이 있다. 일부 지역에서는 기온차가 최대 6.7도에 달하기도 한다.[12]

어떤 이들에게 더위는 이미 치명적이다. 노인, 빈곤층, 역사와 사회가 불공평하게 다룬 이들. 해가 갈수록 더위는 점점 더 치명적으로 바뀐다. 50년 만에 찾아오던 폭염이 이제는 10년에 한 번꼴로 찾아온다. 게다가 더 길고, 더 뜨겁다. 이산화탄소 배출량이 극적으로 감소하지 않는다면 앞으로 더 심해질 것이다. 내가 이 사랑스러운 노인 중 하나가 되면 나 또한 이 더위의 표적이 될 것이다. 더위로 기절하는 바람에 달아오른 아스팔트에 화상까지 입은 환자들이 응급실을 가득 메울 것이다. 공기는 퀴퀴해지고, 길바닥은 타는 듯 뜨거워지며, 매끄럽게 기능하던 사회는 찌그러지고 금이 가기 시작할 것이다. 나는 폭염을 설명하는 물리 법칙을 알기에 그것이 어떻게 변할지도 안다. 그러나 우리 사회가 그 사태를 어떻게 해결할지는 모르겠다. 나는 두려워해야 마땅할 만큼 많은 것을 이미 보았다.

폭염과 가뭄 그리고 더스트볼

지난 10여 년 사이 지구상 거의 모든 지역이 기록적인 폭염을 겪었다. 몇 안 되는 예외도 있는데, 그중 하나가 미국의 대평원 지대다. 이 지역만 기후 변화를 피해 갔다는 말이 아니다. 단지 1930년대에 이곳에서 벌어진 재난을 능가하는 사건이 아직 일어나지 않았다는 뜻이다.

1934년, 북대서양의 수온은 조금 상승했고, 열대 태평양의 수온은 크게 하강했다. 바다와 대기는 연결되어 있기에, 이 우연하고 불운한 해수면 온도의 변화가 대기 중 공기의 움직임을 바꾸어놓았다. 전년도 가을에 유례없는 고기압이 서부 해안에 자리를 잡으며 태평양에서 흘러와야 했을 습한 대기를 가로막았다.[13] 덕분에 뜨거운 여름의 공기는 건조한 평원으로 돌진했다. 1934년은 견딜 수 없을 만큼 더웠다. 1936년은 더 더웠다. 오클라호마, 캔자스, 네브래스카, 텍사스의 기온이 49도를 넘어섰다.

뜨거운 공기는 가장 목마른 공기다. 지구가 땀을 흘리면, 즉 지표면의 액체가 증발해 대기 중 수증기를 형성하면, 지표면의 온도가 내려간다. 기온이 올라갈수록 대기는 더 많은 수분을 빨아들인다. 젖은 옷이 여름 햇볕에 더 빨리 마르는 것도 이런 원리다. 1930년대에 폭염에 시달리던 중부 평원 지대에 벌어진 일이 바로 그것이다. 높은 기온은 토양 속 수분을 빨아들였다. 동시에 고기압이 서부에 자리 잡았기에, 빼앗긴 수분을 채워줄 비는 거의 내리지 않았다. 수분을 잃은 토양은 더 이상 증발을 통해 서늘해질 수 없었다. 그렇게 치명적인 악순환이 시작되었다.[14] 땅이 더 뜨거워지면서 땅 위 공기도 뜨거워졌다. 폭염은 지독한 가뭄으로 이어졌고, 이 가뭄으로 인해 다시 폭염이 지속되었고, 그 결과 가뭄은 더 심해졌다. 그러다 최악의 사태가 벌어졌다.

명백한 운명Manifest Destiny(북아메리카 대륙을 확장해야 한다는 19세기 미국의 팽창주의 이념—옮긴이)을 믿고 평원으로 이주한 미숙한 농부들은 대공황으로 인해 절박한 상태였기에 대초원의 토착 목초들을 뽑고 그 자리에 수익성 높은 작물을 심었다. 작물은 가뭄으로 죽었고, 척박한 환경을 버텨내며 토양을 붙들어줄 토착 식물이 없었기에, 겉흙이 말라 바람에 쓸려나가고 말았다. 이윽고 모래바람이 소용돌이치며 농장을 덮쳐 농부와 굶주린 가족들을 질식시켰다. 1935년의 어느 일요일, 몰아치는 폭풍에 중부 평원의 모래가 워싱턴 DC까지 날아가 아이러니하게도 토양 보존 정책을 논하는 청문회가 열리고 있던 의회 바깥 하늘을 새까맣게 뒤덮었다.[15] 농부들은 비가 오기를 간절히 빌었지만, 끝내 비는 오지 않았다. 막다른 골목에 몰린 그들은 두려움에 떨며 서부로 이동했다. 오늘날 캘리포니아 주민의 8분의 1은 이때 유입된 오키Okie(이 과정에서 서부로 이주한 오클라호마 출신 농업 노동자들을 가리킴—옮긴이)들의 후손이다.[16]

더스트볼은 뜨거운 날씨와 적은 강수량의 결합으로 발생했으며, 인간들의 선택으로 인해 더 악화되고 확산되었다.[17] 이는 가뭄의 원인과 결과가 얼마나 복잡한지를 잘 보여준다. 심지어 가뭄이 무엇인지조차 명확히 정리되지 않았다. 과학 문헌에 등장하는 가뭄의 정의만 해도 100가지가 넘는다.[18] 강수량 부족은 기상학적 가뭄을 일으킨다. 하천 유량이 적어지거나 지표면 유출수가 적어지면 수문학적水文學的 가뭄이 일어난다. 자연 생태계의 균형이 깨지는 것은 생태학적 가뭄으로 분류한다. 이런 다양한 지표들은 그저 괴팍한 과학들 사이의 의견 차이가 아니다. 이는 물순환의 교란이 이에 의지해 살아가는 이들에게 영향을 끼치는 다양한 방식을 보여준다.

가뭄의 위험은 기온, 강우량, 풍속, 그리고 겨울 강설량과 적설량에 따라 결정된다.[19] 겉흙이 말라 먼지가 되는 문제도 중요하지만, 나무나 작물의 뿌리가 닿는 깊은 토양층이 수분을 잃어가는 문제도 중요하다.[20] 표면에서 자라는 식물의 종류, 이 식물들에게 필요한 물의 양, 이 식물들이 수분을 얼마나 효율적으로 사용하는지, 토양을 통해 그 수분을 어떻게 이동시키는지도 중요하다.[21] 몇 주를 가는 가뭄도 있고, 수십 년을 가는 가뭄도 있다. 어떤 가뭄은 몇 달에 걸쳐 전개되지만, 어떤 가뭄은 순식간에 찾아온다.[22] 곧바로 알 수 있는 가뭄도 있지만, 훗날에 되돌아보고서야 비로소 감지할 수 있는 가뭄도 있다.

그러나 이 모든 개념적·물리적 혼란 속에서도 몇 가지 기본적인 사실만큼은 명백하다. 지구의 기온을 높이는 온실가스가 더스트볼의 원인인 폭염의 발생 가능성과 심각성을 더 높인다는 사실이다. 실제로 온실가스가 더스트볼에도 약간의 영향을 미쳤다.[23] 1930년대는 이미 산업화가 진행된 지 한 세기가 지났을 때라 대기 중 이산화탄소 농도는 이미 상승한 뒤였으며, 이 때문에 더스트볼의 폭염이 더 뜨거워졌다는 몇몇 증거가 있다. 그 뒤로 이산화탄소 농도는 비약적으로 상승했다. 더 뜨거워진 오늘날의 세계에서는 1930년대 수준의 폭염이 발생할 가능성이 약 250퍼센트 높아졌다.[24] 만약 더스트볼을 일으킨 대기와 바다의 무작위적 변수가 다시금 발생한다면(발생하지 않으리라 장담할 수가 없다), 우리는 더 심각한 폭염을 만나게 될 것이다.

중부 대평원의 농부들은 더스트볼을 경험하며 교훈을 얻었다. 오늘날에는 작물이 가뭄을 견디고 수분을 공급해 지표면을 식힐 수 있도록 관개시설을 설치한다. 그러나 관개에 쓰이는 지하수는 무한하지 않으며, 대수층(지하수를 품고 있는 지층—옮긴이)은 빠른 속도로 고갈되고 있다.[25] 지하수가 완전히 고갈되면 보통 수준의 가뭄마저도 더워지고 건조해지는 악순환을 촉발해 제2의 더스트볼 사태를 일으킬 수 있다. 지구가 뜨거워지고 하늘이 건조해질수록 또 한 번의 대가뭄은 불가피해진다. 1930년대에 세운 기록은 곧 깨질 것이다. 더위가 다가온다. 가뭄도 마찬가지다. 이런 일에 대해 우리는 무방비 상태다.

극단적 폭우가 드러낸 민낯

2021년 여름, 허리케인 아이다의 잔재가 뉴욕을 통과하며 시간당 8센티미터 이상의 폭우를 퍼부었다.[26] 흘러넘친 물이 지하철로, 지하실로 쏟아져 들어갔다. 당시 우리 가족은 '가든 레벨

garden level'(지면과 거의 같은 높이에 있는 아파트, 반지하에서 1층 사이의 층수를 가리킴—옮긴이)이라는 표현으로 그럴듯하게 포장하는 아파트에 살고 있었다. 반지하 창문에 매달린 알루미늄 에어컨 실외기를 두드리는 요란한 빗소리에 잠에서 깨보니, 바깥의 더러운 거리를 타고 물이 콸콸 흘러가는 소리가 들렸다. 겁이 나서 다시 잠들지 못한 채 밤새도록 내 아들이 물에 쓸려가지 않았는지 확인했다. 우리는 운이 좋았다. 그렇지 않은 사람들도 있었다. 그날 밤 퍼부은 비로 13명이 지하실에서 익사해 사망했다.

폭우는 충격적이기는 했지만 놀랍지는 않았다. 세계가 따뜻해지면 건조해지는 동시에 축축해진다는 모순이 발생한다. 즉, 가뭄이 들기 쉬운 동시에 홍수에도 취약해지는 것이다. 기후가 변화하면서 전 세계 평균 강우량은 조금 더 증가한다. 그러나 비는 잘못된 곳에, 잘못된 시기에 내릴 것이다. 그리고 그 비는 억수같이 퍼부을 것이다. 뉴욕을 집어삼킨 홍수 같은 극단적 강우는 최근 몇 년 사이 더 강력해졌다. 2017년 허리케인 하비 발생 당시에 기상 지도 제작자들은 휴스턴을 덮친 기록적 강우를 표시할 새로운 색상을 고안해야 했다. 2023년 9월에는 고작 12일 사이 그리스, 튀르키예, 불가리아, 스페인, 홍콩, 중국, 대만, 브라질, 미국이 잇따라 극심한 홍수 피해를 입었다.[27] 리비아에서는 폭우로 댐이 무너지며 1만 1,000명 이상이 물에 휩쓸려 사망했다.[28] 무려 1만 1,000명 이상이 말이다.

우리는 왜 이런 일이 일어나는지 알고 있다. 바다와 육지에서 고온에 증발한 액체는 수증기가 되어 공기 중을 떠돈다. 그러나 공기가 품을 수 있는 수분의 양에는 한계가 있어서, 대기가 과포화 상태가 되는 순간이 반드시 찾아온다. 그 순간이 오면 공기는 수증기를 응결해 다시 구름, 이슬, 비 같은 액체 방울로 돌려보낸다. 기온이 상승할수록 대기의 수증기 수용 능력도 향상된다. 기온이 1도 올라갈 때마다 포화수증기량(공기가 품을 수 있는 최대한의 수증기량)은 7퍼센트 증가한다. 즉, 따뜻한 대기는 더 많은 수분을 품고 있다는 뜻이다.

그렇다면 평균적으로 전 세계 강우량이 증가하며 극심한 폭우 역시 더 빠른 속도로 증가하고 있다는 사실이 놀랍지 않아진다. 습기로 부풀어 오른 대기는 격렬한 폭풍 속에서 더 많은 물을 지면으로 쏟아낸다. 비는 더 짧고 강한 폭우로 쏟아지고, 물이 커튼처럼 지붕으로 쏟아지며, 헐벗은 산비탈을 타고 미끄러져 내려 불어 오른 강을 범람하게 만든다. 이 모든 물은 어딘가로 가야만 한다. 목마른 식물이나 스펀지 같은 토양이 흡수해주지 않는다면 말이다. 한번 내달리기 시작한 물에 속도가 붙으면, 이 물의 흐름은 그 무엇으로도 막을 수가 없다.

폭우가 홍수로 변하는 건 대부분 그 땅이 어떤 곳인지에 달려 있다. 인도나 아스팔트 위로 쏟아지는 비는 정원이나 해변에 내리는 비와는 다른 방식으로 착지한다. 쉽게 예상할 수 있겠지만, 녹지가 더 많은 지역일수록 부유층과 백인 거주 비율이 높다. 허리케인 하비가 일으킨 홍수는 휴스턴의 스페인어 사용자 거주 구역에 불균형할 정도로 집중되었다.[29] 비가 차별한 것이 아니라, 국가가 차별한 것이다.

자연재해는 없다

허리케인 아이다가 등장하기 16년 전, 허리케인 카트리나가 루이지애나 해변을 강타했다.[30] 아이다가 뉴욕에 쏟아부은 비는 12센티미터를 조금 넘는 정도였던 반면, 카트리나의 진행 경로에 있던 일부 지역의 총 강우량은 30센티미터 이상이었다. 풍속이 시속 190킬로미터를 넘어서며, 뉴올리언스에서 미처 대피하지 못한 수만 명이 '최후의 피난처'로 머물고 있던 슈퍼돔 지붕까지 일부 뜯겨나갔다. 해일이 방조제를 무너뜨리며 재앙에 가까운 홍수를 일으켰다. 정전이 일어나고 통신망이 마비되었다. 공식적 사망자 수는 2,000명이 조금 못 되지만, 실제 사망자 수는 그보다 훨씬 많을 것으로 추정된다.

따뜻한 수온은 허리케인의 먹이다. 바다는 무한정 넘쳐나는 저수지 역할을 하는데, 기온이 올라가면 더 많은 바닷물이 증발한다. 증발은 표면에서 에너지를 흡수하지만, 그 반대 과정인 구름과 비를 만드는 응결 작용은 에너지를 주변으로 되돌려준다. 즉, 해수면 온도는 낮아지지만 상부 대기의 온도는 올라간다. 이 간단한 과정이 거대한 폭풍의 동력이 될 수 있다. 허리케인 카트리나는 바하마 상공의 일시적 저기압으로 시작되었다. 그런데 저기압은 멕시코만을 향해 이동하는 동안 바다에서 더 많은 에너지를 끌어와 세력을 키워갔다. 열대성 폭풍으로 시작해 3등급, 5등급으로 커졌다. 높아지는 수온과 함께 허리케인의 힘도 강력해졌다. 가장 따뜻한 바다에 도착했을 때는 괴물이 되어 있었다.

지구 기온이 올라감에 따라 폭풍도 더 위험해진다. 따뜻한 바다 위에서는 작은 저기압도 빠른 속도로 사이클론과 허리케인으로 변한다.[31] 더 따뜻하고 습한 땅이 폭풍을 계속 살아남게 만들고, 북쪽이나 남쪽으로 이끌어 열과 물을 끝없이 찾아다니게 한다.[32] 우리는 기후 변화가 반드시 더 **많은** 허리케인을 일으킬 거라고 생각지는 않는다. 따뜻해지는 세계가 폭풍을 일으키는 정확한 조건을 어떻게 만들어내는지에 대해 우리는 아는 바가 거의 없다. 그러나 이미 만들어진 폭풍은 괴물처럼 커질 가능성이 높다.[33] 이제 폭풍의 먹이가 충분해졌기 때문이다.

바다에서 멀리 떨어진 곳의 폭풍 역시 변하고 있다. 토네이도의 발생 빈도가 증가하고,[34] 그 힘도 더 강해졌다는 증거들이 몇 가지 있다.[35] 여름의 열기가 가을까지 이어지며 토네이도의 계절도 길어졌다.[36] 뇌우 역시 오래 지속되며, 미국 중부 지역 등에서 더 자주 발생하고 있다.[37] 심한 우박 폭풍을 일으키는 기상 조건도 더 흔하게 나타난다.[38] 이 모든 것이 알려주는 사실은, 더 따뜻해진 미래는 폭풍이 몰아치는 미래이리라는 것이다. 더 강해진 사이클론에 요동치고, 더 맹렬한 뇌우에 젖은 미래.

걱정할 것 없다고 어떤 이들은 말한다. 미래의 폭풍은 쉽게 몰아낼 수 있다고. 지금도 그러고 있다고. 전 세계적으로 인구가 늘어나는 와중에도 허리케인 같은 재난의 사망자 수는 줄어들고 있는 것은 사실이다. 그것은 대부분 기상예보와 통신의 발전 덕분이다. 기상학자들은 그 공로를 좀 더 인정받고, 수많은 목숨을 구한 감사까지 받아 마땅할 것이다. 그러나 미래의 허리케인은 더 빠른 속도로 강해질 것이고, 더 느린 속도로 육지를 가로지를 것이며, 그 위력 역시 이전보다 더 커질 것이다. 그러니 기상예보관들이 우리에게 미래의 폭풍을 경고할 시간도, 정부가 행동에 나설 시간도 훨씬 줄어들 것이다. 물론, 정부가 무슨 행동에 나서기나 한다면 말이지만.

수년간 극한 현상을 연구하며 배운 것이 있다면, 세상에 자연재해 같은 건 없다는 거다. 자연은 카트리나를 괴물 같은 폭풍으로 변모시킨 따뜻한 물과 습한 공기를 만든 원천이다. 그러나 강한 폭풍이 처음부터 재난인 건 아니다. 재난이 되는 것이다. 카트리나를 치명적인 재난으로 만든 건 자연이 아니다. 난장판이던 정부 대응도, 피해 지역에 대한 구조적인 투자 부족도, 왜곡된 언론 보도도 자연 탓은 아니다. 변화하는 기후로부터 우리를 지켜주어야 하는 것은 시스템과 권력자들이다. 미래에 더 강한 폭풍이 찾아와 훨씬 더 많은 비를 쏟아낸다면, 재난을 막을 수 있는 것도, 예방책을 세울 수 있는 것도 이 시스템뿐이다. 우리의 안전은 서로의 손에 달려 있다. 그리고 그 사실이 내게는 조금도 안도감을 주지 않는다.

해수면 상승은 이미 돌이킬 수 없다

얼마 전 다운타운에서 약속이 있었는데 너무 일찍 도착하고 말았다. 시간을 보내려고 맨해튼 남쪽 끝 동네를 걸어 다니며, 사람들이 돈을 옮기는 대가로 돈을 받는 고층 빌딩과 한때 월스트리트 점령 시위가 열렸던 공원을 지나쳤다. 페리 터미널에 가서 스태튼섬에서 온 주황색 보트가 도착하는 모습을 구경했다. 강물과 대서양 물이 섞여 소금기가 있는 탁한 물을 바라보면서, 이 물이 굶주린 듯 불어나 콘크리트 부두를 사납게 두들겨대는 모습을 상상했다. 고층 빌딩, 공원, 보트 선착장, 거리, 그 모든 것이 순식간에 물에 잠기고 말겠지.

2012년 허리케인 샌디가 지나가고 며칠 뒤, 비행기에 올라 JKF 공항을 향했던 게 기억났다. 그 당시에 나는 뉴욕에 살지 않았고, 결혼하게 될 남자의 일가친척을 만나기 위해 오래전부터 계획한 여행이라 취소하기가 어려웠다. 이렇게 빨리 공항이 열리다니 놀라웠다. 시내까지 타고 가려 했던 지하철이 연착되어서 조금 짜증이 났지만 버스를 타기로 했다. 버스는 물에 흠뻑 젖은 더러운 거리를 한없이 구불구불 나아가다가 마침내 맨해튼으로 건너가는 다리에 올랐다. 맨해튼 전체가 깜깜했고, 오로지 도로 위 차들의 삭막한 라이트 불빛만이 도시를 아래에서 비추고 있었다. 이스트 13번가 지하철역에 홍수가 나서 변압기가 브루클린에서도 보일 정도로 큰 폭발을 일으켰고, 이제 39번가 아래로는 도시 전역이 정전이었다. 마치 포스트아포칼립스 재난 영화의 한 장면 같았다. 불과 며칠 전 샌디가 일으킨 회오리바람이 4미터가 넘는 높이의 해일을 일으켰고, 방파제를 넘어 로어 맨해튼으로 들이닥친 바닷물이 건물 1층을 침수시키고 지하철역까지 쏟아져 들어왔다.

이 모든 게 기후 변화 때문에 일어난 일일까? 질문이 잘못되었다는 생각이 든다. 이제 **모든** 기상 현상은 변화된 기후 속에서 일어나고 있다. 허리케인 샌디는 열대성 폭풍이 북쪽의 또 다른 폭풍과 불운하게 충돌해 발생했으며, 마침 만조의 시각에 해안에 상륙하는 바람에 피해를 키웠다.[39] 비정상적으로 따뜻해진 바다 위에서 힘을 얻은 샌디는 불어 오른 바닷물을 방파제 너머 도시로 밀어 넣었다. 이후의 분석에 따르면 해수면 상승으로 인해 이 재난의 피해액은 80억 달러가 더 증가했고, 피해자의 규모도 7만 명이 더 늘었다.[40] 만약 해수면 상승이 아니었더라면 지하철은 침수되지 않을 수도 있었다. 버스에 탄 채 깜깜한 도시를 지나며, 나는 앞으로 더 많은 재난이 벌어지리라는 징조를 느꼈다. 모든 것이 더 나쁜 무언가를 위한 최종 리허설처럼 느껴졌다.

지구의 온도가 높아지면 해수면은 앞으로도 계속 상승할 것이다. 그 이유는 두 가지다. 첫째, 기온이 올라가면 얼음이 녹는다. 지금은 엄청난 양의 물이 빙하와 극지대의 거대한 빙상ice sheet(육지에 형성된 대륙 규모의 거대한 얼음 덩어리―옮긴이) 속에 저장된 채 육지에 안전히 가두어져 있다. 지구가 따뜻해지면 얼음이 녹은 물이 바다로 쏟아진다. 해마다 그린란드와 남극을 합쳐 4200억 톤의 얼음이 녹는다.[41] 이는 대략 뉴욕시의 모든 빌딩을 다 합친 것의 500배에 달하는 무게다.[42] 매년 그만큼의 물이 전부 바다로 쏟아져 들어갔다.

둘째, 빙하가 녹은 물만 바다로 흘러가는 게 아니다. 바다는 온실가스로 자욱한 대기에 갇힌 과도한 열에너지의 90퍼센트 이상을 흡수하고 있다.⁴³ 이는 히로시마에 투하된 폭탄이 **매초** 다섯 개씩 터지는 것에 맞먹는 에너지양이다. 이렇게 바다가 고성능 스펀지처럼 열을 삼키지 않았더라면, 우리가 하는 어떤 행동도 의미가 없었을 것이다. 정말 그랬다면 살아남아 온난화를 관찰할 사람은 아무도 남지 않았을 것이다. 심해의 열 흡수 완충 작용이 없었더라면 지구의 기온은 지금보다 두 배 가까이 높아졌을 가능성이 크다.

여기에는 대가가 따른다. 바다는 열을 흡수하며 따뜻해지고, 따뜻해진 물은 팽창한다. 지금까지 관측된 해수면 상승의 절반가량은 바닷물이 수온이 높아짐에 따라 부피가 늘어나 일어난 것이었다. 또한 바다가 삼킨 열은 해양 열파marine heat wave의 위험성을 높인다.⁴⁴ 해양 열파란 생태계를 파괴하고, 빙하를 더 녹일 수 있는 극히 높은 수온이 수일에서 심하면 한 달까지 이어지는 현상을 말한다. 따뜻한 바닷물이 빙하를 계속 건드릴수록 빙하는 더 빨리 녹고, 따라서 해수면은 더욱더 상승하게 된다.⁴⁵

그런데 사람들은 해수면 상승이 얼마나 무서운 것인지 잘 모른다. 그 변화가 매우 점진적으로 일어나고 있기에, 마치 느려터진 좀비처럼 쉽게 따돌릴 수 있는 대상이라고 여기는 듯하다. 그러나 분명히 말하지만, 결국 바다는 인간을 이길 것이다. 바다는 매우 깊고 거대해서 변화의 속도가 느리다. 즉, 지금부터 인간이 무엇을 하건 간에 해수면 상승은 이미 피할 수 없다는 뜻이다. 당장 내일 온실가스 배출을 완전히 중단한다면 지구온난화는 멈추겠지만, 그래도 지구의 변화는 계속될 것이다. 해수면도 계속 상승할 것이다. 바다는 계속 팽창하고, 얼음은 계속 녹고, 심해의 괴물에게는 계속 먹이가 주어질 것이다. 서남극의 빙상이 붕괴되어 해수면이 더 상승하는 일은 이제 불가피해 보인다.[46] 온실가스 감축 정책을 포기하자는 게 아니다. 이미 예정된 해수면 상승은 기온이 올라가면 더 상승할 수밖에 없다. 그럼에도 다가올 것이 분명한 공포에 대응할 준비를 하는 것이 현명할 것이다.

샌디가 지나간 직후였던 그 이상한 주말에, 내가 탄 버스는 마침내 업타운에 접어들어 39번가를 건넜다. 별안간 다시 내가 알던 뉴욕이 나타났다. 남자친구의 사촌들이 사는 어퍼웨스트사이드의 편안한 아파트에 도착했을 무렵에는 폭풍이 지나가고도 멀쩡한 이 도시의 모습을 어렵잖게 상상할 수 있었다. 오래지 않아 로어 맨해튼의 청소와 재건이 끝났다. 빌딩들은 다시 햇빛에 반짝였고, 공원들 역시 산뜻한 모습을 되찾았다. 부유한 지역은 멀쩡했다. 한 예로, 골드만삭스 본사는 애초부터 정전을 피해 갔다. 불과 이틀 뒤 주식거래소가 다시 열렸다. 마치 뉴욕이라는 도시의 회복력을 보여주듯이.

그러나 금융 지구를 떠나 풀턴스트리트 역으로 가서 A 트레인을 타고 한 시간 이상 가면 비치 36번가 정거장에 도착한다. 퀸스의 에지미어라는 지역이 그곳에 있다. 이곳은 로커웨이 반도에 위치하지만, 서핑용품점, 아이스크림 판매대, 여름 관광객들을 맞이하는 바 같은 곳들은 서쪽으로 몇 정거장 더 가야 나타난다. 에지미어 지역은 로버트 모지스Robert Moses(오늘날 뉴욕 도시 기반 시설을 총체적으로 설계한 도시개발자—옮긴이)가 사람 중심의 도시를 파괴하고 이곳을 자동차를 위한 도시로 재건하려 했던 광기 속에서 탄생한 뉴욕만의 독특한 장소다.

바다가 다가가기 힘들 정도로 오염되기 전에는 바다를 마주 보는 웅장한 호텔들이 있었고, 그 후 이민자 가족들이 살아가는 값싼 방갈로가 생겼다. 로버트 모지스의 손에서 간신히 살아남은 건물들 대부분은 허리케인 샌디가 일으킨 강풍과 홍수에 굴복한 뒤라 판자를 대어 폐쇄해둔 상태였다. 뉴욕시는 로커웨이의 부유한 지역에는 서둘러 모래 언덕을 만들고 습지를 복원했다. 불어오른 바닷물로부터 동네를 보호하기 위한 효과적인 방법이었다. 그러나 에지미어에서는 복구가 거의 시작조차 되지 않았다.[47] 샌디가 지나가고 수년이 지난 뒤, 뉴욕시는 장기간에 걸친 에지미어 재건 계획을 발표했다.[48] 에지미어 거주민들은 아티스트의 도면 속 이곳의 모습을 보았다. 그 속에는 그들의 집도, 그들도 더는 존재하지 않았다.

이제는 여러 해안 지역에서 이런 일이 벌어지고 있다. 진지한 정책 입안자들이 엄숙한 말투로 해안선으로부터의 '관리된 후퇴', 즉 '자발적 재정착'이라는 질서 있는 과정을 이야기한다. 이를 위해서는 사람들이 자신들의 집을 바다에 내어주고 해안을 떠나야 한다. 하지만 공간을 버린다는 것은 기억을, 공동체를, 문화를, 가족을 두고 떠난다는 뜻이다. 가족 대대로 살아오며 집다운 모습으로 만든 그 집을 등진다는 뜻이다. 이웃, 가게 주인, 아이들 학교와 친구들에게 작별을 고해야 한다는 뜻이다. 과거에는 우리를 외면하던 정책 시스템이 이번만큼은 모든 걸 바로잡

아주리라고 믿어야 한다는 뜻이다. 그건 너무 큰 요구이며, 어쩌면 불가능한 요구일 수도 있다. 인류 역사상 사람들의 대규모 이주가 행복하게, 공정하게, 안전하게 끝난 적이 단 한 번이라도 있었던가? 관리된 후퇴가 인명을 구하고 더 큰 재앙을 피할 유일한 길일 수는 있다. 그러나 그 '재건'을 위해 치르는 대가는 몹시 클 것이다.

우리가 버텨낼 수 없는 세계

두려워할 필요 없다고 어떤 이들은 말한다. 인간은 지혜로우니까 적응할 수 있을 거라고. 그 말에 나는 이렇게 되묻고 싶다. 정확히 **무엇에** 적응하는 거냐고. 온난화는 계속될 것이고, 이산화탄소 배출이 멈춘 후에도 해수면 상승은 이어질 것이다.[49] 기후가 안정화되기 전까지, 적응이란 계속해서 변화하는 과제일 수밖에 없다. 중대한 변화 중 몇 가지는 꼭 필요하고 또 바람직하다는 말에 반박할 생각은 없다. 또한 극단적인 기후 사건들과 이 때문에 생겨날 사회적 불평등을 줄이기 위해 우리가 할 수 있는 일이 많다는 것 역시 분명하다. 그러나 이 과정이 아무도 다치지 않는 질서 정연한 방식으로 이루어질 리는 없다. 기후 변화는 한 번에 하나의 재난만을 내려주고 다음 재난이 일어나기 전까지 숨 고르며 마음을 가다듬을 여유를 주지 않을 것이다.

세계가 따뜻해지면서 '복합적인', 또는 상호 연관된 극단적 사건들이 벌어질 위험성은 더 커진다.⁵⁰ 여러 곳에서 무시무시한 일들이 동시다발적으로 일어나 비상 대응 체계를 한계까지 밀어붙일 수도 있다. 한 예로, 2021년 허리케인 아이다가 뉴올리언스를 파괴하고 뉴욕에 홍수를 일으켰을 때 서부에서는 산불이 발생해 캘리포니아를 활활 태웠다. 또는 한곳에서 끔찍한 일들이 잇따라 일어날 수도 있다. 뜨겁고 건조한 기상 조건이 산불을 일으키고, 불타 황폐해진 산에 큰비가 내리면 산사태로 이어질 수 있다. 강한 열대성 폭풍이 상륙하는 간격이 점점 짧아질 수도 있다.

우리는 상처 입고 피 흘리며 돌아서자마자 곧장 다음번 일격을 마주할 것이다. 더 뜨거운 폭염, 더 강한 폭풍, 더 긴 가뭄, 상승하는 해수면에 그저 적응하는 것만으로는 부족하다. 우리는 그 모든 것에 한꺼번에 맞설 대비를 해야 한다. 세계는 프라이팬에서 불 사이를 여러 번 왕복할 것이다. 심지어 이것이 가장 최악의 사태도 아닐 것이다. 세계를 변화시켜 새롭고 낯선 상태에 밀어 넣는다면, 그곳은 우리에게 적대적인 공간이 될 것이다.

우리는 지구를 더 이상 인간이 살 수 없는 행성으로 만들고 있다. 왜냐하면 우리 사회가 간신히 적응한다고 한들, 우리의 몸은 그렇지 못할 것이기 때문이다. 인간은 어느 정도의 열은 감당할 수 있다. 사실 더운 날씨가 없었더라면 우리는 존재하지조차 않았을지 모른다. 다른 영장류들은 울창한 정글의 그늘 속에서 열대의 태양을 피했다. 드넓게 펼쳐진 아프리카 사바나에서 온종일 자유롭게 활보할 수 있는 건 오로지 호모사피엔스뿐이다.

우리는 연약한 뇌를 고온으로부터 보호할 전략을 품고 진화했기 때문이다. 우리는 도구를 사용하고, 사회를 이루었다. 또 직립보행을 함으로써 한낮의 태양에 노출되는 신체 면적을 최소화했다.[51] 세대를 거듭하며 털이 줄어들고 피부를 드러냄으로써, 그 위로 땀을 내보내 쉽게 증발시킬 수 있도록 했다. 우리가 두 발로 걷는 털 없고 땀 흘리는 원숭이인 것은 열이 우리를 그렇게 진화시켰기 때문이다.

그러나 지금의 더위는 다르다. 젖은 천으로 감싼 온도계는 온도와 습도의 결합인 '습구온도wet-bulb temperature'를 측정하는데,[52] 나는 그것이 일종의 불쾌지수라고 생각한다. 같은 35도라 해도, 아지랑이 이는 건조하고 뜨거운 캘리포니아 사막의 35도와 쓰레기 냄새 나는 텁텁한 늪지대 공기로 가득한 뉴욕의 35도는 전혀 다르다. 극도의 더위와 극도의 습도를 동시에 경험하는 일은 흔치 않다. 2003년 유럽 폭염이 극에 달했던 때도 습구온도는 30도를 넘지 않았다. 다행이었다. 습구온도가 35도를 넘어서면 끔찍한 임계점에 다다르게 된다. 온도와 습도가 이 정도로 높다면 땀이 열을 빼앗는 진화의 마법이 그 효과를 잃어버린다. 더 이상 증발을 통해 몸의 열기가 빠져나가지 않게 된다. 젊고 건강하더라도, 그늘에 가만히 앉아 있어도, 원하는 만큼 실컷 물을 마셔도, 열을 조절할 수 있도록 진화한 우리의 몸은 멈추고 만다. 우리는 이런 기후에 맞게 진화하지 않았기 때문이다. 이런 상태에서는 바깥에 나가면 몇 시간 내로 죽고 말 것이다.

과거에 나는 기후 모델이 예측한 미래를 일종의 거리를 둔 공포를 느끼며 바라보고는 했다. 그중 최악의 시나리오에 따르면, 세계의 특정 지역들의 습구온도가 이번 세기 중반만 되어도 치명적인 한계를 넘어 치솟을 거라고 한다. 그런데 2020년, 아랍에미리트와 파키스탄의 기상관측소가 이미 그 임계점을 넘어선 습한 고온을 감지하는 사건이 발생했다.[53] 다행히 치명적인 고온은 며칠이 아닌 몇 시간 만에 곧 소멸했으며, 국소 지역들에 집중된 것이었다. 그러나 그것은 어쩌면 우리가 미래에 맞닥뜨리게 될 끔찍한 재앙의 조짐이었을 수도 있다. 최선의 통치, 최선의 사회적 신뢰가 이루어지는 완벽한 세계에서조차 우리가 버텨낼 수 없는 일들은 존재한다. 그런 일에 우리는 적응할 수 없다.

과거에서 교훈을 찾을 수 있을까?

미래에 대한 공포가 감당할 수 없을 정도로 커지면 과거를 돌아보며 위안을 얻고 싶은 유혹에 빠지게 마련이다. 과거에도 우리는 어려운 순간들을 이겨내지 않았나? 비록 덜 혹독하고 자연적으로 발생한 것이긴 하지만 과거에도 기후 변화는 있었고, 인간은 그 사태를 이겨냈다.

기원전 44년, 로마 원로원은 독재자를 몰아내기로 했다. 로마를 다시 위대하게 만들겠다는 율리우스 카이사르의 장담은 혼란으로 점철된 수십 년을 보낸 로마인들이 혹할 만한 약속이었다. 공화정은 수 세기 동안 이어져온 결함이 많은 민주주의 체제

였으며, 로마인은 공화정의 전통을 아끼면서도 독재자의 등장을 두려워했다. 누군가가 독재적 권력을 잡는 것은 상상하기 어려운 일이었다. 그렇기에 카이사르가 루비콘강을 건너 종신 독재자로 선포되었을 때, 대부분의 로마인은 이것이 공화정의 종말이라고 믿지 않았다. 오직 소수의 원로원 의원만이 점점 커지는 공포를 안고 그 모습을 지켜보았다. 카이사르가 왕이 될지 모른다는 생각에, 더 나아가 시민들이 이를 용인할까 봐 더욱 두려웠던 그들은 다음번 원로원 회의에서 그를 칼로 찔러 암살했다. 그 순간, 마치 마법처럼 태양 빛이 사라졌다.

오늘날의 과학자들은 기원전 43년에 일어난 화산 폭발이 지구의 대규모 온도 하강과 강우 패턴의 교란을 일으켰다고 거의 확신한다.[54] 지중해 전역에서 춥고 습한 날씨 때문에 흉작이 들었다. 로마는 체계적인 사회였기에 부족한 국내 수확량을 멀리 떨어진 지역에서 수입해 보충할 수 있었다. 그러나 이렇게 엄청난 기후 충격을 보완할 방법은 존재하지 않았다. 잇따른 혼란과 기근 속에서 점점 공화주의는 그리 매력적인 정치 체계로 보이지 않게 되었다.

평상시였더라면 당시 카이사르의 악명 높은 옛 연인 클레오파트라가 통치하는 이집트에서 곡물을 수입해왔을 것이다. 그러나 화산 폭발이 공기의 움직임에 영향을 미쳐 나일강의 계절적 범람을 일으키는 비구름대를 밀어냈다. 범람은 일어나지 않았다. 다음 해에도 마찬가지였다. 클레오파트라는 모든 곡물을 수도로 집결시키라는 칙령을 내렸고, 시골 농부들은 굶주림에 시달렸다. 그러나 수도 알렉산드리아 사람들 역시 로마인들과 마찬가지로 결국 굶주림을 피할 수 없었다. 배고픈 시절이었다. 사람들은 곧 난폭해졌다.

고대 사회는 오늘날의 사회와 무척 다르다. 우리 사회는 고대 로마나 클레오파트라 치세하의 이집트 같은 농경 사회가 아니기에, 식량의 생산보다는 식량의 분배가 더 큰 문제다. 한때는 이국적이던 농작물도 현대의 운송과 무역 네트워크에 실려 식료품점에 도착하기 때문에 오늘날 웬만한 사람들은 그 어떤 퇴폐적인 로마 귀족들보다도 잘 먹고 지낸다. 전 세계적으로 굶주림을 물리치기 위해 비료, 관개시설을 비롯한 여러 기술을 활용하고 있다. 그러나 우리의 식량 시스템이 기후 변화의 충격에 영향받지 않는 것은 아니다.

온갖 기술을 동원한다 해도, 우리는 지구의 기후가 우리에게 허락해준 것들만 먹을 수 있다. 농작물은 저마다 특정한 기온과 강수량, 토양 환경 등 각기 다른 재배 조건을 가지고 있다. 기온이 올라가고 강우 패턴이 변하면 주요 작물이 가장 잘 자라는 영역은 축소될 것이다. 폭염, 가뭄, 홍수 같은 극단적인 기후 현상들이 작물 생산을 저해할 것이다. 물리 법칙은 지구의 온도 상승이 더욱 극단적이고 광범위한 기후 현상들을 초래한다는 사실을 분명히 보여준다. 미래가 서서히 눈앞에 보이기 시작한다. 무섭지만, 이해할 수 없는 것은 아니다. 심지어 어느 정도는 대처할 수도 있을 것이다. 그러나 물리학은 결코 전체 그림을 모두 보여주지는 못한다.

작물 생산량이 줄면 식량 가격이 올라갈 것이다. 여기에는 파급효과가 잇따른다는 사실을 우리는 역사로부터 배웠다. 농부는 생산력이 낮은 땅을 버릴 것이며, 도시 거주자는 더 나은 기회를 찾아 이주할 것이다. 식량이나 연료 가격이 올라가면 사람들은 화가 난다. 성난 사람들은 쉬운 해답을 제시하는 카리스마 넘치는 거짓말쟁이들에게 매력을 느낄지 모른다. 정치 체제가 흔들릴 수 있고, 제도가 약화할 수 있으며, 서로에 대한 신뢰가 무너질 수 있다. 기후 변화는 식량 공급을 위협한다. 민주주의 역시 위협할 수 있다.

율리우스 카이사르의 암살에 잇따른 혼란이 15년가량 이어졌다. 권위주의는 점점 매력적으로 보이게 되었고, 공화주의는 갈수록 더 무력해 보였다. 카이사르가 입양한 아들 옥타비아누스, 그리고 또 다른 권력자 지망생 마르쿠스 안토니우스는 그리스의 전장에서 굶주린 공화국의 군대를 진입시키기 위해 잠시간 연합했다. 그 뒤에는 곧바로 다시 경쟁에 불을 붙였다. 마르쿠스 안토니우스는 클레오파트라와 연합군을 맺었고, 적어도 몇몇 출처에 따르면, 둘은 뜨거운 사랑에 빠졌다. 그러나 나일강이 범람하지 않으며 시작된 혼란으로 이집트 사회는 분열하고 말았으며, 가공할 만한 정치적 재능의 소유자인 클레오파트라마저도 사회 통합에 실패했다. 결국 안토니우스와 클레오파트라의 연합군은 최후의 결정적 해전에서 패배했다.

옥타비아누스의 군대가 진격해 왔을 때 클레오파트라는 앞일을 예상했다. 사슬에 묶인 채 로마로 끌려가서 신난 군중의 볼

거리가 되어 거리를 행진할 것임을. 그다음에는 승리를 거머쥔 장군 앞에 강제로 무릎 꿇려질 터였다. 그런 뒤 목이 졸려 죽고, 시신은 티베르강에 빠뜨리거나 개밥으로 던져 주겠지. 아니면 그보다 더할지도 몰랐다. 결국 로마는 식량 부족에 시달리고 있었으므로. 클레오파트라가 무슨 선택을 내려야 할지는 명백했다.

클레오파트라가 자결한 순간 이집트의 파라오 시대도 막을 내렸다. 수천 년간 독립국가로 유지되던 이집트는 새로운 로마제국에 흡수되었다. 제국의 수도에서 옥타비아누스는 스스로를 아우구스투스라 이름 붙이고 절대 권력을 손에 넣었다. 양아버지 카이사르의 포퓰리즘적 선동으로 인해 쇠약해진 공화정의 고색창연한 제도들은 완전히 붕괴됐다. 아우구스투스는 그 뒤로 40년간 왕권을 유지하며 엘리트 계층을 회유하고 권력을 공고히 했다. 그 기원이 신화 속에 파묻혀 있을 만큼 오래된 로마의 민주정치는 그렇게 막을 내렸다.

기원전 43년의 화산 폭발이 미친 영향을 기후 모델로 시뮬레이션해볼 수 있다. 과학자들은 성층권에 흩뿌려진 화산재와 티끌이 지구의 온도를 상당히 떨어뜨릴 만큼 햇빛을 차단했다고 확신한다. 전 지구적 강우량 패턴의 교란이 이집트의 계절적 범람을 억제하는 한편으로 이탈리아와 그리스에는 평균 강우량 이상의 비가 쏟아졌을 가능성이 높다.[55] 기후 모델은 이상한 날씨와 흉작을 유발한 물리적 변화를 보여준다. 그러나 독재자의 부상, 포퓰리즘의 호소, 민주정치의 종말 같은 건 보여주지 않는다. 이런 일들은 자연법칙이 결정한 것이 아니기 때문이다. 역사학자들 중 다수가 로마 공화정의 몰락에는 다른 요인들이 훨씬 더 결정적인 역할을 했다고 주장할 것이다. 당연히 그렇다. 지도자는 선택하고, 민중은 실수하며, 실제로 일이 발생하기 전까지는 얼마든지 다른 상황이 펼쳐질 수 있었을 것이다. 그러나 그게 바로 핵심이다. 이런 환경적 요인을 정치적, 역사적, 사회적 맥락과 완전히 분리해낸 채로 수행하는 순수한 실험은 영영 불가능할 것이기 때문이다. 기후 변화는 텅 빈 공간에서 일어나지 않는다. 기후 변화는 **우리에게** 일어난다.

흑사병, 코로나19 그리고 다음의 팬데믹

아우구스투스의 시대로부터 500년이 흐르자, 서구 세계의 중심은 동쪽으로 이동해 비잔틴제국과 그 수도인 콘스탄티노플로 옮겨 갔다. 농민 출신이나 끝을 모르는 야망으로 왕좌를 차지한 유스티니아누스 황제는 옛 서로마제국의 땅 대부분을 되찾았으며, 아야소피아 대성당을 세웠다. 그러나 이 아름다운 대성당이 완공되기도 전에, 제국은 신으로부터 버림받고 말았다.

서기 536년, 대규모 화산 폭발이 일어나 태양이 가려졌고 흉년이 들었다.[56] 539년, 547년에 또다시 두 번의 대규모 화산 폭발이 잇따랐다.[57] 그 결과, 540년대는 기원 원년 이래로 가장 추운 10년이 되었다.[58] 비잔틴제국에 기근이 퍼졌고, 수도에는 불안감이 감돌았다. 그러다 더욱 나쁜 사태가 벌어지고 말았다.

콘스탄티노플은 식량 대부분을 클레오파트라 시대부터 꾸준히 곡창지대 노릇을 해온 이집트에서 수입하고 있었다. 이집트의 곡물 저장고는 늘 쥐로 들끓었으나, 날씨가 추워지자 더 많은 쥐가 추위를 피할 곳을 찾아 저장고로 숨어들었다. 그러다 다른 지역의 굶주린 쥐들도 이곳을 찾아왔다. 곡물 저장고에 쥐가 끓자, 쥐가 옮겨 온 벼룩도 기승을 부렸다.

541년, 이집트에 정체 불명의 질병이 퍼지고 있다는 소식이 콘스탄티노플까지 흘러왔다. 환자의 사타구니와 겨드랑이에 생긴 달걀만 한 종기에서 피고름이 뚝뚝 떨어졌다. 견딜 수 없는 고통에 시달리며 쉴 새 없이 토하다가 몇 시간 안에 사망한다고 했다. 오래지 않아 전염병이 콘스탄티노플까지 찾아왔다. 배에 곡물 자루를 실을 때 쥐도 따라 들어왔고, 쥐의 몸에 붙은 벼룩은 박테리아를 옮겼다. 그 박테리아의 이름은 바로 '페스트균'이었다. 흑사병(페스트)이 제국의 수도로 전해지기까지 1년이 채 걸리지 않았다. 540년대가 끝날 무렵, 콘스탄티노플의 인구 20퍼센트가 사망했다.

흑사병은 막대한 사회적 영향을 미쳤다. 시체를 매장할 사람들이 살아 있지 않았기에, 거리 여기저기 시신이 나동그라져 있었다. 흑사병으로 농부들이 다수 사망했기에 농작물은 밭에서 그대로 썩어갔다. 곡물 가격이 급등했고, 세수가 감소함에 따라 유스티니아누스 황제의 야망도 끝을 맺었다. 팬데믹은 남녀와 노소, 빈부를 가리지 않았다. 심지어 황제라 해도 흑사병을 피해 갈 수는 없었다. 황제는 살아남았지만, 대부분의 사람들은 아니었다. 유스티니아누스 시대에 흑사병으로 인한 전 세계 사망자 수는 1500만 명에서 1억 명 사이로 추산된다.[59]

기후 변화가 흑사병의 '원인'은 아니다. 그러나 기후 변화와 팬데믹이 연관되어 있다고 믿을 만한 이유는 몇 가지 있다. 병원체는 환경 변화에 빠르게 반응해 진화할 수 있고,[60] 기아와 스트레스는 숙주의 면역력을 약화시킨다. 또한 기후 변화는 서식지를 이동시켜 동물과 인간이 접촉해 박테리아와 바이러스가 인간에게 전염될 가능성을 높일 수 있다.[61] 인간 사회 역시 기후가 변하면 사람들이 집단 이동하는 경향이 생기며, 그 과정에서 전염병을 옮길 수 있다.[62]

오늘날 우리는 대체로 깨끗한 물과 위생적 환경을 갖추고 있으며 의사들은 손을 씻어야 한다는 사실을 안다. 그럼에도 코로나19는 우리에게 큰 타격을 입혔다. 게다가 그것이 마지막 팬데믹도 아닐 것이다. 지금 이 순간에도 인간을 죽일 수 있는 수천 가지의 바이러스가 야생동물의 몸속에 잠복해 있다. 기온이 상승하고 인간 활동의 영역이 야생 지역을 침범하게 되면 '인수공통감염', 즉 사람과 동물 사이의 치명적인 교차 감염이 더 자주 일어날 것이다. 뎅기열, 웨스트나일열, 말라리아 같은 열대병은 열대지방으로부터 북부와 남부의 인구 밀집 지역으로 확산될 것이다.

폭염, 산불, 홍수 등을 피하고자 사람들이 실내 공간에 모인다면 서로에게 병을 전염시킬 가능성이 높아진다. 그런데 과거 흑사병과는 달리 현대의 병원체는 부자와 가난한 자를 차별한다. 질병의 부담은 취약한 지역에서 가장 커지며, (특히 미국의) 불평등하기 이를 데 없는 의료 체계는 부유한 이들에게 더 나은 치료를 보장한다. 앞으로 찾아올 치명적 질병에 대비해 우리가 의지해야 하는 시스템은 이런 모습이다. 나는 그 사실이 그 어떤 바이러스보다 더 두렵다.

기후와 폭력성의 상관관계

13세기 초입에 중앙아시아 스텝steppe 지역(러시아와 아시아의 중위도에 위치한 온대 초원 지대. 건조한 계절에는 불모지, 강우 계절에는 푸른 들로 변한다—옮긴이)은 사람이 살아가기에 척박한 땅이었다. 기후 시스템에 자연적으로 내재한 변동성으로 인해 12세기 후반에 극심한 가뭄이 일어났다.[63] 과거에도 수차례 그랬듯이 이런 악조건은 정치적 불안을 낳았다. 뒤이은 사회적 혼란은 1,000년 전 로마 공화정에서 그러했듯 한 명의 강력한 지도자에게 힘을 실어주었다. 분열해 있던 몽골의 여러 부족은 탁월한 군사 지도자인 테무친을 중심으로 연합하게 되었다. 1206년 테무친은 칭기즈칸Chingiz Khan이라는 새로운 이름을 공식적으로 얻었다.[64] 몽골을 통합하는 데 성공한 그의 다음 관심사는 스텝 너머의 세계였다. 그때, 무작위적 변동성에 의해 몽골의 기후가 바뀌었다.

1211년에서 1255년 사이는 몽골 역사상 가장 비가 많이 내린 기간으로 기록된다.[65] 기온은 상당히 높았고, 이런 순조로운 날씨에서 풀은 무럭무럭 자라났다. 순식간에 가축의 먹이가 충분해지자, 군대를 부양할 가축과 병력으로 활용할 말들을 확보할 수 있게 되었다. 몽골군은 놀라울 만큼 빠른 속도로 이웃한 나라들을 정복하며 진격하기 시작했다. 1227년 칭기즈칸 제국은 카스피해에서 중국 동해안까지, 시베리아에서 티베트까지 확장되었다. 칭기즈칸이 죽은 뒤에는 후예들이 학살과 정복이라는 과업을 이어갔다.

몽골군은 뛰어난 장군들이 지휘하는 실력 있는 기병대였다. 그러나 그들의 가장 큰 무기는 바로 상대의 마음을 마비시키는 두려움이었다. 곧 소문이 퍼지기 시작했다. 그들이 나타나면 길가에는 사람들의 뼈가 나뒹굴고, 도시는 불에 타며, 남자, 여자, 아이를 가리지 않고, 심지어 개나 고양이까지 학살한다는 소문이었다. 조금이라도 저항하면 더 끔찍하게 파괴당하리라는 것을 알았기에 도시들 대부분은 순순히 항복했다. 그럼에도 몽골제국이 확장되는 동안 2000만에서 5000만 명에 달하는 사람들이 죽었다. 그 누구도 예상치 못한 일이었다. 기후가 약간 바뀌고, 중앙아시아 스텝 지역이 아주 짧은 기간 풍요로워졌을 뿐인데, 몇 년 만에 세계의 모습이 딴판으로 바뀌었다.

현대 과학은 기후와 폭력성 사이에 분명한 연관 관계가 있음을 이미 알아냈다.[66] 예를 들면 심리학에서는 기온이 올라 불쾌지수가 높아지면 개인 간의 갈등이 증가하는 경향이 있음을 밝혀냈다. 날씨가 더워지면 살인, 강간, 폭행률이 올라가고, 경찰이 총을 꺼낼 가능성도 높아지며, 스포츠 경기가 끝나고 폭동이 벌어지는 횟수 또한 늘어난다. 이런 경향은 인간 사회 전반의 대규모 상호작용에서도 마찬가지로 나타날 수 있다. 기온이 상승하면 집단 간 갈등은 더 잦아지고, 강수량 부족은 기근과 정치적 불안, 전쟁을 유발할 수 있다.

이 모든 것 중 불가피한 것은 하나도 없다. 기후 악화와 갈등의 연관성은 역사적 기록에서 다수 발견되지만, 동시에 회복력과 협력, 건설적 적응의 사례들도 존재한다. 또 칭기즈칸의 군대가 보여주듯이, 갑작스러운 풍요도 때로는 침략과 정복으로 이어지기도 한다. 기후와 갈등 사이의 인과관계는 그리 단순하지 않다. 둘 사이에 유일한 원칙이 존재한다면 변화는 또 다른 변화를 낳고, 인간 사회는 복잡하다는 것뿐이다. 우리는 미래의 기후 변화가 지정학, 갈등, 전쟁의 가능성에 어떤 역할을 할지 예측할 수 없다. 그러나 기후 변화가 세계를 더 평화로운 곳으로 만들리라는 생각이 현명하지 않다는 것만은 분명하다.

우리가 서로에게 저지르는 일

그러다 마침내 최악의 사태가 닥칠 수도 있다. 지구온난화로 인한 물리적·정치적 교란은 사회 전체의 붕괴로 이어질 수 있다. 그것은 결코 비이성적인 두려움이 아니다. 이미 역사학자들은 과거 여러 문명의 몰락 속에서 기후 변화가 남긴 흔적을 발견해왔다. 공화정을 이어간 서로마제국은 '로마 기후 최적기Roman

Climatic Optimum'라 불린 상대적으로 안정적인 기후가 끝나자 해체되었다.[67] 가뭄은 마야 문명,[68] 아카드제국Akkadian empire(메소포타미아 지역을 처음으로 통일한 국가이자 인류 최초의 제국―옮긴이),[69] 명나라, 청나라[70]를 비롯한 과거 여러 문명을 교란하거나 무너뜨렸을 수 있다.

물론 기후가 사회 변화의 유일한 이유는 아니다. 또한 지금까지의 역사에서 기후 변화가 인류를 멸종 직전까지 몰아간 적도 없었다. 인간은 끈질기고 회복력이 강한 존재다. 우리는 최악의 상황에도 적응하고, 재난에서도 다시 일어선다. 그러나 생존이 곧 행복은 아니다. 인간도, 도시도, 심지어 사회도, 그 속에서 가장 아름다웠던 것들이 사라진 뒤에도 그저 계속 나아갈 수는 있다. 나는 기후 변화가 인류의 종말을 가져올 거라고 생각지는 않는다. 그러나 그 미완의 종말 속에도 나를 잠 못 이루게 할 만큼 두려운 것들은 충분히 많다.

나는 극단적인 날씨가 불러올 혼란이 두렵다. 홍수로 차오르는 물, 타오르는 폭염, 가차 없는 태양 아래에서 바싹 타들어가고 말라 죽어가는 주요 작물들로 가득한 널따란 들판. 그것이 우리를 기다리는 악몽이다. 그러나 때로 나는 허리케인의 파괴 경로나 좀비처럼 느릿하게 상승하는 해수면을 추적하는 일은 너무 쉬워서 오히려 위안이 된다고 느낄 때가 있다. 우리를 기다리는 공포는 오로지 물리 법칙에 따라 움직이는 것들이 아니기 때문이다.

기후 변화는 우리가 만들어낸 세상에서 벌어진다. 새로운 위협을 만들기도 하지만, 기존에 존재하는 위협을 증폭시켜 사회의 균열에 침투하고 그 균열을 커다랗게 찢어놓는다. 이는 미래에 대한 막연한 공포가 아니라 지금 이 순간 일어나고 있는 일이다. 이미 지구 남부와 동유럽에서 난민 위기가 벌어지고 있다. 이에 대한 대응은 비인도적이었다. 난민들은 미국 남부 국경 근처 사막에서 죽어가고, 배에 탄 채 지중해를 건너다 익사한다. 기회주의에 물든 정치인들은 재난을 틈타 거짓 정보를 퍼뜨리며 자신의 이익을 위해 참사를 이용한다. 이 모든 것이 뜨겁고 혼란스러운 미래에 대한 나쁜 징조다.

나는 과학자로서의 삶을 기후 변화 적응과 완화를 위한 이성적 계획을 꾸려가는 분별력 있고 헌신적인 이들과 함께하고 있다. 모두 우리가 어려운 선택과 복잡한 현실을 받아들인다는 것을 전제로 하는 계획들이다. 그러나 역사와 고고학에는 그 반대의 증거만이 가득하다. 공황, 비난, 폭력. 오늘날 우리 사회는 이미 일어난 비교적 작은 혼란조차 제대로 감당하지 못하고 있다. 나는 기후 변화가 가져올 홍수와 가뭄이, 견딜 수 없는 폭염이, 더 거세지는 폭풍이 두렵다. 그러나 나를 가장 두렵게 하는 건 상승하는 해수면이나 극단적인 날씨가 아니다. 기후 변화의 가장 두려운 점은, 그것이 우리가 서로에게 저지르게 할 행위다.

상실을 익히기는 어렵지 않지.
잃어버리라고 작정한 것처럼 보이는 것들이 얼마나 많은지.
그것들을 잃는다 해도 재난은 아니다.

엘리자베스 비숍, 「하나의 기술」

여느 사람들과 마찬가지로 나 역시 물건을, 사람을, 그리고 때로는 공간 전체를 몽땅 잃어버리고는 했다. 2014년 나는 캘리포니아 전체를 잃어버렸다. 나는 그곳에서 태어났고, 버클리에서 대학 생활을 했으며, 영국에 짧게 머무른 뒤에도 다시 그곳으로 돌아갔다. 나는 스탠퍼드대학교 캠퍼스 근처에 있는 고상한 미드센추리mid-century 양식의 집에 살았다. 크레이그리스트Craigslist(개인 간 다양한 상품 및 서비스를 광고하고 거래할 수 있는 웹사이트—옮긴이)에서 만난, 속을 알 수 없으며 어쩐지 사악해 보이는 룸메이트와 함께였다. 나중에는 미션빅토리안Mission Victorian(전형적인 빅토리아 양식 주택에, 20세기 초 캘리포니아 지역에서 유행한 스투코 벽, 아치형 입구 등의 요소를 결합한 건축 유형—옮긴이) 주택에 방 하나를 빌려 살다가, 결국은 다리를 건너 동쪽으로 향하는 대이동에 합류하게 되었다. 새로 지내게 된 곳은 오클랜드의 병원 옆 차고를 개조해 만든 바람이 잘 통하는 집이었다. 나는 처음부터 그곳이 정말 마음에 들었다. 기대가 크면 실망도 크다고들 하지만, 그곳은 전혀 그렇지 않았다. 나는 늘 샌프란시스코 베이 에어리어Bay Area(샌프란시스코만 인근의 광역 도시권—옮긴이)에 살고 싶었고, 꿈이 이루어지고 보니 이곳에서의 삶은 내가 기대한 것과 한 치도 다를 바 없을 만큼 근사했다.

요즘에는 베이 에어리어에 대해 불만을 털어놓는 게 유행이다. 눈치 없이 허둥거리는 테크 업계, 어처구니없을 만큼 비싼 임대료, 디스토피아 수준의 노숙인 문제, 그리고 이 문제를 해결하지 못하면서 잘난 척만 하는 무능한 정치인들. 이 모든 것들은 사실이며, 또한 각각 다른 정도로 불가피한 것이다. 그러나 캘리포니아의 풍경은 내게 환대와 위안을 동시에 안기는 방식으로 아름답다. 뉴욕의 겨울은 흉한 회색빛인 데다가 찬 바람이 얼굴을 후려치며 지하철은 매번 늦는다. 반면 베이 에어리어의 바람은 따뜻한 포옹처럼 신선하고 부드러우며 설레는 무언가로의 초대 같았다.

북부 캘리포니아의 풍경을 사랑한다는 말은, 초콜릿이나 강아지나 돌리 파튼Dolly Parton(미국의 컨트리 가수—옮긴이)을 사랑한다고 굳이 선언하는 것만큼이나 불필요하다. 도시 남쪽 언덕 위에 고여 있던 안개들이 늦은 아침의 햇살에 거미줄처럼 가느다란 줄기가 되어 하늘로 솟아오르는 모습, 태평양을 따라 이동하는 회색 고래들과 둥둥 떠오르는 해조류 거품들, 유칼립투스 향기. 이곳의 아름다움은 쉽고 분명하다. 파란 하늘, 요세미티의 화강암 절벽, 신비롭게 우거진 레드우드 숲, 도시 변두리의 안개에 물든 해변 냄새에는 마취 효과가 있다. 나는 그곳에서 영원히 살 거라 생각했다. 이렇게 분명한 자연의 마법 한가운데 살아가고 있다면 그런 마법적 사고가 얼마든지 가능하다.

그러나 나는 의아할 정도로 샌프란시스코의 매력을 모르는 남자와 결혼했다. 그의 눈에 보이는 건 포트홀이 뻥뻥 뚫려 물이 차는 고속도로, 시시한 회사를 경영하는 플리스 재킷 차림의 젊은 남자들이 전부였다. 그가 브루클린의 예술대학에 구직 면접을 보러 갔을 때, 나는 그를 따라가 4월인데도 잎 하나 없이 앙상한 나무들이 가득한 회색 겨울날 속을 서성거렸다. 그러면서 나에겐 돌아갈 파란 하늘, 포치에 드리운 부겐빌레아와 아보카도 나무 그늘이 있다는 생각에 우쭐했다.

면접 결과는 좋았다. 그는 일자리를 수락했고, 내게 캘리포니아와 자신 중 하나를 택하라고 했다. 그렇게 우리는 작은 빨간 차에 짐을 싣고 580번 도로에 올랐다. 낮아졌다 다시 솟아오르기를 반복하는 산꼭대기가 안개로 덮인 푸른 언덕들을 지나, 앨터몬트 언덕 위에 옹기종기 모인 낡은 풍력 터빈들을 지나 동쪽으로 향했고, 거기서부터는 센트럴 밸리의 과수원과 가축 사육장을 따라 남쪽으로 내려갔다. 서부를 영원히 떠난 첫날 밤, 우리는 애리조나주 경계를 지나면 나오는 허름한 모텔에 묵었다.

내가 꾼 최악의 악몽 속에서 나는 할아버지를 잃었다. 평소 절대 양복을 입지 않던 아빠가 검은 양복을 입고 나타나서는, 할아버지가 돌아가셨다고 말했다. 너무나 갑작스럽고, 잔인하고, 터무니없이 부당하다는 생각에 말을 잃었던 게 기억난다. 꿈속에서 나는 내가 세상에서 가장 사랑하는 사람의 몸이 땅속으로 내려가는 모습을 보았고, 대체 그 누가 이런 일을 견딜 수 있는 걸까 하는 생각을 했다. 꿈이 너무 생생해서, 나는 갑작스레 차오른 슬픔에 벌떡 잠에서 깼다. 악몽이 끝났다는 사실에 안도감을 느꼈다. 그러나 다음 순간, 나는 깨달았다. 내 꿈은 그저 과거의 기억이 되살아난 것에 불과했다고. 꿈이 아니었다. 전부 실제로 일어난 일이었다.

나는 캘리포니아에 대해서도 그런 꿈을 꾼다. 행복한 기억들은 거의 다 사라졌고, 그 기억을 담았던 뉴런들은 이제 다른 생각을 품는다. 그러나 때때로 후텁지근한 동부 해안의 밤, 불안한 잠에 빠졌을 때면 꿈속에서 우리가 그곳을 떠났던 그날에 있었던 일들이 모조리 되풀이되고는 했다. 짐을 실은 차, 주유소에 들렀던 일, 우리가 키우던 조그만 개가 내 발치에서 초조한 듯 꿈틀거리던 일까지. 나는 심술이 잔뜩 나서 어린애처럼 불평해댔다. "불공평해." 우리 개가 동부로 떠나는 여정을 굉장히 싫어했던 것이, 그리고 나 역시 개의 의견에 열렬히 동의했던 것이 기억난다. 꿈속에서나마 이번에는 영영 그곳을 떠나지 않기로 마음먹지만, 깨어보면 나는 언제나 이미 그곳을 떠난 뒤다. 개는 작년에 죽었지만, 차는 아직 있다. 언젠가 그 차에 타고 집에 돌아갈지도 모른다.

지금의 나는 마지못해 이사 온 사람 치고는 그럭저럭 뉴욕 사람이 다 됐다. 나는 베이글을 좋아한다. 뉴욕을 찾아온 창의적이고 야망 넘치는 사람들, 특히 그중에서도 친절하고 상냥한 사람들을 좋아한다. 나는 내 큰아들의 눈을 통해 뉴욕을 경험한다. 그 애는 지하철 봉을 혀로 핥으며 무적의 면역 체계를 형성했으며, 도시의 삶을 메우는 쓰레기 냄새와 쥐가 찍찍거리는 소리마저도 그저 신나게 받아들인다. 나는 의무인 양 뉴욕의 잡지들을 구독하고, 매주 내가 가기엔 너무 비싼 식당을 다룬 공들인 리뷰를 읽고, 내가 보러 갈 일 없는 연극, 콘서트, 리사이틀의 상세한 소개를 훑는다.

때로는 아직도 내가 고집스럽게 집이라고 생각하는 그 동네의 소식을 찾아보기도 한다. 그러나 동부 해안의 언론사는 캘리포니아를 교훈담처럼 다룰 때가 많다. 햇빛에 바랜 문화의 황무지가 너무 좋아서 현실일 수 없었던 환상의 대가로 맞이한 결과라고. 산불, 홍수, 독성 연기 때문에 캘리포니아의 하늘이 주황빛으로 얼룩졌다는 뉴스 기사를 본다. 그럴 때면 마치 옛 남자친구가 말기 암에 걸렸다는 소식을 페이스북에서 발견하는 것처럼 묘한 기분이 든다. 나는 늘 언젠가는 캘리포니아로 돌아갈 거라고 생각해왔다. 뉴욕에서의 삶이 한 해, 한 해 지나갈수록 그럴 가능성은 점점 사라지는 것 같다. 그리고 지구온난화가 한 해, 한 해 더 심해질수록 돌아갈 곳도 점점 사라져간다.

머지않아 사라질, 내가 사랑했던 바닷가

세계는 상실이라는 기술에 이미 익숙하다. 45억 년이란 시간은 무언가를 얻기도, 또 무언가를 잃기도 충분한 세월이다.[1] 우리는 공룡은 물론이고, 고대인들이 피라미드를 짓던 시절 지구

위를 거닐던 거대 나무늘보와 털투성이 매머드를 잃었다. 남극의 무성한 숲, 북극의 열대 악어를 잃었다. 조각조각 부서져 서로 떨어져 나온 곤드와나Gondwana 초대륙(고생대 말기에서 중생대까지 지구 남반구에 있었던 대륙. 지금의 아라비아, 남미, 남극, 오스트레일리아, 인도 등을 포함함—옮긴이)을 잃었다.

그러나 이 정도로 먼 과거를 애도하는 사람은 없다. 우리 인간 중 누구도 그 시대를 경험한 적이 없기 때문이다. 지구의 기나긴 역사는 그리워하는 건 둘째 치고 상상하기에도 너무 낯설기 때문이다. 지금과 얼마나 다른 모습일지 지질학적 기준에서 '아주 약간만' 과거로 돌아가 보자. 북반구(오늘날 세계 인구의 90퍼센트가 살고 있는 곳)의 대부분이 얼음으로 뒤덮여 있는 모습이 보일 것이다. 조금 더 과거로 거슬러 올라가 보자. 세계는 뜨겁고 습하며, 이제 막 직립보행을 시작한 유인원으로 가득하다. 더더욱 먼 과거로 돌아가 보자. 대륙들은 저마다 엉뚱한 자리에 가 있고, 해류는 뒤엉켜 있으며, 아주 먼 훗날 산맥과 바다가 될 공간 위로 바람이 불고 있다. 과거는 이상한 동물들과 낯선 식물들로 가득하고, 놀라울 정도로 풍요로운 동시에 혼란스러울 만큼 황량하다.

그러나 기후 변화가 얼마나 거대한 일인지 이해하려면 과거를 깊이 들여다보아야 한다. 그러다 보면 마치 빛바랜 가족 앨범을 넘기다가 오래전 돌아가신 할머니의 얼굴에서 내 아이와 닮은 구석을 발견하는 것처럼, 낯선 것들 속에서 불편할 정도로 익숙한 시기들을 보게 될 것이다. 먼 과거에는 이처럼 특별한 시기들이 있었다. 그 시기들은 앞으로 올 세계의 전조이며, 그렇기에 우리가 머지않아 잃게 될 것들을 짐작하게 한다. 지구의 기온이 조금 상승한 미래의 경우라면, 근래의 이상 기후 현상들에서 그 미래의 광경을 유추해볼 수 있다. 최근의 기록적인 폭염은 미래의 평범한 여름날 광경이 될 것이다. 아직은 익숙지 않은 전례 없는 폭우도 앞으로는 정상적인 날씨가 될 것이다. 그러나 기온이 그보다 더 상승한 미래를 예상해보고 싶다면, 오늘날 인류의 역사 속에서는 그 기록을 찾을 수 없는 아주 먼 과거로 거슬러 올라가야 한다. 우리가 곧 향하게 될 미래를 보여줄 수 있는 건 이미 죽은 지 오래된 기억뿐이다.

350만 년 전, 지구의 자전축과 공전 경로는 지금과 몹시 유사했다.[2] 혼란스러운 명명법에 집착하는 지질학자들은 이 시기를 '플라이오세Pliocene'(신생대 제3기의 마지막 시기. 500만 년 전부터 200만 년 전까지―옮긴이)라고 부른다(지질시대의 다른 하위 분류인 팔레오세Paleocene, 플라이스토세Pleistocene, 팔레오기Paleogene와 혼동하지 말 것). 나는 플라이오세를 인류의 초기 조상이 등장한 '호미니드 hominid의 시대'라고 부르고 싶다.[3] 우리가 처음 시작된 그 시대가 곧 다가올 미래를 보여준다는 사실에서 묘한 대칭이 느껴진다.

인류의 조상은 여러 획기적 변화가 집약된 시기에 진화했다. 인류가 탄생하기 오래전, 공룡 시대에는 활화산에서 배출된 이산화탄소로 인해 대기가 뜨겁고 축축했다. 백악기가 끝날 무렵에는 화산 활동이 잦아들고 이산화탄소가 대기 중에서 사라져 바위와 바다에 흡수되었다. 그 이후 수백만 년에 걸쳐 지구는 서늘하고 건조해졌고,[4] 드문드문 지구의 궤도나 해류가 조금씩 바뀌었다. 약 350만 년 전에는 이산화탄소가 400피피엠 수준으로 줄었다.[5] 2013년과 대강 비슷한 수준이다.[6] 그렇기에 플라이오세 중반, 즉 호미니드의 시대는 우리가 맞이할 미래를 보여주는 불편한 징조일 것이다.[7]

우리가 이런 과거를 아는 것은 죽음 덕분이다. 지구의 과거 기후의 잔재들은 아무도 돌보지 않은 수십억 개의 무덤 속에 보존되어 있다. 해저는 물속을 자유롭게 떠다니거나 바닥에서 살다 죽은, 껍질을 가진 조그마한 유기체들의 사체로 뒤덮여 있다. 떠다니던 생물은 죽으면 가라앉았고, 바닥에 살던 생물은 그 자리에 머물렀으며, 더 최근에 죽은 생물들의 사체가 그 위로 겹겹이 쌓였다. 이들은 끊임없이 태어나고 죽고 가라앉았다. 그들이 살았던 바다의 기록을 품은 채로.

이 생물들은 오늘날의 고둥이나 조개, 굴과 마찬가지로 살아 있는 동안 바닷물의 구성 요소들을 모아 껍질을 만들었다. 과학자들은 수십 년간 바다의 수온이 낮으면 생물들이 껍질을 만들 때 칼슘을 이용하지만, 수온이 높아지면 칼슘 대신 마그네슘을 사용한다는 사실을 알아냈다.[8] 즉, 이들의 껍질은 그 속에 포함된 마그네슘의 비율로 바닷물의 수온을 기록한 일종의 '고대온도계'다. 그리고 이런 작은 사체들에서 발견한 증거대로라면 300만 년 전의 수온은 오늘날보다 2~3도가량 높았다는 것을 알 수 있다.[9]

뜨겁던 과거의 자취는 화석이 되어 산타크루스 해안선에 남아 있다.[10] 해안의 꿀처럼 샛노란 사암 절벽은 마치 5분 더 구워

버린 케이크처럼 단단하지만 건조해 보인다. 이곳의 바위들은 암석 기준으로는 젊은 편이다. 이 절벽을 생각할 때마다 해안선에서 수십 미터 떨어진 태평양에 서프보드를 띄워놓고 파도를 기다리며 설레어했던 젊고 행복하던 시절의 내가 떠오른다. 바닷물은 차갑고 짭짤했으며, 햇빛은 부드러웠고, 건조한 공기에는 해초가 썩어가는 달콤한 냄새가 묻어 있었다. 어쩌다 한 번씩 서서히 펼쳐지는 파도가 때로 나를 넉넉한 마음으로 들어 올려 서프보드를 해안까지 부드럽게 밀어주었다. 몸을 일으키면 절벽이 점점 가까워졌고, 부서지는 파도 너머 뭍이 순식간에 눈에 들어왔다.

서핑을 마친 뒤에는 산타크루스 절벽 꼭대기 가드레일에 몸을 기댄 채 뜨거운 블랙커피로 지친 몸을 녹였다. 주위를 둘러보면 사이프러스 나무들의 평평한 우듬지와 탄탄하고 윤기 나는 꽃나무 잎들이 보였다. 나는 이 풍요로움을 너무나 당연히 여겼다. 무서울 만큼 흘러넘치는 자연의 아름다움, 아드레날린, 누구에게도 구속받지 않는 자유로운 시간. 그 모든 게 영원할 줄 알았다. 그러나 나에게는 그렇지 않았다. 그 누구에게도 영원하지 않을 것이다.

껍질이 있는 작은 생물들의 몸에는 예언이 담겨 있다. 내가 사랑하던 해안은 사라질 운명이라는 예언이다. 그것이 가능한 건 화학의 묘한 속성 덕분이다. 산소 중에는 자연적으로 발생한 소량의 '무거운' 산소가 있다. 8개의 중성자로 이루어진 일반적인 산소가 아니라 10개의 중성자를 가진 산소다. 열대의 더운 공기가 솟아올라 극지대를 향해 가는 사이, 이 무거운 산소로 이루어진 물은 유독 바다 위로 비가 되어 많이 떨어진다. 따라서 공기가 극지대의 만년설에 도착했을 무렵엔 이 공기가 품은 물은 거의 전체가 평범한 '가벼운' 산소로 구성되어 있다. 극지방에 눈이 되어 떨어지는 물은 만년설의 형태로 얼어붙은 채 머무르며 일상적인 물순환에서 제외된다. 지구가 서늘해질수록 빙상은 커지고, 얼음 속에 갇히는 가벼운 산소의 양은 늘어난다. 더불어 해수면은 낮아지고 바닷속에는 무거운 산소의 양이 늘어난다. 그렇기에 작은 해양 생물들이 껍질을 만들고자 바닷물 속 산소를 삼키면 이 껍질에는 무거운 산소의 양이 기록되고,[11] 나아가 해수면의 높이와 빙상의 크기도 알 수 있게 된다.

이렇게 해양 생물의 화석은 그 화학적 구성을 통해 먼 과거 지구의 기온과 해수면의 높이를 알려준다. 생물들이 죽을 때 그들의 작은 몸은 연약하고도 서로 연결된 과거의 세계를 담고, 그들의 운명은 그들로서는 존재하는지조차 알 수 없었을 먼 대륙을 덮은 얼음과 연결된다. 그들이 우리에게 알려주는 것은 지금처럼 이산화탄소 수준이 높았던 마지막 시기인 플라이오세 중기에 해수면이 지금보다 10~20미터 더 높았다는 사실이다.[12]

오늘날 아직 해수면이 그만큼 상승하지 않은 이유는 단순하다. **시간** 때문이다. 빙산과 바다 같은 지구의 느리게 움직이는 체계들이 온난화에 반응하기까지는 오랜 세월이 걸린다. 설령 내일 당장 기온 상승이 멈춘다 해도, 지구는 이미 일어난 상승에 계속해서 반응할 것이다.[13] 지구의 기온을 인위적으로 식히거나 대기 중 엄청난 양의 탄소를 없애지 않는 한, 지금까지의 기온 상승에 대한 반응으로 일어날 해수면의 점진적인 상승을 막을 방법은 없다. 그리고 이 불가피한 해수면 상승이 모든 것을 바꾸어버릴 것이다.

더 높아진 해수면은 벌써 육지를 위협한다. 2023년, 겨울 폭풍으로 인해 몰아친 파도가 산타크루스 절벽의 높이를 뛰어넘었다. 절벽 위 도로가 물에 잠겼고, 밀어닥친 파도로 해변의 모래가 쓸려나갔다.[14] 해수면이 계속 상승하면 파도도 더 높아져서 절벽을 씻어 내리고 절벽 아래 해변을 파괴할 것이다. 물은 결국 육지를 덮칠 것이다. 때로는 사나운 폭풍이 되어, 때로는 꾸준한 침식의 모습으로. 이번 세기가 끝날 무렵이면 캘리포니아의 해안선 대부분은 알아보기 힘들 정도로 바뀔 것이다.[15] 언덕은 바닷속으로 사라지고, 길은 씻겨 내려가고, 절벽 가장자리에 지어둔 방갈로들은 텅 비어 방치되다가 결국은 파도에 휩쓸려 사라질 것이다. 그렇게 우리가 사랑하는 장소들은 곧 사라질 것이다. 해저 밑바닥에 쌓인 모래로 변해서, 또 한 겹의 죽음이자 무덤이 될 것이다.

너무나 많은 것들이 사라지는 지금, 세상의 작은 한구석을 애도하는 것은 참 묘한 일이다. 내가 사랑하는 장소가 불어나는 물에 무너지고 삼켜지면, 나는 위로가 필요할 때 어디를 찾아야 할까? 사라지는 해안선은 그곳뿐만이 아니다. 따뜻해지는 바다와 부서지는 빙상이 남긴 반향이 지구 전역에서 느껴질 것이다. 여기 동부 해안에서, 나는 그 반향이 95번 주간고속도로를 타고 노스캐롤라이나와 사우스캐롤라이나를 향하는 모습을 본다. 이 고속도로는 해안선이 아니라 대절벽Great Escarpment을 따라간다. 300만 년도 더 지난 과거에 살았던 화석들이 즐비하게 자리 잡은 옛 해안 절벽의 흔적이다.[16] 대절벽은 그 먼 옛날 육지와 바다의 경계를 표시하는데, 머지않아 다가올 미래와 상승한 해수면을 가장 닮은 유산이기도 하다. 과거의 해안선 중 일부는 현재 내륙으로 80킬로미터나 들어간 곳에 존재한다.

모든 해안선이 해수면 상승의 영향을 받을 것이고, 그 모든 아름다운 바닷가가 위험에 처할 것이다. 수많은 것들이 죽어버릴 것이다. 곧 다가올 미래는 우리의 현재와 비슷하지만 가슴이 미어질 만큼 다를 것이다. 과거를 들여다보면, 거대하고도 두려운 미래를 언뜻 볼 수 있기에 알 수 있다. 350만 년 전의 대륙들은 오늘날의 모습과 크게 다르지 않다. 과거의 지질학적 세계는 우리 눈에 익숙하다. 그러나 더 자세히 들여다보면, 경계는 어지럽고 해안선은 흐리다. 과거의 세계는 지금과는 어딘가 기묘하게 다른, 우리의 세계를 흉내내는 불쾌한 골짜기다.

빙하에서 찾아낸 과거와 미래

브루클린에서 나는 음울한 날마다 요세미티 밸리의 어느 폭포 언저리, 잘 알려지지 않은 절벽 중턱에 튀어나온 바위 한 귀퉁이를 떠올리고는 한다. 이 바위까지 올라가기는 쉽다. 깎아지른 절벽이 딱 사람의 작은 손만 한 좁은 틈을 두고 갈라져 있기 때문이다. 바닥에서 정확히 로프 한 줄 길이만큼의 높이에, 바위가 천장처럼 바깥으로 불쑥 튀어나와 캐노피를 만든 덕에 그 아래 완벽한 작은 그늘이 생긴다. 나는 이곳에서 휴식을 취하며 죽은 만자니타 나무의 앙상한 뼈대에 줄을 걸쳐놓은 채, 뒤따라 올라오는 파트너를 위해 줄을 당기고는 했다.

 암벽등반가들은 유혹적인 공허, 미지의 세계로 뛰어들고 싶은 낯설고도 야생적인 충동을 이야기한다. 암벽을 탈 때면 이 무한한 가능성을 향한 무모한 감각이 느껴지는 동시에, 너무나 강렬한 나머지 빠져 죽을 것 같은 기쁨이 차올랐다. 튀어나온 바위 근처에는 사람들 눈에 쉽게 띄지 않는 폭포가 투명한 폭포수를 휘저어 우윳빛 거품과 수증기로 바꿔놓는다. 그 아래 부드러운 들판에서 벌거벗은 캐서드럴 절벽이 솟구치고, 소나무 숲이 갈라지며 불그스레한 저녁노을에 물든 따뜻한 바위를 드러낸다. 요세미티 밸리의 아름다움은 무자비할 정도다. 아마 지구상에 이보다 아름다운 곳은 없을 것이다. 분명, 그 어떤 곳보다 아름다운 장소이리라.

 이 반짝이는 화강암 절벽은 이미 사라진 옛 세계의 잔재다. 천 년 단위와 얼음으로 시간이 측정되는 세계. 고르지 않은 치아처럼 생긴 첨탑을 가진 깎아지른 듯한 캐서드럴 봉우리는 한때 얼어붙은 바다 위로 솟아 있었고, 서서히 차가운 파도에 깎여나가 지금의 모습이 되었다.[17] 수십만 년 전, 얼음 강이 지구의 부드러운 표면을 깎아냈고, 시간이 흐르자 물러가며 자기 작품을 드러냈다. 3만 년 전, 강은 다시 나타났다. 이번에는 힘센 선조들이 빚어놓은 모양을 다듬고 정제하는 것에 그칠 만큼 흐름이 약했다.

우리는 요세미티 밸리를 깎아낸 빙하기들이 단계적으로 일어났음을 안다.[18] 먼저, 지구의 궤도가 약간 바뀌면서 자전축의 기울기가 조금 더 작아졌다. 이로 인해 북반구의 여름 기온이 다소 낮아졌고, 약해진 태양 빛은 얼음이 좀 더 오래 머물도록 했다. 그러자 얼음의 빛나는 표면이 태양 빛을 반사해 지구의 온도를 다시 낮추었고, 그러면서 얼음이 더 많이 얼었다. 빙상이 커지고 확산되며 더 많은 태양 빛을 반사해 해마다 지구의 기온이 조금씩 더 낮아졌다. 이것이 빙하기의 과정, 즉 행성이 얼음의 지배에 항복하는 과정이다. 이 시기는 수천 년간 이어졌다. 그러나 마침내 지구의 자전축이 제자리로 돌아오자, 온기와 태양 빛도 돌아왔다. 녹기 시작한 빙하는 과거로 순순히 물러가는 대신 포효하고 삐걱거리면서 바위와 파편들을 끌고 갔다.

빙하기가 미래를 보여준다고 믿는 사람은 없다. 그 차디차고 낯선 시대는 우리에게 닥칠 뜨거운 미래와 닮은 점이 하나도 없다. 우리 같은 과학자들은 대개 실용적인 이유로 빙하기에 관심을 갖는다. 빙하기 중에서도 특히 2만 1,000년 전에 찾아왔던 가장 최근의 빙하기를 다른 어떤 과거의 기후보다 많이 알고 있다. 이 시기는 풍부한 자료들 속에 간접적으로 기록되어 있다. 해양 퇴적물,[19] 동굴 형성물,[20] 그리고 (내가 제일 좋아하는) 고대 산림쥐 pack rat(북아메리카에 서식하는 설치류로 굴 안에 잡다한 것들을 모아두는 습성이 있다―옮긴이)들의 둥지 속에.[21] 이 모든 기록을 통해 마

지막 빙하기 때는 지금보다 4.5~6도가량[22] 기온이 더 낮았음을 알 수 있다.[23]

그러나 때로는 과거를 있는 그대로 보는 일도 있다. 세상에서 가장 추운 곳들이 귀중한 이유도 이 때문이다. 이곳에 보존된 공기는 오래된 과거의 흔적이나 유사물이 아니라, 진짜 과거의 것이기 때문이다. 옛 대기의 조각들이 겹겹이 쌓인 눈 속에 갇혀 있고, 해마다 새로운 눈이 그 위에 덮여 또다시 층을 이룬다. 과학자들은 남극이나 그린란드의 빙상에 깊은 구멍을 뚫어 원통 모양으로 얼어붙은 물을 추출한다. 이 빙하 코어의 층마다 빙하기의 지구 위를 떠다니던 공기 방울이 훼손 없이 그대로 보존되어 있다. 빙하 코어가 길수록(몇 킬로미터 길이인 것들도 있다), 이곳에 기록된 과거도 깊다. 이 빙하 코어를 분석해 지난 80만 년간의 대기에 관한 신뢰할 수 있는 정보를 얻을 수 있다.[24]

빙하 코어를 통해 알 수 있는 건 빙결 작용의 변화에 따라 이산화탄소 농도가 상승과 하강을 반복했다는 사실이다. 빙하기가 한창일 때는 이산화탄소 농도가 낮았다. 이산화탄소가 따뜻한 물보다 차가운 물에서 더 잘 용해되기에, 빙하기의 차가운 바닷속으로 더 많은 이산화탄소가 흡수된 것도 하나의 이유다.[25] 또한 빙하가 전진하며 지표면을 깎아내고 부주의한 일꾼처럼 철이 풍부한 먼지를 남겼기 때문이기도 하다.[26] 이 먼지가 바다로 날아가 작은 식물들에게 양분을 공급했고, 그 식물들이 대기의 이산화탄소를 흡수했다. 빙하기가 끝나고 빙하가 후퇴하자 이산화탄소 농도는 다시 증가했다. 따라서 80만 년 동안 이산화탄소 농도는 약 180피피엠에서 300피피엠 사이를 오갔다. 그러다가 20세기 들어 이산화탄소가 급증하기 시작했다. 현재 대기 중 이산화탄소는 지난 수십만 년간의 수치보다 훨씬 높은 420피피엠을 웃돈다.

지난 빙하기는 오늘날과 딴판인 낯선 세계처럼 보인다. 따지고 보면 아주 오래전의 세상이니 당연할 것이다. 한동안 존재했던 빙하들은, 모든 것이 결국 그렇게 되듯 깊은 시간 속으로 사라졌다. 우리는 이 시기를 기후 모델로 시험해본다. 기후 모델이 현재 기후의 기본적인 물리 법칙을 정확히 반영했다면, 극단적인 과거의 기후 역시도 재현할 수 있어야 한다. 그리고 실제로 기후 모델은 마지막 빙하기와 그 빙하기가 끝난 시기를 시뮬레이션하는 데 성공했다. 기후 모델이 밝혀낸 바에 따르면, 2만 1,000년 전 지구는 지금보다 4.5~6도 더 추웠다.[27] 나아가 이 모델은 21세기가 끝날 무렵에는 지구가 마찬가지로 4.5~6도 이상 더 더워질 것이라는 예측을 내놓았다.[28] 수십 년 뒤 세계는 빙하기와 반대되는 현상을 겪을 것이며, 2만 년간의 변화가 100년도 안 되는 기간에 압축되어 나타날 거라는 의미다.

최근의 기후 변화는 경악스러울 정도로 빠른 속도로 일어나고 있다. 지구가 여태 겪어온 다른 시대들은 건강한 지질학적 수명만큼 이어지다가 자연적으로 소멸했다. 그러나 오늘날 일어나는 일은 그렇지 않다. 지구의 온도가 이 정도로 올라가는 것도, 이렇게 급작스레 변하는 것도 자연스럽지 않다. 적어도 인간(또는 인간과 유사한 존재)이 존재해온 이래로 한 번도 없었던 일이다.

이는 잘못된 것이다. 이것은 상실이 아니라 폭력이다. 사랑하는 할머니가 100세까지 행복한 삶을 살다 떠나는 것을 슬퍼하는 것과 어린 자녀를 잃는 것은 완전히 다른 것이다. 전자는 자연스러운 슬픔이지만, 후자는 배신이다.

뉴욕은 지친 애팔래치아산맥이 황혼에 접어들어 완만한 언덕으로 누그러지진, 오래된 산들로 둘러싸여 있다. 나는 이곳을 등산해보려고 몇 번 시도해본 적 있지만, 습한 여름 날씨도, 축축한 바위도, 정상에서 내려다보이는 전망도 마음에 들지 않았다. 그래서 나는 캘리포니아 사람이 되기를 그만두면서 암벽등반도 그만두었다. 예전에 알던 것은 대개 잊어버렸지만, 감각적 기억만은 여전하다. 언뜻 스치는 냄새와 소리다. 거센 바람에 텐트가 펄럭일 때 나는 개 짖는 소리 같은 소음, 두꺼운 양말에 솔잎 위에 내린 이슬이 스며드는 느낌, 인스턴트커피를 끓이는 간이 가스레인지의 미약한 불꽃. 이른 아침 어설픈 몸짓으로 기묘하게 생긴 바위를 넘어가던 기억이 마치 다른 삶에서 다른 사람에게 일어난 일처럼 기억날락 말락 한다. 아마 그게 이 일을 기억하는 딱 맞는 방식이라는 생각이 든다. 예전의 나는 젊었다. 그런데 지금의 나는 그때와는 완전히 다른 사람이다. 그래도 나는 내 젊음을 한껏 누렸다. 20대의 10년이라는 적절한 기간은 젊고 어리석은 시절의 마법에 걸리기에 충분히 긴 시간이다. 그 무엇도 내게서 그 시간을 앗아가지 못했다. 젊은 시절을 보내고도 살아남은 여느 사람들처럼 나도 적응했고, 나이 듦과 화해하며 지내고 있다.

그러나 빠른 속도로 변화하는 지구는 그런 사치를 부리지 못한다. 세계가 발밑에서 빠져나가는 일에 적응하는 건 쉽지 않다. 속도를 따라잡지 못하면 때가 오기도 전에 미끄러져버리고 만다. 그것이 나이 들 기회가 없던 시대에 시시각각 달라지는 행성에서 살아가는 비극이다.

산불의 시대, 파이로세

시에라네바다산맥의 서편 비탈을 옹기종기 메운 75개의 엄청나게 작은 군락에는 아마 지구상에서 가장 오래 살아왔을 존재들이 살고 있다.[29] 자이언트 세쿼이아는 생장 환경에 있어 까다로운 나무다. 한자리에 수천 년 뿌리내리고 살아간다면 누구나 그렇겠지만. 세쿼이아가 자라는 지역의 여름은 맑고 푸른 완벽한 날씨다. 때로는 산을 넘어온 뇌운이 지나가기도 하지만, 거의 매일이 흰 구름이 높게 걸린 건조하고 산뜻한 하늘 속에서 시작하고 끝난다. 이 나무들은 완벽한 고향이 만들어내는 모든 날씨를 목격하며 살아왔다. 가뭄도, 폭우도 겪었고, 폭염은 물론 4월까지 쌓인 겨울의 눈도 견디며 살아왔다.

세쿼이아라는 종은 수백만 년 전부터 존재했지만, 캘리포니아에 대한 굳건한 귀속성은 비교적 최근 생긴 것이다.[30] 한때는 유럽과 북아메리카 전역에 분포했던 세쿼이아는 빙하기의 혹독한 추위를 겪으며 세계의 이토록 작고 아름다운 한 지역에 모여 살게 되었다. 마지막 빙하가 물러가자 세쿼이아도 그 자리에 머물렀다. 그러지 않을 이유가 있을까? 세쿼이아에게는 야망도, 의무도, 행복하게 살던 곳을 떠나자고 설득할 사랑하는 이들도 없는데.

이 만족스러운 캘리포니아 나무들이 오랜 세월을 보낸 시기, 즉 온화한 시대인 홀로세Holocene(신생대 제4기의 마지막 시기. 약 1만 년 전부터 현재까지—옮긴이)는 마지막 빙하기가 끝나고 찾아온 시대다.[31] 홀로세의 특별한 점은 바로 특별할 것이 없다는 점이다. 상대적으로 잠잠하고 안정적인 기후가 이 시기의 특징이다. 빙하가 물러가며 거대 나무늘보와 털북숭이 매머드는 멸종했지만, 다른 생물들은 번성했다. 인간은 진화해 빙하기를 견디고 살아남는 법을 배웠지만, 지금의 우리 모습을 만든 건 홀로세다. 홀로세의 평온한 품속에서 인간은 땅을 일구고, 모여 살고, 사원과 궁전과 도시를 짓기 시작했다. 인간의 모든 기록된 역사는 전부 태어나기에 완벽한 때였던 이 시기에 일어났다.

홀로세에 관한 정보는 돌, 흙, 얼음 같은 무생물 속에 잔뜩 담겨 있다. 무기질이 풍부한 빗물은 동굴 속으로 똑똑 떨어져 동굴의 천장과 바닥에서 고드름처럼 자라나는 석순과 종유석 같은 동굴 침전물을 만든다. 비가 많이 오는 해에 바위는 설탕 시럽을 바른 도넛처럼 반들거리고, 건조한 해에는 표층에 흙이 묻고 마른 바람에 침식된다. 동굴 침전물의 내부는 층층이 쌓아 만든 아주 작은 케이크처럼 되어 있어서, 보이지도 느껴지지도 않는 지상의 기온과 강수량의 흔적이 층마다 담겨 있다. 동굴 속에는 과거의 가뭄과 폭우가, 아주 오래전의 폭염에 관한 흐릿한 기억이,

겨울에 눈이 내렸던 것과 봄에 눈이 녹았던 기록이 모두 보존되어 있다.[32] 그러나 수천 년 전의 삶이 어떤 기분이었는지, 시간의 흐름과 함께 누적된 상실을 견디는 일이, 사라진 너무 많은 것들을 기억하는 일이 어떤 기분이었는지는 보여주지 않는다. 그런 것들을 알고 싶다면, 우선 어르신을 찾아가 질문해보자.

자이언트 세쿼이아의 나이테에는 기나긴 삶의 이야기가 담겨 있다.[33] 과학자들은 살아 있는 세쿼이아 둥치에 작은 구멍을 뚫어 나이테의 횡단면인 가느다란 나무 코어를 추출한다. 나무의 성장은 온도, 강수량, 토양, 바람, 불, 동물, 욕심 많은 다른 나무가 더 높이 자라 햇빛을 모두 가져갔는지 아닌지에 따라 정해진다. 나이테에서 읽을 수 있는 건 오로지 그 나무의 삶뿐이지만, 여러 나무의 나이테를 함께 분석하면 이 나무들이 살던 세계를 읽을 수 있다. 수천 그루 나무의 코어를 엮으면 건조한 시기와 폭우, 좋은 해와 나쁜 해를 알려주는 하나의 포괄적인 기록이 완성된다. 세쿼이아, 그리고 그보다도 더 수명이 긴 브리슬콘 소나무는 수천 년을 살 수 있다. 쓰러진 뒤 서늘하고 건조한 장소에 보존된, 더 오래된 나무들의 나이테가 이들의 이야기를 보충하고 확장한다. 이렇게 모인 '가뭄 지도'는 수천 년을 거슬러 올라가는, 끊임없이 자라는 나무들에 기록된 기후의 역사다.[34]

세쿼이아의 삶은 순탄했지만 그렇다고 해서 고난이 전혀 없던 건 아니었다. 캘리포니아에 가뭄은 낯선 일이 아니다. 과거에도 건조한 지역이었고, 때로는 그 정도가 극심하기도 했다. 동굴에서 얻어낸 증거대로라면 1만 1,000년 전의 캘리포니아는 오늘날보다 더 건조했다.[35] 나이테에는 최근의 가뭄들이 기억되어 있는데, 그중 서기 900년에서 1400년 사이의 심한 가뭄들은 수십 년간 이어지기도 했다.[36] 우리가 건조한 시대를 살아가는 최초의 캘리포니아인이 아니라는 점은 기록에 뚜렷이 남아 있다. 그리고 우리가 실제로 겪은, 2000년에 시작해 2023년 홍수로 끝난 가뭄은 중세의 대가뭄을 떠올리게 했다. 토양이 말라붙고, 태양이 맹렬하게 내리쬐어 호수와 저수지 물이 증발했으며,[37] 건조하고 따뜻한 겨울에 나무좀이 번식해 숲을 파괴했다.[38] 이 기간은 살아남은 나무들의 성장 저해와 가느다란 나이테에 기록되었다. 미래의 과학자들은 이 최근의 가뭄이 그저 심각한 정도가 아니라 유례없는 것이었음을 알 수 있으리라. 나무들은 이 시기가 지난 1,200년 동안, 어쩌면 그보다 더 긴 기간 동안 캘리포니아가 가장 건조했던 때였다고 알려준다.[39]

그러다가 2022년 말 마침내 비가 내렸다. 겨울 폭풍이 건조한 땅에 엄청난 양의 비를 쏟아부었다. 그해의 마지막 날, 내가 사랑하는 오클랜드에는 이 도시의 역대 일간 강수량 중 최대치인 9센티미터 이상의 비가 내렸다.[40] 대기의 강이라고 불리는, 움직이는 습한 공기의 가느다란 흐름이 열대 바다로부터 북쪽으로 싣고 온 물을 캘리포니아에 쏟아부었다. 바싹 마른 토양에 물이 스며들며 적설층을 보충했다. 가뭄이 끝났다. 그러나 그 끝은 잔혹했다. 짧은 한 계절 사이에 캘리포니아는 기근에서 축제로, 다시 과잉으로 변해갔기 때문이다. 이 정도로 만족하지 못한 물은 건조한 산비탈을 타고 흘렀고, 물이 침투할 수 없는 단단한 표면에 고여서 홍수와 산사태를 일으켰다. 도로가 폐쇄되고, 건물이 무너졌고, 강이 둑을 터뜨리고 범람했다. 여름의 더위와 겨울의 폭우, 가뭄과 홍수 사이를 격렬하게 오갈 캘리포니아의 미래를 보여주는 전조였다.

원래대로라면 이런 식이어야 한다. 우기가 지난 뒤에는 촉촉한 땅에서 풀이 빠른 속도로 자란다. 풍성한 초목은 곧 찾아오는 뜨거운 열기에 갈색으로 바싹바싹 마른다. 습기 없고 해가 쨍쨍한 캘리포니아의 완벽한 여름 날씨 속, 오후가 되면 구름이 형성된다. 솟구치는 구름 속에서 공기는 오르락내리락하면서 털모자가 부드러운 머리카락을 문지를 때처럼 서로 비벼진다. 이런 움직임에 의해 전자가 떨어져나가고 정전기가 축적되면서, 구름은 금방이라도 터질 듯 전기를 머금는다. 구름이 높고, 차갑고, 특히 더 건조한 공기 위에 형성되어 있을 때는 떨어진 비가 땅에 닿기 전에 증발한다. 그러나 번개는 마르지 않는다. 필사적으로 가지를 내어 지표면을 향해 뻗어나간 번개는 뜨거운 충격을 일으키며 땅에 닿는다. 이것이 바로 불의 날씨, 꼬리구름(내리는 비가 땅에 닿기 전에 증발하여, 마치 꼬리를 끄는 것처럼 보이는 구름—옮긴이), 땅을 적실 기회조차 얻지 못한 비의 어렴풋한 유령이다.

번개가 마른 불쏘시개를 만나면 불이 붙는다. 바람이 불을 퍼뜨리며 바싹 마른 여름의 들판에 주황색과 검은색, 자욱한 연기 같은 회색 빛깔이 퍼진다. 불길이 전나무와 벚나무, 슈거파인을 태워 새까만 고운 재로 만든다. 그러나 그 곁의 거대한 동료들은 쓰러지지 않는다. 세쿼이아들은 이런 불을 견딜 수 있을 뿐 아니라, 나아가 **필요로** 하기 때문이다.[41] 나이 든 나무들의 계산은 냉혹하다. 오래 살기 위해서는 젊은 나무들을 희생시켜야 한다. 일반적인 세쿼이아에는 한 해에 달걀만 한 솔방울이 1,000개쯤 열린다.[42] 날씨가 좋은 해에 큰 나무에는 2,000개 이상 열리기도 한다. 이 씨앗에서 발아한 새싹 중 대부분은 죽는다. 이 중 하나라도 건강하게 자라 큰 나무가 된다면, 수천 년 동안 죽지 않고 손자, 증손자 나무들을 생산할 것이다. 이렇게 자란 나무들은 마치 서로 햇빛과 온기를 빼앗으려고 옥신각신하는 가족들처럼 토양 속 수분을 쭉쭉 빨아들이고, 지붕처럼 울창한 가지를 뻗어 태양 빛을 전부 가릴 것이다.

이런 가혹한 계산법 한가운데서 세쿼이아들은 질긴 껍질로 태어나지 않은 자손들을 단단히 감싼다. 세쿼이아의 솔방울은 저절로 열리지 않는다. 솔방울을 말리고, 잡아 뜯고, 거친 바람 속에 씨앗을 날려 보내 먼 곳으로 퍼뜨리는 건 전적으로 낯선 이들의 몫이다. 낯선 이들이 그 일을 도맡는다. 나무좀 애벌레는 솔방울의 부드러운 부분을 파고들어 비늘을 내부 조직과 연결하는 탯줄을 끊어낸다. 통통한 오렌지빛 배를 가진 다람쥐들은 아티초크를 먹는 미식가처럼 솔방울을 쪼갠다. 나무가 기다리면 동물이 찾아오고, 씨앗이 퍼진다.

그러나 동물보다 더 큰 효과를 발휘하는 것이 주기적으로 숲을 휩쓰는 산불이다. 어리고 약한 나무들이 타는 동안, 뜨거운 공기는 큰 나무 우듬지까지 상승해 솔방울을 말린다. 불이 지나간 뒤 비옥하고 청결해진 땅에 씨앗이 떨어져 뿌리를 내린다. 불 속에서 태어난 운 좋은 아기 세쿼이아들은 오래된 숲의 폐허에서 성장한 불사조처럼, 불에 그을린 부모 옆에 붙어 자라며 얼른 하늘 높이 뻗어나가고 싶어 한다. 이따금 일어나는 작은 산불은 세쿼이아에게는 엄청나게 유용하다. 이 불은 너저분한 분만실을 정리하고 아기방 창문을 활짝 연다. 그러면서도 작은 산불 정도는 나이 든 나무들의 두꺼운 껍질에 해를 입히지 않는다. 적어도, 원래는 그렇다.

모든 나무에는 이야기가 남긴 나이테가 있다. 세쿼이아에는 더 많다. 나이 든 세쿼이아들의 흉터투성이 살갗은 곧 그들이 살아남은 산불의 역사다. 건조하고 뜨거운 나날이 오래 이어지면 불이 나는 일이 잦아지지만 규모는 크지 않다. 나무의 수명 전반에 걸쳐 더운 날씨는 가뭄을 의미했고, 가뭄은 풀의 성장을 제한해 불이 탈 땔감을 줄였기 때문이다. 서늘하고 습한 기간에 불은 더 넓은 지역으로 번지지만 빈도는 낮아졌다. 이 시기에는 불이 나기 쉬운 뜨겁고 건조한 조건은 드물었지만, 식물의 성장이 왕성해 땔감이 많아졌기 때문이다. 그것이 나무가 수천 년간 살아오며 익숙해진 패턴이었다.[43] 뜨겁고 건조하면 불이 더 잘 나지만 탈 것은 부족하고, 춥고 서늘하면 탈 것은 많지만 불이 덜 난다. 세쿼이아를 비롯한 캘리포니아의 모든 생물은 이런 협상에 도가 텄다. 불은 쉽게 나거나, 널리 번지거나 둘 중 하나다.[44] 두 가지가 동시에 일어나지는 않는다.

그러나 캘리포니아가 폭우와 가뭄 사이에서 널뛰기하는 새로운 시대로 접어들면서 이런 연관 관계는 끊어지기 시작했다.[45]

강수량이 줄어들어도 거센 겨울 폭풍으로 촉촉해진 토양에서 식물은 빠르게 성장한다. 뜨거운 여름에 건조해진 풀은 불이 나면 땔감 노릇을 한다. 덥고 건조한 날씨가 대형 산불의 발생 가능성을 높이고,[46] 겨울 폭풍으로 무성해진 초목으로 인해 불길은 더 거세진다. 이제 불은 예전과 다르다.

산불의 위험은 오로지 기후 변화 때문만은 아니다. 현재 캘리포니아 인구는 4000만 명에 조금 못 미친다. 외곽 지역까지 도시가 뻗어나가며, 곳곳에 잔디밭이 조성된 아스팔트와 콘크리트 도로부터 교통 체증과 포트홀투성이 고속도로까지 모든 장소가 유기적으로 연결되어 있다. 유럽계 정착민들은 불을 다루는 법을 알았던 선주민들의 삶을 억눌렀다.[47] 그 모든 것이 기후 변화와 함께 작용한 결과, 미국 서부는 새로운 불의 시대, 즉 파이로세Pyrocene(기후 변화로 인해 심각한 수준의 산불이 자주 일어나는 시대—옮긴이)를 맞이할 준비를 하고 있다.[48] 이제 도시 위 파란 하늘은 타오르는 숲이 뿜어낸 연기로 물든 주황빛이다. 화염이 도시 전체를 삼키고 재와 시신, 불타버린 자동차의 뼈대만 남긴다. 여름은 더는 예전 같지 않다. 부드럽던 계절은 이제 열기와 위험으로 요동친다.

지구의 과거를 연구하며 알게 된 잔혹한 진실은, 우리는 우리가 사랑하는 것들보다 오래 살아남으리라는 것이다. 영원한 건 아무것도 없다. 나도 알고, 모두가 아는 사실이다. 그러나 나는 내가 사랑하는 캘리포니아가 나보다 더 오래 그 자리에 있어주기를 간절히 바랐다. 그러나 지금 우리는 캘리포니아를 잃어버리는 중이다. 레드우드 숲, 해안, 걱정거리 하나 없던 완벽한 여름. 파란 하늘, 맑은 공기, 햇빛 어룽진 숲은 모두 불길에 휩싸여 있다. 나는 명확한 미래를 보여주는 과학을 통해 그 모든 예측을 이미 확인했다. 늙고 착한 개를 잃고 애도하는 주인처럼, 머리로는 끝이 다가왔다는 걸 알지만, 가슴이 그 사실을 인정하지 못하고 있다. 수많은 아름다운 것들을 우리보다 먼저 떠나보내야 한다는 이 어긋난 시간들이 잔인하게만 느껴진다. 그러고 보면 우리는 수천 년간 가만히 서서 세상의 보초를 서는 세쿼이아 같다. 그러나 이제 세쿼이아들의 시간 역시 끝을 향해 다가가고 있다.

2021년, 연속으로 내리친 번개가 시에라네바다 남부에 산불을 일으켰다. 그중 몇 개가 합쳐지면서, 긴 가뭄에 말라 죽은 작은 나무들을 땔감 삼아 악몽 같은 대규모 산불로 번졌다. 불길은 세쿼이아 군락지와 킹스캐니언 국립공원을 휩쓸고, 나무 아래 덤불을 태운 뒤 자이언트 세쿼이아 뿌리 주위에서 춤을 췄다. 거대한 나무 둥치를 할짝대던 불길은 틈을 발견하고는 그대로 나무를 타고 올랐다. 그 맹렬한 공격에 세쿼이아 나무 중 일부는 굴복했다. 그렇게 전 세계 자이언트 세쿼이아 중 13~19퍼센트가 사라졌다.[49] 수천 년을 살았지만, 죽는 데는 단 며칠이면 충분했다. 뜨거운 열기가 솔방울을 열어젖혀 숲에 아기 세쿼이아의 씨를 뿌렸다. 고아가 된 이 어린나무들은 불타고 남은 외로운 땅에서 애써 자라는 중이다.

해수면에 삼켜질 우리의 시간

온화한 홀로세가 완전히 끝난 것인지 아닌지에 대해 나는 딱히 큰 관심이 없다. 많은 사람들이 이제 우리는 인류가 지구에 미친 영향이 빚어낸 시대인 인류세Anthropocene로 접어들었다고 주장한다.[50] 지질학자들은 우리가 아직 먼 훗날의 후손들이 찾아낼 만큼 지구에 뚜렷한 흔적을 남기지는 않았다고 지적하며 이를 부정한다.[51] 나는 관심 없다. 나는 바위가 아니니까. 지형과 기후에 인간의 손길이 닿았다는 증거는 넘칠 정도로 많고, 나는 인류의 영향이 앞으로도 수천 년간은 남아 있으리라고 확신한다. 그렇기에 그 흔적들이 지구의 지질학적 기록에 영원히 남을 것인지 아닌지는 그다지 궁금하지 않다.

내가 관심을 가진 문제는, 내가 이곳에서 살아갈 남은 시간, 그리고 내가 내 후손들에게 물려줄 세계다. 이 말도 안 되는 시대를 뭐라고 부르건 간에, 나는 이 시대의 나머지를 미국 동부 해안에서 보낼 가능성이 높다. 몇 년 동안 캘리포니아에 한 번도 가지 못했다. 뉴욕에서 너무 멀고, 그곳에 가기 위해 쓸 비용과 이산화탄소 배출을 정당화하기 어려워서였다. 그 대신 반대쪽 해안인 이곳에서도 사랑할 만한 것들을 여럿 찾았다. 다양한 사람들로 넘쳐나는 여름의 해변, 염생 습지, 로커웨이로 이따금 떠나는 서핑 여행까지도. 뉴욕은 이곳이 해안 도시라는 점을 기억할 때 더 행복해지는 곳이다. 오후에 해변에 서서 대서양을 바라보며, 해가 서쪽으로 이동해 태평양 너머로 저물기를 기다린다. 잠시 이곳이 뉴욕이 아닌 캘리포니아라고 상상하며. 결국 바다는 하나로 연결되어 있고, 해류는 빠른 속도로 대륙의 경계를 넘나드니까 말이다. 발밑을 적시는 물이 어쩌면 태평양에서 때늦은 고향 소식을 싣고 찾아온 것인지도 모른다.

얼마 전까지만 해도 뉴욕에서 사귄 친구들은 캘리포니아를 신비롭고 저주받은 곳이라고 여겼다. 풍경은 물론 아름답지만 지금은 위험한 곳이라고. 서부 해안은 말라붙거나 침수되거나 매캐한 주황빛 연기로 뒤덮일 곳이라고 말이다. 나는 그곳을 그리워했고, 친구들은 나를 위로하려 했다. 그곳을 떠나 참 다행이라고. 마치 뉴욕이 더 안전한 곳이라도 된다는 듯이. 마치 뉴욕에는 불이 나지 않는다는 듯이. 콘크리트로 덮인 길바닥이 범람한 물을 흡수할 수 있기라도 하다는 듯이. 우리가 바다에 닿을 듯한 해안 저지대에까지 집을 지어놓았다는 걸 허기진 바다가 잊어버리기라도 했다는 듯이.

그러나 기후 변화는 뉴욕에 사는 우리에게도 찾아왔다. 10년도 더 전에 허리케인 샌디로 입은 피해가 여전히 남은 해안 지역도 많다.[52] 불어난 바닷물이 해변을 삼키고, 집을 침수시키고, 지하철까지 쏟아져 들어왔다. 앞으로 해수면은 더 높이 상승할 것이다. 점점 거세지는 뉴욕의 폭우는 거리를 침수시키고 위험천만한 지하층으로 쏟아져 들어갈 것이다.[53] 길에서는 가실 줄 모르는 축축한 열기의 냄새가 코를 찌른다. 2023년 6월, 캐나다 동부에서 일어난 산불의 유독한 연기가 뉴욕 하늘까지 흘러 들어왔다.[54] 대낮인데도 어두웠고 숨 쉬기가 힘들었다. 연기는 걷혔다가 다시 찾아왔다. 그사이 해수면은 계속 상승했다.

미래가 어떤 모습일지는 아무도 모른다. 그 이유는 여러 가지다. 미래의 이산화탄소 배출량도, 빙상이 얼마나 녹을지도 불확실하거니와, 과거로부터 앞으로 수십 년간의 미래를 추론하는 데는 내재한 어려움이 있다. 그러나 가장 단순한 이유는, 지금까지 아무도 이런 시기를 살아본 적 없기 때문이다. 우리가 아는 역사상 대기가 이렇게 빠른 속도로 변한 경우는 전무했다. 극단적 기후 현상들이 이토록 빠르게 심화한 적은 없었다. 해수면이 이토록 짧은 시간 내에 이렇게 빨리 상승한 적도, 이렇게 많이 변한 적도 없었다.

캘리포니아는 급격한 해수면 상승에 매우 취약하지만, 그래도 대서양 연안에 비하면 비교적 안전하다. 대서양 연안의 해수면은 서부에 비해 훨씬 빠르게 상승하고 있다.[55] 그 원인 중 하나는 주변 지역에 인력을 행사하는 거대한 빙하가 사라지고 있기 때문이다. 얼음이 녹으면 가까운 해수면은 하강하고 먼 곳의 해수면은 상승한다. 미국 동부 해안의 해수면 상승이 가속화된 이유 중 하나도 북대서양의 수온, 염도, 해류의 변화 때문이다.

그러나 뉴욕을 비롯한 동부 해안 전체가 해수면 상승에 민감한 더 큰 원인은 바로 과거에 있다. 지난 마지막 빙하기 동안 캐나다, 미국 중서부, 북동부 지역은 수백만 톤의 얼음으로 뒤덮여 있었다. 맨해튼과 브루클린 북부 대부분을 덮은 빙하는 프로스펙트 공원 부근에 이르러 갑작스럽게 허물어지며 끝났다.[56] 두께 600미터에 달하는 빙하의 무게에 짓눌린 지반은 마치 침대에 사람이 누우면 매트리스가 꺼지는 것처럼 아래로 가라앉았다. 그러나 빙하의 가장자리(오늘날 퀸스, 브루클린, 스태튼아일랜드의 해안과 공원 지대)는 그와 반대로 땅이 빙하의 거대한 무게에 의해 위로 밀려 올라왔다. 빙하기가 끝나자 거대한 얼음 아래 눌렸던 땅은 다시 솟아올랐고, 솟아올랐던 가장자리 땅은 가라앉았다. 이런 현상은 특히 동부 해안에서 두드러진다. 기온이 올라가 그린란드와 남극의 눈 녹은 물이 유입되면 해수면이 상승하고, 동시에 과거 빙하의 가장자리였던 땅이 바다를 향해 가라앉기 때문이다.[57] 과거는 곳곳에서 우리를 감싸고 끌어당겨 낯선 미래로 내던진다.

재와 기억으로 남을 그 모든 것들을 애도하며

여러분이 운이 좋다면, 죽기 전에 먼저 조부모를 잃을 것이다. 그 뒤로는 부모가 점점 나이 들고, 민첩성을, 총기를, 그다음에는 언어와 기억을 잃어가는 모습을 지켜볼 것이다. 이어 여러분의 아이들이 여러분의 노쇠를 지켜볼 것이다. 그 전에 여러분은 어린아이의 통통한 뺨과 자그마한 손가락에 작별의 입맞춤을 하고, 그들이 점점 성장하고, 예민해지고, 침울해지다가 곧이어 여러분을 영영 떠나는 모습을 보게 될 것이다. 우리는 늙어가며 크고 작은 재난을 겹겹이 쌓아간다. 그것은 우리의 발아래 보존된, 죽어 화석이 된 과거를 비추는 보이지 않는 거울이다. 가장 행복한 삶에도 드문드문 슬픔의 구멍이 뚫린다. 도저히 참을 수 없는 슬픔의 희미한 흔적들이 매끈한 화강암 속 석영 결정처럼 차갑고 단단한 빛을 머금은 채 드러날 것이다.

지구도 우리처럼 과거에 많은 것들을 잃었다. 그러나 지금처럼은 아니다. 상실이 사방에서 빠르게, 불가피하게 일어난다. 그 슬픔을 도저히 설명할 수가 없다. 보이지 않는 표면이 소리 없이 쪼개지듯, 수십억 개의 심장이 한꺼번에 부서진다. 우리는 사랑하는 세계를 때 이르게 빼앗기는 중이다. 사랑하는 무언가를 잃고 나면 세상의 모든 시계를 멎게 하고 싶겠지만, 시간은 결코 멈추지 않을 것이다. 시간은 우리가 슬퍼할 시간을 주지 않는다. 그것은 멈추지 않고 흘러가며, 우리의 삶은 그렇게 계속된다. 하지만 이것이 아무것도 잃지 않았다는 뜻은 아니다.

운이 좋다면, 나는 이미 삶의 절반 이상을 살았다. 조부모님은 돌아가셨고, 부모님은 나이 드셨다. 곧 내 아이들도 어른이 되어 나를 떠날 것이다. 할아버지는 돌아가시기 전 마지막 몇 달간 꺼져가는 빛을 향해 분노했지만, 그럼에도 결국 그 빛은 꺼졌다. 유쾌하고 다정했던 할아버지는 땅에 묻힌 시신이 되었다. 나는 아직도 할아버지, 그리고 내가 잃은 다른 이들을 애도한다. 여러 해 동안 차근차근 죽음을 향해 간 이들을, 그리고 갑작스레 잔혹한 사고로 먼저 떠난 이들을. 내 아들이 영영 보지 못할 나무들을, 불타버릴 부드러운 들판을, 유독한 연기에 물들 바닷가 도시를 애도한다. 성난 폭우에 자신이 살던 지하층의 집에서 익사한 이들을, 허리케인 돌풍으로 찢기고 흩어진 마을들을, 부서져가는 얼음을 때리는 따뜻해지는 바다를 애도한다. 우리가 잃어버린, 낭비해버린 그 모든 기적들을.

그리고 이 대륙 반대편 폭포 언저리에 있는 완벽한 절벽 하나를, 흐릿한 연기 속에서 빛나는 단단한 바위 하나를, 불에 타고 변해서 오로지 재와 기억만을 남길, 내가 사랑하는 그곳을 애도한다.

6장

놀라움

: 아직 남아 있는 질문들

"우리가 임계점에 도달한 것 같아요!"

영화 〈투모로우〉

　사람들은 내가 어린 시절부터 과학자를 꿈꿨을 거라고 짐작하고는 하지만, 사실 난 어릴 때 허접한 영화를 만드는 감독이 되고 싶었다. 10대 시절에는 시간이 나면 거의 항상 오래된 영화관에 갔다. 1달러를 내고 재상영 영화를 볼 수 있는 곳이었다. 그곳에서는 엔딩 크레디트가 올라간 뒤 다음 상영관으로 슬쩍 들어가는 식으로, 온종일 1990년대 미국에서 만들어진 최악의 오락거리들에 청소년기의 뇌를 절이며 보낼 수 있었다. 지금은 남편의 생일이라든지, 위도와 경도의 차이 같은 건 잘 기억나지 않는다. 그런데도 내 측두엽은 역대 최악의 영화 장면들 같은 건 순식간에 떠올려내곤 한다.[1]

　청소년기에 장클로드 반담Jean-Claude Van Damme 영화에 노출된 것치고 내가 그럭저럭 잘 기능하는 어른이 된 것도 놀라운 일인데, 심지어 과학자가 되었다니 충격적인 일이 아닐 수 없다. 나는 공부는 잘하는 편이었지만, 관심 있는 수업은 영어와 역사뿐이었다. 수학은 왜 배워야 하는지 알 수 없었다. 수학을 배우는 건 마치 내가 보험 통계나 세법 관련 직업을 가질 만큼 따분한 인간임을 온 동네에 증명하는 방법이라고 생각했다(알고 보니 둘 다 아주 재미있고, 실제로 기후 위기 해결과 큰 관련이 있었다). 생물학은 무언가 역겨운 걸 해부할 기회가 있을 때는 참을 만했지만, 화학과 물리는 무슨 수를 써서라도 피하곤 했다. 그냥 관심 없는 수준이 아니었다. 나는 적대적인 감정을 느꼈다. 난 과학을 혐오했던 것이다.

변명하자면, 내 탓은 아니다. 잘못은 〈E.T.〉가 했다. 그 영화 속 과학자들은 다들 방호복 차림으로 훅훅 숨을 몰아쉬며 귀엽고 무력한 외계 생물체를 해부하는 데 몰두했으니까. 과학자들이 이티를 어딘가로 데려가려 하자, 이티의 친구인 어린 소년은 친구가 무서워한다고 애원한다. 나도 그 과학자들이 무서웠다. 최초의 외계인을 발견하자마자 곧장 죽여버리는 게 제대로 된 과학적 조치라고 생각한다니. 어린 시절의 내가 과학이라든지 과학자 같은 것에 불신을 품을 수밖에 없었던 것도 당연하다.

대학에 들어가자 졸업 요건으로 물리학 강의를 듣는 것이 필수였다. 마지못해 '천문학 입문'을 선택하고, 따분한 학문에 입문할 준비를 했다. 그런데, 천문학은 따분하지 않았다. 이 수업에서는 별을, 별들이 죽을 때 남기는 블랙홀을, 은하계의 형성을, 우주 전체의 모습과 구조를 배웠다. 대박, 나는 생각했다. 이런 것 때문에 수학을 배워야 하는 거였어? 왜 아무도 알려주지 않았는지 원망스러웠다. 더 알고 싶었지만 그러려면 물리학에 대한 두려움을 극복하는 수밖에 없었다. 그래서 나는 열역학, 전자기학, 양자역학 과목을 들었다. 꾹 참고 수학 과목도 몇 개 들었다. 수학에 타고난 재능은 없었지만, 그래도 나 자신을 증명하기 위해 (또 스티븐 스필버그Steven Spielberg에 대한 앙심을 품고) 열심히 공부했고, 그렇게 몇 년이 지난 뒤 마침내 나는 과학자가 되었다.

알고 보니 진짜 과학은 영화에 나오는 것과는 딴판이었다. 죄 없는 외계 생명체를 산 채로 해부하는 일은 거의 없다. 게다가 하얀 실험 가운은 애초에 갖고 있지조차 않다. 나 같은 이론과학자들은 입고 싶은 옷을 입으면 된다. 또 과학자들이 머리가 사방으로 뻗친 괴상한 아저씨들이나 딱 붙는 옷에 커다란 뿔테 안경을 쓴 여자들로 이루어진 것도 아니었다. 당연히 과학자들은 아주 다양한 외모들을 가지고 있다. 하지만 현실에서 과학에 종사하며 가장 충격적으로 놀라운 점은, 과학이 따분하기는커녕 오히려 그 반대라는 점이었다. 배울 게 너무나 많고, 답해야 할 질문도 많고, 어떤 영화보다 반전이 넘쳤다. 자연은 끊임없이 우리를 놀라게 하는 존재였기 때문이다.

기후과학자들이 아직 답하지 못한 질문은 한둘이 아니지만, 그중 큰 질문들을 몇 개만 꼽아보겠다. 우리는 지구가 얼마나 더 뜨거워질지 모른다. 온난화가 이루어지는 행성에서 활성화되는 피드백 루프feedback loop를 아직 완전히 이해하지 못했기 때문이다.[2] 우리는 미래의 대기에 얼마나 많은 이산화탄소가 남아 있을지 모른다.[3] 우리는 다시는 과거로 돌아갈 수 없는 '임계점'을 언제 지나칠지 모른다.[4] 그리고 무엇보다도, 우리는 미래에 인간이 어떤 행동을 할지 모른다.[5]

분명히 말해둘 것은, '확실치 않다'가 '아무것도 모른다'는 아니라는 사실이다. 우리가 아는 것들도 정말 많다. 온실효과의 물리 법칙은 잘 알려져 있으며, 그 과학적 논리는 아주 탄탄하다. 또 지구가 뜨거워지고 있다는 사실도 알고 있으며, 그 원인이 무엇인지도 안다. 이 사실을 부정하고 싶은 사람은 이 책의 2장 '분노'를 다시 읽고 오기 바란다. 나는 기초과학에서 이미 확립된 사실에 관해 또다시 왈가왈부하는 데는 관심이 없다. 또 각종 오류와 음모론을 살펴보며 시간 낭비하고 싶지도 않다. 굳이 허구의 이야기를 읽는다면 좀 더 재미있는 줄거리에 호감 가는 주인공이 등장하는 걸 택하고 싶다. 그러나 기후 변화의 원인에 대해 우리가 모르는 것이 거의 없는 지금도, 점점 뜨거워지며 변화하는 세계에는 아직도 우리를 놀라게 할 힘이 있다.

1막
기후 민감도: 지구는 얼마나 뜨거워질까?

기후과학에서 풀리지 않은 가장 큰 난제는 한편으로는 가장 단순한 것이기도 하다. 지구는 얼마나 뜨거워질까? 대기 중 이산화탄소가 증가하면 지구가 더 뜨거워질 것임은 확실하다. 하지만 정확히 얼마나 뜨거워질지는 모른다. 이 단순한 질문을 해결하는 게 놀랄 만큼 어렵다는 사실이 입증되었다. 어떤 자연적 과정이 끼어들어 온난화를 방해할 수도 있다. 지구가 스스로 열을 식힐 수도 있다. 그러니까 우리한테 기분 좋은 놀라움이 찾아올 가능성은 있다. 그러나 나라면 단언하지 않겠다.

사고실험을 하나 해보자. 갑자기 대기 중 이산화탄소가 두 배 증가한다면 어떻게 될까?[6] 지구는 이 갑작스러운 변화에 우선 즉각 반응할 것이고, 그 뒤로는 서서히 반응할 것이다. 며칠 내 대류권(날씨가 발생하는 대기의 낮은 층)의 온도가 올라갈 것이다. 그러면 지표의 온도도 금세 올라갈 것이다. 바닷물의 상층부 온도는 몇 년에 걸쳐 올라갈 것이고, 몇백 년, 몇천 년에 걸쳐 상층부의 물이 하층부의 물과 섞이며 마침내 메시지가 심해에 닿을 것이다. 새로운 평형이 이루어지기까지는 아주 오랜 시간이 걸릴 것이다.[7] 그럼에도 언젠가 세계는 변화를 멈추고, 온난화가 안정되고, 지구는 더 높은 기온에 적응할 것이다.

대기 중 이산화탄소가 두 배가 된다는 사고실험 속 장기적 기온 변화를 '기후 평형 민감도equilibrium climate sensitivity'라고 한다.[8] 기후 모델이라는 디지털 세계에서만 측정할 수 있는 인위적이며 단순한 측정값이다. 그러나 아마 기후 평형 민감도는 세상에서 가장 중요한 숫자 중 하나일 것이다. 지구가 이산화탄소에 얼마나 민감한지, 그리고 기온이 올라갈 때 지구가 어떻게 변할지를 예측할 수 있는 수치로써 보여주기 때문이다.

기후 평형 민감도라는 질문은 오랫동안 과학계의 난제였다. 어떻게 보면 이해할 만한 일이다. 이렇게 큰 변화 앞에서 지구가 어떻게 반응할지 우리는 모르니까. 지금까지 그 누구도 이런 실험을 해본 적이 없으니까. 그럼에도 오랜 시간을 들여 개발한 기후 모델을 통해 가상현실에서 일어나는 그 과정을 관찰할 수 있어야 한다. 기후 모델은 다양한 일을 능숙하게 해낸다. 오늘날의 온난화 경향을 상당히 잘 예측해냈고, 우리가 아는 세계의 여러 요소를 포착해낸다. 그러나 이런 기후 모델들도 지구가 얼마나 뜨거워질지에 대해서는 일치된 예측을 내놓지 않는다. 솔직히 조금 부끄러운 일이다.

이 문제가 얼마나 까다로운 것인지 설명하기도 쉽지 않다. 언젠가 어려운 것을 설명하려면 상대가 어린 나 자신이라고 가정해보는 게 가장 좋은 방법이라는 말을 들은 적이 있다. 하지만 어린 나는 스크린 속에서 일어나는 일을 빼면 거의 아무것에도 관심이 없다시피 했다. 그러니까 자, 청소년기의 내가 유일하게 흥미를 보일 만한 형태로 기후 민감도를 설명해보겠다. 고맙다는 말은 됐다.

S#1. 교실(낮)

1979년, 매사추세츠 공과대학교의 한 강의실에서 줄 차니 Jule Charney 교수(미국의 저명한 기상학자로, 이산화탄소로 인한 기후 변화를 예측한 최초의 보고서인 「차니 보고서Charney Report」를 발표했다—옮긴이)가 복잡한 수식을 잔뜩 써둔 칠판 앞에 서 있다. 마치 동료 과학자들을 상대로 강의하는 모양새다.

차니 따라서 이산화탄소가 두 배로 증가했을 때의 기후 평형 민감도는 섭씨 1.5도에서 4.5도 사이임을 알 수 있습니다.

카메라가 회전하며 서서히 청중에게로 향한다. 알고 보니 이곳은 사실 대학 강의실이 아니라 유치원 교실이었다. 어린이들이 멍한 표정으로 입을 벌리고 있다.

차니 알아요, 여러분. 원래는 오늘 '직업 체험' 시간에 소방관 아저씨가 오기로 했었다고 들었어요. 미안해요. 하지만….

어린이 기후 민감도가 뭐예요?

차니 대기 중 이산화탄소가 두 배로 늘어나면 지구의 기온이 얼마나 올라갈지를 알아보는 거예요. 정답은 섭씨 1.5도에서 4.5도 사이예요.

어린이 (침묵)

차니 아마도 '최악'이랑 '재난' 사이의 어디쯤 된다고 보면 돼요.

어린이 꼭 둘 중 하나예요?

차니 우리가 대기 중 이산화탄소 농도를 두 배 늘린다면, 그래요.

어린이 그러면 안 되잖아요.

차니 그렇죠.

S#2. 창문이 없는 커다란 회의실
(낮, 혹은 밤인지도, 아무도 모른다)

그로부터 23년 후인 1991년, 단상 위에 과학자들 무리가 모여 서 있다. 다들 이 자리에 있고 싶지 않은 기색이 역력하다. 몇몇이 누군가를 쿡쿡 찔러 앞으로 보내고, 결국 어느 불운한 과학자 한 명이 등쌀에 밀려 스포트라이트 속으로 나온다. 나머지는 한발 물러선다. 초조해진 과학자가 머뭇거리며 입을 연다.

초조한 과학자   저는 최초로 결성된 기후 변화에 관한 정부 협의체를 대표해 이 자리에 나왔습니다.

등 뒤의 과학자들   IPCC라고 부르기로 정했잖아요.

초조한 과학자   맞습니다. IPCC요. 아무튼 (발을 내려다보며) 우리는 현존하는 최고 성능의 기후 모델들을 사용해서….

영국 과학자   미국 모델은 빼시죠. 쓰레기니까.

미국 과학자   맙소사, 입 좀 다물어요.

초조한 과학자   (어깨 너머를 보며 애원한다) 여러분, 제발 그만 좀 싸우세요. (이어서) … 대기 중 이산화탄소가 두 배가 되었을 때의 기후 민감도를 산출했습니다.

그는 위원회가 만든 것이 분명한 엄청나게 복잡한 차트를 보여준다. 과학자들이 하나의 도표로 기후과학에 대한 모든 걸 설명해보려고 애쓴 모양이다.

그때 청중들 속에 있던 한 청소년이 일어선다. 앞 장면의 어린이가 12년 더 성장한 모습이다.

청소년   이게 뭐예요?

초조한 과학자   상당히 명확하지 않습니까?

청소년   딱히요. 지구가 얼마나 뜨거워지는데요?

초조한 과학자   우리 사회가 분별력을 발휘해 달성할 수 있는 목표만큼 배출량을 줄인다면 아주 조금 뜨거워집니다. 걱정하지 않아도 될 만큼.

청소년   만약 안 그런다면요?

초조한 과학자   안 그럴 리는 없지요. 모두들 (이해할 수 없는 차트를 가리키며) 과학에 귀를 기울이니까요!

청소년   아무튼 만약 실제로 이산화탄소가 두 배가 되면 얼마나 뜨거워지는 건데요?

초조한 과학자   (어색한 표정으로) 섭씨 1.5도에서 4.5도 사이입니다.

청소년   그거 1979년에 줄 차니 아저씨가 지금보다 훨씬 덜 발전된 모델로 계산한 결과랑 똑같네요?

초조한 과학자   으음….

청소년   지난 12년 동안 발전된 게 하나도 없는 거예요?

연단 위 과학자들이 수군거린다.

미국 과학자　이봐 친구, 우리 미국의 기후 모델은 세계 최고 성능의 슈퍼컴퓨터로 돌아간다고. 영국 건 뭐로 돌아가지?

영국 과학자　우린 적어도 빌어먹을 화씨는 안 쓰거든….

S#3. 회의실(낮)

22년 후 2013년, 기자회견 현장. 과학자들로 이루어진 패널이 IPCC 제5회 측정 보고를 알리는 파란 현수막이 쳐진 테이블에 앉아 있다. 패널은 예전보다 훨씬 전문적으로 보인다. 여성은 물론, 다양한 국가 출신 과학자들도 있다. 다들 잘 차려입었다. 언론사 기자들이 객석에서 벌떡 일어나 질문을 쏟아낸다. 한 남성의 질문 순서다. 앞에 나온 청소년의 20년 뒤 모습이다.

남성　한 가지 묻겠습니다. 기후 민감도 범위를 좁히는 데 좀 진전이 있었습니까?

과학자　과거에 비해 훨씬 더 고도화된 모델을 사용해 우리가 예측한 기후 민감도는…. (잠시 사이를 두었다가) 섭씨 1.5도에서 4.5도 사이입니다.

남성　전에 말씀하신 것과 똑같네요.

과학자　그렇지요.

남성　그럼 결국, 얼마나 더 뜨거워질지 모른다는 거네요.

과학자 음… 그렇죠.

남성 이런 제기랄. 하는 일이라고는 과학뿐인 당신네가 이거 하나 못 맞혀요?

화면이 서서히 어두워지며 끝난다.

내 상상 속 시나리오에서 과학자들이 옥신각신하는 대상인 기후 모델은 시간이 흐르며 크게 발전해왔다. 1장에서 보았듯, 기후 모델의 근간은 단순하다. 초기 모델은 저화질 무성영화만큼 조악했다. 그저 태양, 지구, 빠져나가는 열을 가둘 대기뿐이었다. 그러나 이 단순한 기후 모델은 꽤 유용했다. 중요한 세부 사항 중 많은 것을 놓치기는 했지만, 그래도 지구의 평균 온도를 상당히 정확히 예측했다. 그러다 기후 모델의 대기가 기다란 기둥 모양으로 확장되었다. 공기와 물이 위아래로 움직여 비와 구름도 시뮬레이션해볼 수 있게 되었다. 영화 촬영 장비가 발전해 인물들의 목소리를 담아낼 수 있게 된 것처럼, 기술의 발전 덕분에 기후 모델도 더 현실적으로 진화했다.

다음으로는 여러 기둥이 수평으로 합쳐져 바람이 불 수 있는 더 큰 디지털 하늘이 생겼다. 테크니컬러Technicolor(20세기 초중반 영화 산업에서 널리 쓰인, 선명하고 풍부한 색감을 구현하는 필름 컬러 촬영·현상 방식—옮긴이)의 등장에 필적하는 이 진보 덕분에 상상의 모델이 더 생생해졌다. 곧 바다가 추가되어 하늘과 상호작용할 수 있게 되었다. 이에 따라 기후 모델은 엘니뇨 같은 현상을 시뮬레이션해 따뜻한 바다가 먼 지역에 영향을 미치는 원리를 이해할 수 있게 되었다. 컴퓨터로 만들어낸 경이로운 리얼리즘 세계였다. 시간이 흐르며 기후 모델은 영화와 마찬가지로 재현의 대상인 실제 세계를 더욱더 닮아갔다.

기후 변화는 전 지구적 현상이기에, 전 세계 과학자가 모여 이 복잡한 컴퓨터 모델들을 개발했다. 이제는 세계 곳곳의 연구팀이 개발한 100개 이상의 모델로 선택지가 늘었다.9 모든 모델은 동일한 기본 물리학 원리에 바탕을 둔 것들이지만, 그렇다고 완전히 똑같은 건 아니다.

똑같은 이야기(예를 들어 기후 변화)를 다양한 장르를 통해 보여준다고 생각해보자. 발리우드Bollywood(인도 힌디어 영화의 독특한 양식으로, 극적인 서사에 현란한 춤과 노래가 곁들여지는 것이 특징이다—옮긴이) 뮤지컬이라면 4시간 길이일 것이고, 화려한 마지막 춤이 끝나면 전 세계 이산화탄소 배출량이 0으로 떨어지는 모습을 보여주며 엔딩 크레디트가 올라갈 것이다. 여름을 노린 블록버스터라면 딱 붙는 티셔츠를 입은 근육질 남자들이 서로에게 90분간 자동차를 던져대며 기후 변화를 해결할 것이다. 영국 시대극이라면, 18세기의 부유한 미남이 산업혁명 대신 사랑을 택할 것이다. 그러니까 내가 하려는 말은, 똑같은 결과가 다른 제작자들의 손에서 서로 완전히 다른 모습으로 보일 수 있다는 것이다.

따라서 여러 기후 모델이 보여주는 기후 변화들은 사실 본질적으로 다르지 않다. 모든 모델은 지구가 뜨거워지고 있으며, 온실가스 배출량이 0이 되지 않는 한 계속 뜨거워질 것임을 보여준다. 가뭄의 위험이 커질 것이고, 강우는 더 극단적이 될 것이며, 해수면이 상승할 것임을 보여주는 것도 모두 똑같다. 그러나 이중 어떤 모델들은 대기 중 이산화탄소의 양이 두 배가 되면 지구의 기온이 약 2도 상승할 것으로 예측하며, 다른 모델들은 그보다 두 배가량 높은 수치를 예측하기도 한다. 이런 차이는 시간이 흐르고, 기후 모델 성능이 갈수록 발전해도 마찬가지로 나타난다.[10] 다만 현재 우리는 이 범위를 좁히는 데 약간의 진전을 이루었으며, 기후 민감도를 2.3~4.7도 사이로 추정한다.[11]

그렇다면 기후 민감도에 대한 각 모델의 의견은 왜 일치하지 않을까? 여러분은 그것이 아주 심오한 수수께끼이자, 발견되지 않은 물리 법칙, 아니면 아직 밝혀내지 못한 모호한 어떤 것 때문이라고 생각할지 모른다. 그러나 이런 불확실성의 원인은 알고 보면 놀라울 정도로 평범한 것이다. 심지어 우리는 그 원인을 직접 눈으로 **볼** 수도 있다. 그저 흐린 날 창밖을 바라보기만 하면 알 수 있다.

2막
기후 피드백 루프:
지구가 얼마나 뜨거워질지 우리는 왜 모를까?

지구의 온도가 올라가면서 지구의 모든 것이 조금씩 변한다. 얼음이 녹고, 공기가 더 습해지며, 구름의 형태와 위치가 바뀐다.

이러한 작은 변화들은 지구가 얼마나 더, 또는 덜 뜨거워질지에 영향을 미친다. 즉, 이런 요소들이 지구의 온도에 '피드백'을 일으킨다. 과학의 단어 선택 중에서도 가장 답답한 것이 '지구온난화를 더 악화하는 불안정화 과정'을 '양의 피드백positive feedback'이라는 용어로 표현한다는 것이다. 보통 사람들은 이 말을 '긍정적 피드백'이라는 의미로 쓰기 때문이다. 반대로 '음의 피드백negative feedback'은 지구온난화 속도를 늦추는 과정을 말한다. 따라서 나는 이 책에서 이러한 혼동을 막기 위해 '불안정화 피드백', '안정화 피드백'이라고 표현하고자 한다.

우리가 잘 이해하는 피드백 과정들도 있다. 열을 받으면 얼음이 녹는 것은 하나도 놀라운 일이 아니다. 따라서 온난화가 이루어지는 지구는 당연히 얼음이 적을 것이다. 얼음이 녹으면 아래에 있던 더 어두운색 땅이나 물이 드러나고, 어두운 표면이 태양 에너지를 더 많이 흡수해 지구는 더 더워진다. 그것이 불안정화 피드백의 한 예다. 모든 기후 모델과 모든 과학자의 의견이 일치하는 부분이다. 즉, 따뜻해지면 얼음이 녹고, 그 결과 지구는 더 따뜻해진다.[12]

알려진 다른 피드백도 있다.[13] 예를 들어 더운 공기는 더 많은 수증기를 품는데, 수증기는 그 자체로 지표면의 열을 가두는 온실가스다. 이 또한 불안정화 피드백이다. 지구의 기온이 올라가면, 우주로 빠져나가는 에너지도 많아진다. 이는 안정화 피드백이 하나 있다. 이런 피드백의 작동 방식에 대해서는 사실 의견 불일치라 할 만한 게 존재하지 않는다. 그러나 여전히 과학자들을 의문에 빠뜨리는 피드백이 하나 있다. 기후 민감도의 불확실성 대부분을 설명하는 하나의 과정, 바로 **구름**이다.[14]

나는 구름과 다소 불편한 사이다. 영국에서 4년간 살았던 덕분이다. 대학을 졸업한 뒤, 장학금을 받아 물리학을 공부하러 케임브리지대학교로 떠났다. 〈해리 포터〉 시리즈에 등장하는 호그와트 마법 학교와 꼭 닮은 곳이었다. 물론 마법이 존재하지 않고, 모든 사람이 슬리데린 소속이라는 점만 빼면 말이다. 이곳에서 4년을 보내면서 나는 사람들의 고정관념이 맞다는 사실을 알았다. 영국인들은 날씨에 집착한다. 그리고 나 또한 어느 정도 집착하게 되었다.

비가 자주 내리던 영국의 여름 내내, 나는 이론물리학부 건물 옥상에 누워 형편없는 솜씨로 쓴 과학 논문을 읽으며 하늘을 바라보았다. 그러면서 머릿속으로는 다시금 먹구름이 찾아오기 전 햇살이 내리쬐는 짧은 기간이 얼마나 계속될지 계산하고 있었다. 내가 옥상을 즐겨 찾은 이유는 풀이 많고 산뜻했기 때문이기도 했고, 조용히 혼자 숨어 있기 좋아서이기도 했다. 대학원생들은 대부분 호감 가는 사람들이었지만, 몇몇 사람들은 사회성이 떨어지고 자존감이 낮아서 자신의 지적 우월성을 뽐낼 기회를 잡으려 안달이었다. 그중 몇 사람은 교수직을 얻기 위해서라면 기꺼이 이티를 산 채로 해부하고도 남았을 것이다. 그렇기에 나는 옥상으로 도망치는 날이 많았다.

구름이 해를 완전히 가리면 기온이 서늘해지고 비가 올 가능성이 커졌다. 그 말은 곧 미래의 이티 해부학자들과 함께 방 안에 처박혀 있어야 한다는 뜻이었다. 케임브리지대학교에 다니던 동안, 나는 영국인이 구름을 좋아한다는 사실도, 그 이유도 알게 됐다. 그러나 당시에 나는 이곳 날씨가 너무 싫어서 구름이 모조리 사라지기를 바랐다. 그때는 정말 구름이 사라지면 무슨 일이 일어날지에 대해서는 생각해본 적 없었다. 하지만 지금은 내 소원이 이루어졌다면 정말 영화 같은 재난이 벌어졌으리라는 걸 안다. 구름이 문득 사라지는 건 끔찍한 일이긴 하지만, 한편 볼만한 광경이었을 것이다.

시놉시스: 구름이 사라졌다

"구름이 사라지고, 세상에는 엄청난 일이 벌어진다!"
대학원 생활에 진력이 난 어느 물리학 박사과정생은 영국이라는 나라 전체에 대한 복수를 꾀한다. 그는 구름과 날씨를 없애서 이 나라 사람들의 유일한 대화 주제를 앗아갈 음모를 꾸민다.
그는 얼음 결정이나 물방울이 소금, 모래, 티끌, 오염 물질의 미립자 주변에 응결될 때 구름이 생성된다는 것을 알고 있다. 어느 밤, 그는 나노공학 실험실에 숨어 들어가 초소형 나노봇 한 무더기를 풀어 하늘에 있는 미립자를 전부 없애버린다. 그렇게 별안간 구름이 사라진다.
그 결과는 즉각적이고, 충격적이다. 구름이 일으키는 엄청난 자연적 온실효과가 사라지자, 밤 기온이 뚝 떨어진다. 그러나 바로 다음 날부터 맹렬하게 내리쬐는 태양을 막아줄 구름이 없자 지구온난화의 속도가 폭발적으로 빨라진다. 지구의 기온이 수십 도 올라가지만, 사회적으로 미친 파장은 측정할 수조차 없다. 유일한 이야깃거리를 잃은 런던 시민들은 아무하고도 대화를 나누지 못한 채 각자 울면서 홀로 거리를 떠돈다. 교외 동네 여러 곳은 어색함을 이기지 못하고 하룻밤 사이에 증발해버린다.

알고 보니 구름은 영국인들이 대화의 물꼬를 트는 데 필요한 것만이 아니었다. (농담이다. 영국인들은 정말 멋지다. 얼마나 멋졌는지 나는 그중 한 명을 아예 집으로 데려와서 같이 살고 있다.) 사실 구름은 지구의 기후를 조절하는 데 결정적 역할을 하는 존재다. 구름은 지구를 따뜻하게도, 차갑게도 만든다. 따뜻하게 만드는 이유는 구름 자체가 지표면에서 방출되는 열을 효과적으로 가두기 때문이다. 그렇게 누적된 구름의 온실효과는 이산화탄소의 양이 두 배로 늘어났을 때보다 다섯 배의 효과를 발휘할 정도로 어마어마하게 크다. 하지만 이는 구름이 태양을 차단하는 효과로 완전히 상쇄된다. 지구 전체를 놓고 보면, 구름의 반사 냉각 효과는 구름의 온실효과보다 약 두 배 더 크다. 그렇기에 구름이 사라진다면 세상은 훨씬 뜨거워질 것이다.[15] 물론 구름을 싹 없애버리자고 한 사람은 아무도 없다. 그러나 구름은 기후를 형성하는 데 강력한 역할을 하기에, 구름양이 조금 변화하는 것만으로도 엄청난 결과를 초래할 수 있다.

    이제 우리는 지구의 온도가 상승하면서 구름이 변하리라는 걸 분명히 안다. 그럼 이 변화는 안정화와 불안정화 중 무엇을 일으킬까? 놀랍게도 그 답은 **둘 다**이다. 구름이 여러 다른 방식으로 변화할 수 있기 때문이다. 낮고 불투명한 구름이 줄어들면, 맑고 따뜻한 날씨가 이어진다.[16] 즉, 불안정화 피드백이다. 구름이 더 짙어지면 태양 빛을 더 가린다. 안정화 피드백이다. 구름이 옅어지면 햇빛은 구름 사이로 새어들지만 빠져나가는 열을 더 많이 가둔다.[17] 불안정화 피드백이다. 따뜻해진 날씨는 차가운 구름 속 얼음 결정을 녹여 구름을 더 축축하고 불투명하게 만든다.[18] 안정화 피드백이다.

    모든 기후 모델이 이런 변화에 대해 일치된 의견을 내면 참 좋았겠지만, 그렇지 않다. 아쉽게도 구름은 기후 모델에 포함시키기가 어렵다. 구름은 변화무쌍한 데다가 크기도 다양하며, 미세한 얼음 결정과 물방울로 이루어져 있지만 지구의 광대한 면적 구석구석을 덮는다. 과학자들은 구름의 형성 원리에 대해서는 아주 잘 알고 있다. 작은 면적의 땅이나 바다 한 조각 위의 하늘을 모델링해서, 표면의 물이 증발해 고층 대기로 올라가며 반짝이는 물방울의 장막으로 변하는 모습을 관찰할 수도 있다.

    이 중 수수께끼 같은 건 아무것도 없다. 그저 컴퓨터로 다 담기에는 너무 방대할 뿐이다. 구름을 정확하게 모델링하려면 대기 중 모든 얼음 결정과 물방울 하나하나는 물론, 모래, 티끌, 소금 결정 하나하나까지 전부 추적할 수 있는 시뮬레이션이 필요하다. 하지만 그 정도로 뛰어난 성능을 가진 기계는 아직 없으며, 아마 영영 존재하지 않을 가능성이 크다. 그렇기에 우리는 구름 형성의 정밀한 물리 법칙을 거칠고 조악한 형태로 변환한 근사치로 계산할 수밖에 없다. 마치 인상파 화가의 작품처럼, 기후 모델은 멀리서 보면 아름답고 진실하지만, 가까이서 보면 뒤죽박죽이다.

그렇기에 구름이 가진 복잡성을 전부 기후 모델 속에 담기는 어려우며, 이 때문에 기후 모델들이 구름의 변화를 전부 다르게 예측하는 것이다. 어떤 기후 모델에서는 따뜻한 남쪽 바다 위에서 구름이 흩어져 더 많은 태양열이 해수면에 닿는다. 대부분의 모델에서는 열대 태평양 전체가 따뜻해지고, 낮고 짙은 구름의 수가 적어지며, 기온이 올라간다. 다른 모델에서는 구름이 스스로 이로운 방향으로 자리를 찾아 태양을 더 많이 가려서 온난화의 속도를 낮춘다. 기후 민감도를 아주 높게 예측하는 기후 모델들은 구름의 불안정화 피드백을 크게 반영하기 때문이다.[19] 어떤 모델이 정답일까? 우리로서는 알 수 없다. 구름이 어떻게 움직일지 모르기 때문에 지구가 얼마나 뜨거워질지도 알 수 없다.[20]

그럼에도 단 한 가지만은 확실하다. 구름이 우리를 구해주지 않으리라는 사실이다. 구름의 피드백 순환이 온실가스로 인한 지구온난화를 완전히 없애줄 가능성은 존재하지 않는다. 모든 모델, 모든 신뢰할 만한 예측에서는 이산화탄소 배출량이 늘어나면 세계가 뜨거워진다. 얼마나 뜨거워질지는 어느 정도 구름에 달려 있다. 그러나 얼마나 나쁜 상황이 벌어질지는 구름 아래에서 살아가는 우리에게 달려 있다.

3막
이산화탄소 피드백: 얼마나 나쁜 상황이 벌어질까?

이론우주론 박사학위를 받고 졸업한 나는 이론우주론 분야가 그리 전망이 없으니 다른 데서 일자리를 찾아야 한다는 사실을 깨달았다. 한동안 군비 통제, 전력망 모델링, 핵에너지가 기후변화를 해소하는 데 도움이 될지 평가하는 집중 프로젝트 등에 참여하며 방황했다. 그러던 어느 날, 나는 당시에 내가 일하던 대학교의 유명한 기후과학자에게 면담을 신청했다. 기후과학 분야는 잘 몰랐지만, 그가 이름난 기후과학자라는 것 정도는 알았다. 따라서 내가 그에게 시간을 내달라 요구한 건 다소 건방진 행동이었고, 그가 시간을 내준 건 참 관대한 행동이었다. 나는 초조한 마음으로 내가 세상에 도움이 되는 일을 하고 싶고, 물리학을 좋아하고, 사람들과 함께 일하면서 새로운 것을 배우고 싶다고 설명했다. 그러자 그는 나를 잠시 쳐다보더니 거친 롱아일랜드 억양으로 이렇게 말했다. "뭐 하고 있는 거예요, 바보같이." 그러더니 조금 더 친절한 말투로, 마치 세상 그 무엇보다 당연한 일이라는 듯 이어 말했다. "당장 기후과학에 뛰어들어요."

나는 순식간에 기후과학과 사랑에 빠졌다. 협력을 중시하는 데다가 겸손하기까지 한 이 학문이 신선했다. 이론물리학자들은 우주 만물의 이론을 찾으려 하지만, 지구과학자들은 우주의 아주 작은 부분인 지구마저도 통달한 척하지 않는다. 좋은 점이다. 세상은 너무나 복잡하고 서로 연결되어 있다. 그렇기에 세상의 그 어떤 문제라도 연구하다 보면 금세 자신의 전문 분야가 가진 한계에 부딪친다. 대기 전문가가 기후 변동성을 이해하려면 해양학자가 필요하다. 미래 예측을 설계하는 모델링 전문가에게는 인구학자와 경제학자가 필요하다. 그리고 우리가 사는 지구는 푸르고, 축축하고, 살아 있기에, 물리학자가 하늘과 땅 사이 탄소 순환을 이해하기 위해서는 생물학자와의 협력이 필수적이다.

기후 변화의 원인 대부분은 이산화탄소이며, 이산화탄소를 이야기하려면 생명을 이야기하지 않을 수 없다. 생명이라는 복잡한 집을 이루는 벽돌인 단백질, 지방, 탄수화물, 핵산 같은 분자들 하나하나에는 탄소가 포함되어 있다. 탄소는 수소, 산소, 그리고 다른 탄소 원자들과 강한 결합을 맺을 수 있는 특히 친화적인 성질을 가진 원소이기 때문이다. 탄소는 귀중하고 쓸모 있기에, 누군가 탄소를 다 쓰고 나면 또 다른 누군가가 그 탄소를 원하게 마련이다. 그렇기에 탄소는 대기와 바다, 생명체의 몸속을 누비고, 추출되고, 재활용되어 새로운 쓸모를 찾는다. 이러한 자연적 탄소 순환은 최초의 생명체가 등장했을 때부터 줄곧 존재하면서 모든 살아 있는 것을 서로와, 지구와 이어주는 균형이 되어주었다.

그런데 이 섬세한 균형이 오늘날 인간의 활동으로 인해 깨지고 있다. 현재 우리는 매년 400억 톤이 넘는 이산화탄소를 대기 중에 내뿜고 있다.[21] 그리고 그중 절반은 수백 년간 대기 속에 머무른다. 나머지 절반은 생명체들이 광합성을 통해 흡수해 제거한다.[22] 그러나 이 마법이 영원히 지속되리라는 보장은 없다.

기후 변화가 얼마나 나쁜 상황으로 이어질지 우리가 알 수 없는 건, 얼마나 많은 이산화탄소가 대기 중에 존재하게 될지 알 수 없어서다. 그리고 그 이유는, 살아 있는 세계가 어떤 반응을 보일지 알 수 없어서다. 식물은 이산화탄소를 좋아하기에, 이산화탄소가 많아진다는 건 더 많은 식물이 자라고, 잎, 줄기, 토양에 더 많은 탄소를 저장한다는 뜻일 수도 있다.[23] 한편으로 이산화탄소는 지구의 온도를 높이며, 대부분 기온이 높을수록 불이 날 가능성도 높아진다.[24] 폭염으로 죽거나 산불에 타버린 나무들은 대기 중 이산화탄소를 흡수할 능력을 잃는다. 한편, 바다 온도가 올라가면 이산화탄소가 물에 잘 녹지 않아 대기 중에 더 많이 남게 된다.[25] 영구동토층permafrost(지층의 온도가 연중 0도 이하로 항상 얼어 있는 땅―옮긴이)이 녹기 시작하면 메탄[26]과 이산화탄소[27]가 대기 중에 더 많이 방출된다.

이런 악순환을 '탄소 순환 피드백'이라고 부른다. 지구 온도가 올라가면 탄소 순환의 방식이 바뀌고, 이 때문에 대기 중 더 많은 탄소가 쌓이며, 따라서 지구의 온도가 더 올라가는 것이다. 이는 앞서 이야기한 피드백과는 다르다. 앞서 이야기한 것은 대기 중 이산화탄소에 대한 지구의 반응을 결정하는 물리적 과정이다. 그런데 탄소 순환 피드백은 애초에 대기 중 얼마나 많은 이산화탄소가 존재할지를 결정한다. 미래의 탄소 순환이 어떻게 바뀔지 정확히 아는 사람은 아무도 없다. 그러나 과거에 이 순환이 흐트러졌을 때 매우 심각한 문제가 발생했다는 것은 알고 있다.

2억 5000만 년 전 페름기Permian(고생대의 마지막 시대. 약 2억 9000만 년 전부터 2억 4500만 년 전까지의 시기―옮긴이) 말기에 오늘날 시베리아에 해당하는 지역에서 연속으로 화산 분출이 일어났다. 이 화산 폭발은 인류가 경험한 탐보라 화산이나 피나투보 화산 폭발과는 전혀 달랐다. 탐보나 피나투보 화산은 국지적이고 단기간에 끝났으며 (일시적으로) 기온을 낮추는 경향이 있었다. 그러나 페름기의 화산 폭발은 지각이 갈라지고 마그마가 오늘날의 미국을 수천 미터 두께의 용암으로 덮어버릴 만큼 솟아올랐다. 이 화산 활동은 당시 지각에 묻혀 있던 막대한 화석연료를 태워 대기 중에 엄청난 양의 이산화탄소를 분출했다. 지구가 뜨거워지고, 바다는 산성화되었으며, 모든 생명체는 급변한 기후에 적응하려 애썼다. 그러나 잘되지 않았다. 열기 속에서 식물은 말라버렸고, 바닷속 식물성 플랑크톤은 죽었다. 광합성으로 대기 중 이산화탄소를 흡수하던 생물들이 사라지자 이산화탄소 농도는 더 올라갔고, 지구 온난화가 가속화되었다. 이런 치명적인 탄소 순환 피드백은 재앙으로 이어졌다. 이에 따라 해양 생물종의 5분의 4가 멸종했다. 육지의 척추동물 70퍼센트가 사라졌다. 그렇기에 오늘날 우리는 페름기 말기를 '대절멸Great Dying'이라 부르기도 한다.

페름기 말기의 대절멸은 지구의 과거에 있었던, 우리에게 알려진 다섯 번의 대멸종 중 하나다. 이 모든 대멸종 대부분은 기온 변화, 해수면의 상승 또는 하강, 즉 기후 변화와 부분적으로나마 연관되어 일어났다. 따뜻해진 기온은 대규모 멸종을 일으켰고, 이 멸종이 또다시 탄소 순환을 교란해 대량 죽음으로 이어지는 피드백을 일으킨 것이다.[28] (다섯 번의 대멸종 사건 가운데 단 하나의 예외는 공룡의 멸종이 소행성의 충돌로부터 비롯되었다는 것이다. 이때의 소행성 충돌로 지구의 대기 전체가 불탔으며, 이 또한 기후 변화로 간주되기도 한다.)

    지금도 같은 일이 벌어지고 있다는 주장이 존재한다. 인간의 활동이 지표면과 대기를 변화시켰다. 인간은 수많은 종의 서식지를 없애버렸고, 일부는 사냥으로 멸종시키기도 했으며, 공기와 물을 오염시켰다. 미래에 얼마나 나쁜 상황이 벌어질지 우리는 아직 모른다. 그러나 이 모든 훼손의 결과 지구가 여섯 번째 대멸종이라는 격변의 시기를 지나고 있다는 사실은 알고 있다. 여섯 번째 대멸종은 여러 논문이나 책의 주제로 등장하기도 했다. 지금 여기서 그런 진지한 논픽션들과 경쟁을 벌일 생각은 아니다. 그러나 어린 시절 내내 열심히 영화를 본 덕분에, 이 정도는 쓸 수 있을 것 같다.

시놉시스: 멸종!

"시간을 여행하던 석유 탐사대, 화석연료의 진실을 알게 되다!"

어느 석유회사의 연구개발팀이 과거와 현재를 오갈 수 있는 타임머신을 개발했다. 곧 '석유 탐사대'가 꾸려지고, 이들은 미래에 석유와 가스 자원이 될 선사시대 생명체를 대량 학살하기 위해 수백만 년 전 과거로 간다. 우리의 주인공(드웨인 '더 록' 존슨Dwayne 'The Rock' Johnson)이 이끄는 오합지졸 탐사대가 깊은 시간으로 돌아가 막 탐사를 시작하려는데, 타임머신이 고장 난다. 더 록과 일행들은 지구의 역사를 따라 여행하며 다섯 번의 대멸종에서 짜릿하게 살아남는다. 몸길이가 30센티미터나 되는 삼엽충과 싸우는가 하면, 무시무시한 바다 괴물에 맞서다 간신히 탈출했는데, 그사이에 괴물이 진화해서 육지까지 따라오기도 한다. 때로는 소행성 충돌 직전의 순간을 슬로모션으로 연출해 탐사대와 공룡 친구들이 사무치게 이별하는 극적인 장면을 보여주기도 한다. 그러다 타임머신의 속도가 빨라져 주인공들이 페름기 말기 대절멸을 고작 몇 분 만에 경험하기도 한다. 이 경험을 통해 그들은 지하에 묻힌 화석이 대량으로 불타면 반드시 대학살이 뒤따른다는 사실을 알게 된다.

현재로 돌아온 탐사대는 놀랍고도 끔찍한 사실을 알게 된다. 석유회사가 먼 미래로 갈 수 있도록 타임머신을 설정한 것이다. 회사는 미래의 화석연료로 이득을 얻기 위해 현재에 여섯 번째 대멸종을 일으킬 음모를 꾸미고 있었다. 이때 우리의 주인공들은 모험에서 얻은 갖가지 기술을 써서 회사를 저지하려 든다. 그리고 진정한 보물은 그 모험에서 얻은 친구들이라는 사실을 깨닫는다. 참고로 그 친구는 바로 벨로시랩터(낫 모양 발톱을 가진 가장 무서운 육식 공룡 중 하나—옮긴이)였다. 우리의 무시무시한 친구는 석유회사의 홍보팀을 곧장 해치워버린다. 마침내 더 록과 탐사팀은 세계를 구하고, 석유회사 경영진을 퇴비로 만들며 승리를 거머쥔다.

4막
임계점: 더 나빠질 수도 있을까?

나는 다른 분야들보다 기후과학에 훨씬 오래 매달리게 됐다. 내 인생 전부를 이 분야에 쏟게 되리라는 걸 정확히 언제 깨달았는지는 잘 모르겠다. 첫 논문을 게재했을 때였을까? (바람이 고갈될 수 있는지 알아보려고 지구의 기상 시스템 대부분을 꺼버린 실험을 담은 논문이었다. 어떻게 이런 연구와 사랑에 빠지지 않을 수 있었겠는가?) 아니면 처음으로 온라인에서 성난 기후 변화 부정론자 떼거리로부터 공격받았을 때인지도 모르겠다. 아니면 온갖 대학에 나를 고용해주십사 굽신거리며 수년을 보내고도 잘되지 않았던 종신 교수직을 처음 얻었을 때인지도 모른다. (그 전까지만 해도 '정년 트랙 조교수'가 된다는 건 '할리우드 스타 감독'이 되는 것보다 더 불가능한 목표처럼 보였다.) 그러나 분명 다시는 예전으로 돌아갈 수 없다는 걸 깨달은 순간이, 여기가 내 임계점이라는 걸 알아차린 순간이 분명 있었을 것이다.

지구 시스템에도 '임계점'은 존재하지만, 내 삶에 존재하는 것처럼 행복한 의미는 아니다. 대기 속 대규모 공기 흐름이 교란되면,[29] 몬순이 중단되거나 예기치 못한 지역에 비가 쏟아질 수 있다.[30] 영구동토층이 갑작스레 막대한 양의 이산화탄소와 메탄을 쏟아내 세상을 더 뜨겁게 만들 수도 있다.[31] 산호초 대부분이 영원히 사라져버릴 수 있다.[32] 폭염, 가뭄, 해충으로 인해 북방림boreal forest(북극의 툰드라 남쪽 지역에 존재하는 북부 지방의 숲, '타이가'라고도 함—옮긴이)[33]이나 아마존[34]이 파괴되는 재난을 낳을 수도 있다. 그렇게 되면 이미 너무 뜨거워진 대기에 또다시 엄청난 이산화탄소가 방출된다. 이 모든 임계점은 서로 연관되어 있다. 대서양 순환이 붕괴하면 아마존이 건조해지고,[35] 그러면 영구동토층이 더 녹는다. 임계점은 피드백과는 다르다. 해빙이 녹아 어두운색 바닷물이 드러나고 이 때문에 지구가 더 더워져서 더 많은 얼음이 녹는 것은 피드백이다. 대형 빙상이 붕괴해서 다시는 얼지 않는다면 그것은 임계점이다. 둘의 차이는 되돌릴 수 있는가 없는가 하는 점이다. 이론적으로 볼 때, 기온이 낮아지면 해빙은 다시 언다. 그러나 대형 빙상이 다시 생기려면 수천 년이 필요하다.

언론은 임계점이라는 말을 사랑한다. 당연히 그럴 것이다. 선정적이고, 무시무시하고, 영화 같으니까. 예전에 어느 유명한 영화감독을 만난 적이 있다. (누군지는 말하지 않을 것이다. 이런 사람들에게는 변호사가 있으니까.) 우리 둘 다 상대가 하는 일을 잘 안다고 믿었지만, 알고 보니 오만한 착각이었다. 나는 영화를 꽤 많이 본 사람으로서, 좋은 이야기가 무엇인지를 그에게 이야기했다. 그는 트위터 글들을 꽤 읽어본 사람으로서, 기후 모델이 어떻게 작동하는지를 내게 설명했다. 우리는 한참 동안 서로 말이 안 통하는 상태로 기분 좋게 대화를 나누었지만, 나는 갈수록 불편해졌다. 그가 우리에겐 희망이 없다고, 곧 이 이야기는 끝난다고, 응당 받아 마땅한 대가를 치르게 될 거라고 말해주길 바라는 게 확실해서였다. "이제 다시는 돌이킬 수 없는 지점에 도달한 거죠?" 그가 희망에 찬 말투로 물었다. "우리 다 망한 거 아닙니까?" 그에게는 흥미진진한 일이었나 보다. 그 감독은 얼른 재난 블록버스터를 만들고 싶어 안달이 나 보였다.

아마 그 감독은 기후 변화를 다룬 다른 영화들을 떠올리고 있었을지도 모른다. 예를 들면 2004년에 나온 〈투모로우〉라든지. 그 영화를 본 건 한참 전이지만, 대충 기억나는 줄거리는 다음과 같다. 미국에 존재하는 유일한 과학자 데니스 퀘이드가 남극에서 무슨 연구를 수행하다가 빙상에 갑자기 금이 가는 모습을 목격한다. 그 뒤로 각종 사건이 빠른 속도로 일어나 전 세계가 꽁꽁 얼어붙고 만다. 뉴욕 공공도서관에 갇힌 제이크 질런홀Jake Gyllenhaal은 신나게 책을 불태워 몸을 녹이기도 하고, 싸구려 컴퓨터그래픽으로 만든 늑대들의 공격을 막아내기도 한다. 그사이 데니스 퀘이드는 열역학을 전혀 이해하지 못한 채로 사람들을 향해 고함을 지르고, 기후 모델의 예측을 도트 프린터로 출력해 확인한다. 군용 헬리콥터가 하늘에서 얼어붙어 지상으로 추락하고, 덜 매력적인 여러 엑스트라가 날씨 때문에 목숨을 잃으며, 영국 전체는 마지막 차 한 잔을 마신 뒤 조용히 멸망한다. 지구가 염분 희석 임계점에 도달하자, 기온은 절대영도 이하로 떨어진다. 그중에서도 가장 비현실적인 건 우파 정치인이 기후 변화의 압도적인 증거 앞에서 마음을 바꾸는 장면이다.

너그러운 눈으로 바라보자. 기후 변화로 인해 갑작스러운 냉각 현상이 일어난 선례가 있기는 하다. 1만 3,000년 전, 빙하기가 끝나기 직전 최후의 숨을 몰아쉬듯 한파가 닥쳤다. 세계가 서서히 따뜻해지면서 거대한 빙상이 녹기 시작했다. 빙상이 남긴 잔해가 댐 역할을 하던 거대한 호수에 얼음이 녹은 물이 차올랐다. 그러나 지구의 온도가 더 올라가면서 빙하가 녹고 댐이 사라지자, 얼음이 녹은 차가운 물은 대서양으로 쏟아져 들어갔다. 차가운 민물이 급격히 유입되자 대기와 바다 전체의 공기와 물 움직임이 바뀌었고, 열염 순환(차가운 물이 서서히 가라앉아 심해를 따라 이동하는 순환)이 멈추었다.[36] 그 결과로 일어난 '영거 드라이아스기Younger Dryas'는 툰드라의 야생화 이름을 딴 명칭으로, 지난 빙하기가 서서히 끝나가던 중 짧지만(약 1,300년간) 갑작스러운 한파로 세상이 얼어붙은 시기를 가리킨다.[37]

그리고 지금, 그때와 비슷한 현상이 일어나고 있다. 북극의 해빙이 녹아 또다시 차가운 물이 북대서양으로 유입되고 있다. 얼음이 녹은 담수는 염분이 적어 밀도가 낮기 때문에 바닷물 위에 기름처럼 뜬다. 그 결과 심해로 가라앉는 물의 양이 줄어들고, 남쪽으로 움직이는 심해의 컨베이어벨트가 느려진다. 차가운 물은 북대서양에 쌓이며 그대로 머무른다.

 우리는 이 컨베이어벨트의 동력이 되는 물이 가라앉는 속도가 이미 느려지고 있음을 안다.[38] 언젠가 컨베이어벨트는 완전히 멈출 수도 있다.[39] 그건 무슨 뜻일까? 영거 드라이아스기만큼 심각하지도, 영화 〈투모로우〉만큼 극적이지도 않을 것이다. 전자는 빙하기 내내 쌓인 얼음이 전부 녹아 한순간에 대서양으로 유입되어 일어난 일이다. 후자는 제이크 질런홀이 차가운 날씨에 쫓기며 복도를 뛰어다니느라 일어난 일이고.

 그러나 대서양의 컨베이어벨트가 멈춘다면, 분명 이로 인한 대가를 치러야 할 것이다. 강수 패턴이 극적으로 변화해 예기치 못한 곳에 가뭄과 홍수가 일어날 것이다.[40] 쌓이기만 하고 가라앉지 않은 물이 해수면을 상승시킬 것이며, 대서양 전역의 해안선을 삼킬 것이다. 소용돌이치는 바다와 대기 속, 물과 공기의 복잡한 상호작용 때문에 남극이 더 따뜻해지고 얼음이 녹아 해수면을 더 상승시킬 것이다. 온실효과로 인해 지구 전체가 차가워질 일은 없겠지만, 차가운 대서양의 영향을 직접적으로 받는 스칸디나비아, 아일랜드, 영국 같은 지역은 훨씬 추워질 수 있다. 형편없는 컴퓨터그래픽으로 만든 늑대들이 맨해튼을 뛰어다니게 할 만큼 심각하지는 않겠지만, 지역 사람들이 편안하게 생활하거나 농사를 짓기 힘들게 할 정도로는 추울 것이다. 그 모든 일이 끔찍하겠지만 그중에서도 가장 불안한 사실은, 대서양 순환이 붕괴되면 적어도 수백 년간은 되돌릴 수 없다는 점이다. 바다가 한 번 망가지면, 아주 오랫동안 바다는 망가진 상태 그대로 남을 것이다.

심해의 컨베이어벨트 붕괴는 세계가 뜨거워지면서 촉발될 수 있는, 되돌릴 수 없으며 재난을 유발하는 임계점 중 고작 한 가지에 불과하다. 이런 재난들의 임계점에 우리가 언제 도달하게 될지 정확히 아는 사람은 아무도 없다. 이런 맥락에서 보자면 불확실성이 우리 편이 아니라는 건 분명하다. 지금 시점에서는 지구온난화를 제한한다고 해서 우리가 안전해진다거나, 특정 임계점을 지나면 우리가 종말을 맞을 거라고 단언할 수 없다. 우리가 알 수 있는 건, 몇 가지 돌이킬 수 없는 변화들(서남극 빙상의 붕괴,[41] 북극 여름철 해빙의 소멸,[42] 산호초 대부분의 죽음[43])이 이제는 불가피하다는 점이다. 다른 도미노 조각들은 언제 쓰러지기 시작할까? 정말 쓰러지게 될까? 알 수 없다. 어쩌면 알고 싶지 않은 건지도 모른다.

나는 기후과학자로 사는 내내 기후과학의 가장 커다란 질문들에 대답하려 애써왔다. 복잡하며 서로 연결된, 점점 따뜻해지는 행성에서 피드백이 어떻게 작동하는지 이해하려 애썼다. 탄소 순환과 그것을 교란하는 요소들을, 정말 끔찍한 일들이 일어날 시점을 계속 생각했다. 그 와중에도 이 아름답고 근사한 세계는 취약한 만큼 강한 회복력으로 나를 계속 놀라게 했다. 그런데 그중에서도 가장 놀라운 것은, 내가 그 답을 알고 싶지 않다는 사실이다.

나는 이산화탄소가 두 배가 될 때 지구가 어떻게 반응할지 전혀 알고 싶지 않다. 탄소 순환에 대규모 교란이 일어날 때 나타나는 실제 데이터를 얻는 일이 없었으면 좋겠다. 내 삶에서 기후 시스템의 임계점을 경험하지 않는다면 그것만으로도 충분히 만족하며 눈을 감을 수 있을 것 같다. 만약 대기 중에 온실가스를 계속 쏟아붓는다면, 우리는 결국 그 모든 답을 알게 될 것이다. 그러지 말자. 10대 시절의 내가 옳았다. 어떤 실험은 애초에 할 가치가 없다.

누군가는 분명 그 모든 임계점 하나하나를 다룬 영화를 만들 것이다. 제이크 질런홀은 분노에 찬 남극 빙상에 쫓길 것이다. 〈매드 맥스〉는 바싹 마른 아마존을 질주할 것이다. 제라드 버틀러Gerard Butler는 영구동토층을 향해 고함을 지를 것이다(영화 〈지오스톰〉에 대해선 말을 아끼겠다). 이런 재난을 가끔가다 두 시간짜리 영화로 경험하는 것 정도는 괜찮다. 하지만 엔딩 크레디트가 올라가고 나면 살 만한 세계, 모두가 잘 살아가는 세계로 돌아가고 싶다. 나는 재난이 아닌 다른 선택지들을, 다른 이야기들을 원한다. 나는 존 윅John Wick이 기후 변화의 진실을 알아내고 화석연료 기업에 복수하는 스릴러를 원한다. 유토피아적 미래를 향한 유쾌한 상상을 원한다. 녹아가는 영구동토층 속에서 악령이 깨어나는 공포영화를 원한다. 그러나 내가 무엇보다도 가장 보고 싶은 건 바로 이런 일이다.

S#1. UN 회의장(낮)

한 과학자가 각국 정상들을 마주 보며 테이블에 앉아 있다. 과학자의 맞은편에는 미국 대통령, 유럽 왕, 교황, 아프리카연합 수장도 있다. 유럽 왕은 엄청나게 잘생겼다. 미국 대통령도 무척 아름답지만, 안경을 쓰고 있어서 아직 이 여성의 미모가 드러나지는 않는다. 정상들은 과학자의 말에 열심히 귀를 기울인다.

과학자 지구가 뜨거워지고, 기후가 변하고 있습니다. 무척 위험한 상황입니다. 이대로 기온이 더 올라간다면 임계점을 넘어설 수도 있습니다.

미국 대통령 임계점이 뭡니까?

과학자 몬순이 중단된다거나, 열대우림과 산호초가 파괴된다거나, 해양 순환이 멈추는 일 등입니다. 우리가 살아 있는 동안 절대 고칠 수 없는 지구의 일부분이 망가질 수도 있습니다.

유럽 왕 몽듀Mon Dieu(프랑스어로 '맙소사'—옮긴이)! 정말 큰 일이군요. 이런 변화들이 왜 일어나는지도 아십니까?

과학자 네, 인간이 화석연료를 태우는 바람에 열을 가두는 가스가 매년 수십억 톤가량 대기 중에 배출되고 있습니다.

미국 대통령 정말 끔찍하군요. 이제 어떻게 하면 좋지요?

회의장이 조용해진다. 각국 정상들은 열심히 머리를 굴린다.

아프리카연합 수장   제 생각엔…. 일단 한번 들어보세요. 화석연료 사용을 그만두는 건 어때요?

미국 대통령   맙소사, 바로 그겁니다!

각국 정상들   (한목소리로) 맞습니다, 적절한 조처를 해야 마땅합니다!

S#2. UN 휴게실(낮)

그로부터 1년 뒤. 각국 정상들이 긴 UN 회담을 마치고 휴식을 취하는 중이다. 많은 사람 수에 비해 공간이 좀 좁다. 누군가 (아마 스웨덴 사람이리라) 커피 한 주전자를 다 마셔버린 다음 커피를 다시 내려두는 걸 깜빡 잊은 바람에, 남은 커피는 주황색 뚜껑이 달린 디카페인밖에 없다. 하지만 다들 개의치 않는 것 같다. 분위기가 좋다. 성공적으로 끝난 회담이었다.

아프리카연합 수장   기후 변화를 해결해서 정말 다행입니다. 아슬아슬했어요!

교황   맞습니다. 과학자의 말엔 언제나 귀를 기울여야 해요. 우리에게 경고해주다니, 정말 좋은 사람들입니다.

아프리카연합 수장	솔직히 말하면, 훨씬 더 힘들 거라고 생각했어요. 그런데 물과 공기를 청정하게 만들기 위해 수많은 일자리를 창출하는 일이 생각보다 즐겁더라고요.
교황	석유와 가스 기업에 지옥에나 가버리라고 말할 때 참 통쾌하더군요.
아프리카연합 수장	왜 안 그러셨겠어요.
과학자	여러분이 제 말에 귀를 기울여주셔서 정말 좋았습니다. 물론 지난번에도 팬데믹을 잘 해결해주셨으니 당연히 그럴 줄 알았지만요.

미국 대통령이 휴게실로 들어와서 자기 몫의 커피를 따른다. 무언가를 생각하는 듯, 다른 데 정신이 팔린 듯하다. 커피를 한 모금 마시더니….

미국 대통령	우웩! 디카페인이잖아요!

그러면서 하필 그 앞을 지나가던 유럽 왕에게 다 뱉어버린다.

미국 대통령	어머나, 정말 죄송해요!

미국 대통령을 남몰래 짝사랑하고 있던 유럽 왕은 아무 말 없이 자리를 떠난다.

미국 대통령 (얼굴이 빨개지며) 정말 거만하네요. 어휴, 꼴도 보기 싫어.

교황 왠지 진심이 아니신 것 같은데요? (웃음)

화면이 서서히 어두워지며 끝난다.

이게 바로 내 꿈이다. 과학자가 경고하면, 모두가 그 말을 귀 기울여 듣고, 이에 따라 행동하다가, 장르가 '짜잔!' 하고 로맨틱 코미디로 변해버리는 것. 여러분, 제발 이 영화를 만들어주면 안 될까? 그리고, 할 수 있는 만큼만이라도 현실로 만들어주면 안 될까?

제5막
미래의 배출량: 어떻게 할 것인가?

처음 과학자가 되었을 때, 나는 앞으로 남은 평생 우주를 생각하며 살 줄 알았다. 나는 우주론으로 박사학위를 받았는데, 우주에 관한 연구란 결국 '모든 것'을 연구한다는 뜻이다. 그러나 우주 전체를 연구하다 보면 우주 대부분은 텅 비고, 춥고, 다가가는 즉시 우리를 죽여버릴 거라는 걸 곧 알게 된다. 내가 고등학생일 때 다른 별 주변을 도는 행성이 최초로 발견되었다. 지금은

5,000개가 넘는 행성이 발견되었으며, 우리 은하 안에만 생명체가 살 수 있는 행성이 3억 개쯤 있다는 사실이 밝혀졌다. 그러나 그 모든 행성이 지금까지 밝혀진 대로라면 그저 **쓰레기**에 불과하다. 그중 어떤 행성은 대기가 있을 정도로 따뜻할지도 모른다. 심지어 액체 상태의 물이 존재하는 행성도 있을지 모른다. 하지만 물이 있다는 게 대수인가? 지구에는 위스키도 있는데. 강아지도 있고, 아이스크림, 꽃, 위대한 예술 작품, 허접한 영화까지 있다. 그래서 난 우연히 지구과학자가 된 거다. 유일하게 괜찮은 행성은 여기뿐이니까.

그런데 이제 이 완벽한 작은 세계가 변하고 있다. 기온이 상승하면서 이상한 일들이 벌어지는 중이다. 우리가 이미 예측한 변화도 있지만, 더 많은 놀랄 일들이 기다리고 있다. 우리는 구름이 어떻게 반응할지 모르고, 미래의 대기에 얼마나 많은 탄소가 쌓일지도 모르며, 어느 순간이 임계점인지, 그 임계점을 넘어서면 어떻게 될지도 모른다. 하지만 우리가 미래를 모르는 가장 큰 이유는 단순하다. 바로 우리 인간이 무슨 행동을 할지 모르기 때문이다. 우리가 앞으로도 계속 대기에 온실가스를 배출한다면, 위험은 커질 것이다. 온실가스 배출을 그만둔다면, 세상은 더 안전해질 것이다. 그러나 지금 우리는 반대 방향으로 가고 있다. 배출량 0을 향해 가기는커녕 도리어 매년 배출량을 늘리고 있다. 인류가 온실가스 배출을 멈출 가능성은 없어 보인다.

우리가 모르는 건 너무 많지만, 그래도 아주 중요한 사실 하나는 안다. 미래는 아직 우리 손에 달려 있다는 것이다. 기후 변화는 인간의 잘못이고, 인간은 이 변화를 멈추기를 선택할 수 있다. 우리는 지구 역사상 처음으로 이 선택 앞에 놓인 종이다. 어쩌면, 우리가 처음이 아닐 수도 있을까?

만약 과거 지구에 또 다른 문명이 존재했다면, 그들은 어떤 흔적을 남겼을까? 아마 아무 흔적도 남기지 않았을 것이다. 화석은 극히 희귀하다. 대부분은 죽으면 그저 빠른 속도로 부패해버린다. 생물이 화석이 되려면 아주 특수한 상황에서 죽음을 맞이야 한다. 그러나 장기적으로 보면, 지질학은 생물의 흔적을 지워버리는 방향으로 작동한다. 판구조론plate tectonics(지구의 겉 부분은 여러 개의 판으로 이루어지며, 이들의 상대적 움직임에 의하여 여러 가지 지질 현상이 일어난다고 여기는 학설—옮긴이)은 고대 바다의 자취로부터 산맥을 만들어내고, 옛 세계를 삼켜버리고, 용암으로 새로운 땅을 만들어낸다. 1억 6500만 년 전 지구에는 엄청나게 많은 공룡이 살고 있었지만, 지금 화석으로 남은 공룡 뼈는 드물고 귀하다. 지구상에 존재한 티라노사우루스는 약 25억 마리로 추정되지만,[44] 우리가 가진 화석은 100마리도 채 되지 않는다. 그런데 티라노사우루스는 수백만 년에 걸쳐 기나긴 백악기의 대부분에 존재했다. 그에 비하면 인류의 역사는 고작 수십만 년밖에 되지 않았다.

만약 100년 안에 우리가 너무 많은 파괴와 훼손을 일으킨 나머지 문명이 붕괴하고 인간이라는 종이 멸종한다면, 미래의 지적 생명체는 우리가 존재했다는 사실조차 모를 수도 있다. 인간이 지금의 형태를 갖춘 지는 수십만 년밖에 되지 않은 데다가, 우리가 농경과 정착 생활을 한 지도 고작 1만 년이 조금 넘었을 뿐이다. 기나긴 시간이 흘렀을 때 완전한 형태의 인간 화석이 발견될 가능성은 매우 낮다. 지금으로부터 수백만 년 뒤, 우리 후손들이 발견할 우리의 흔적은 거의 남아 있지 않을 것이다. 우리가 사라지면 토양에 얇은 층으로 남은 인공적인 플루토늄 말고는 아무 흔적도 남지 않을 것이다.[45] 어쩌면 인간을 멸종시킨 기후 변화가 우리가 남긴 유일한 유산이 될지도 모른다. 기후 변화를 일으킨 것이 인간이라는 사실조차 아무도 모를 수 있지만.

5600만 년 전, 대기 중 이산화탄소 농도가 급증했다.[46] 이로 인해 지구의 평균온도가 약 5도 상승했으며,[47] 어떤 지역의 해수면 온도는 그보다 더 상승했을지도 모른다. 열대 바다는 욕조 물처럼 따뜻해졌고, 심지어 남극 해안도 기분 좋게 수영할 정도의 수온이었을 것이다. 팔레오세와 에오세Eocene(신생대 제3기를 다섯 시대로 나눈 것에서 각각 첫 번째와 두 번째 시대에 해당함—옮긴이)를 가르게 된 이 사건으로 심해 생물들이 대량으로 죽었다.[48] 육지에서는 더위를 버티기 위해 포유류의 덩치가 작아졌다.[49] 진화론적 관점에서 보면 눈 깜짝할 사이나 마찬가지인 짧은 시간 만에 초기 말과 영장류의 크기가 15퍼센트 작아졌다.[50] 빠른 속도로 온난화가 진행될 때 이와 같은 '포유류 왜소화'가 일어날 수 있는데, 몸 크기가 작을 때 열을 더 잘 배출할 수 있기 때문일 수도 있고, 온난화와 가뭄으로 먹이를 구하기 힘들어서일 수도 있고, 둘 다일 수도 있다. 과학자들이 '팔레오세-에오세 극열기Paleocene-Eocene Thermal Maximum'라고 이름 붙인 이 시기에는 극적인 변화가 일어났다.

지구 역사에는 이런 극적인 변화를 겪은 시기가 그 밖에도 있었다는 증거가 존재한다. 기온이 급격히 치솟은 '초온난기hyperthermal',[51] 그리고 바다의 산소가 고갈된 시기도 존재했다. 모두 오늘날과 마찬가지로 급격히 배출된 온실가스와 관련이 있다. 왜 그 시기에 이토록 급격한 배출이 일어났는지는 과학자들도 정확히 알지 못한다. 자연적인 원인을 설명할 수 있는 가설이 몇 가지 있긴 하다. 그러나 기나긴 지질학적 기록은 쉽게 비밀을 알려주지 않는다. 만약 수백만 년 전 지구에 또 다른 문명이 존재했고, 인류와 마찬가지로 짧은 기간 이어지다가 자멸하고 말았다면, 우리가 그 흔적을 발견할 가능성은 아마 거의 없을 것이다.[52] 그렇기에 과거의 기후 변화에 대해 또 다른 설명을 발견할 가능성은, 극히 낮지만, 그럼에도 존재한다.

S#1. 우주(낮)

우리는 우주에서 아름다운 행성을 내려다본다. 대륙과 바다의 위치는 지구와 다르지만, 갈색과 초록색의 육지, 깊고 푸른 바다가 어쩐지 익숙하다. 친숙하고, 생명이 살 수 있는 행성이라는 건 쉽게 알 수 있다.

행성에 가까이 다가가 착륙을 시도한다. 웅장한 도시 위로 해가 뜨는 중이다. 겨울인지 땅에는 눈이 덮여 있다. 건물의 재료는 알 수 없는 물질이고, 건축 양식도 낯설다. 작은 마을, 높은 타워, 사원이나 궁전 같은 인상적인 건물들도 있다. 그러나 도로는 없다. 대신 밀집한 건물들 사이사이로 케이블 선들이 가로지르며 건물들을 잇고 있다. 다양한 크기의 탑승용 캡슐들이 케이블에 매달린 채 빠른 속도로 건물들 사이를 오간다. 활발히 움직이는 도시의 모습이 인상적이다.

문득 배경에서 굉음이 들린다. 우르릉거리는 모터 소리, 꽝꽝거리며 부딪치는 소리, 알 수 없는 언어로 거칠게 내지르는 고함들. 가만 보니 탑승용 캡슐 중 일부에는 특이한 상징이 새겨져 있는 것들이 있다. 불꽃처럼 생긴 세 개의 곡선이다. 우리는 그중 하나를 따라 도시 밖으로 날아간다.

S#2. 도시 바깥(낮)

탑승용 캡슐이 거대한 구덩이 위에 멈춘다. 깊은 구덩이에서부터 투명한 물질로 된 관 여러 개가 솟아오른다. 거대한 빨대처럼 생겼다. 그중 하나의 관이 위로 꿈틀거리며 솟아올라 공중에 떠 있는 캡슐에 달라붙는다. 시커먼 진액 같은 것이 관을 타고 올라가기 시작한다. 그렇게 연료를 충전한 캡슐은 다시 도시로 돌아간다. 그러면서 마찬가지로 연료를 채우기 위해 오고 가는 수천 개의 캡슐들을 지나친다. 정체불명의 이 도시가 땅속에서 끌어올린 무언가에 의해 동력을 얻는다는 사실을 알 수 있다.

(장면 전환)

같은 도시, 20년 후. 나무는 잎 하나 없이 앙상하지만, 눈은 흔적도 보이지 않는다. 건물들이 눈에 띄게 노후했다. 탑승용 캡슐들은 대부분 불꽃 상징이 그려진 채 낡은 케이블에 매달려 여전히 도시 안팎을 오간다. 저 멀리 지평선 너머 아스라이 보이는 곳에 산불이 타고 있다. 연기가 실려 와 하늘을 주황빛으로 물들인다. 저지대에 있는 건물 아래층은 더러운 물에 잠겨 있다. 폭발음, 쉭쉭거리는 소리, 알아듣기 힘든, 어쩌면 비명 같기도 한 소리가 들린다.

(장면 전환)

황폐한 도시의 폐허. 무성한 덤불이 때때로 흔들리는 것 말고는 어떤 움직임도 없다. 덩굴식물들이 무너진 건물의 벽을 타고 오른다. 끊어진 채 남아 있는 케이블 몇 개가 바람에 흔들리고 있다.

(장면 전환)

우거진 숲. 고사리, 은행나무, 거대한 곤충들. 문명의 흔적은 없다. 단 하나, 금속으로 된 탑승용 캡슐의 망가진 잔해를 제외하고는.

(장면 전환)

죽은 나무우듬지가 바닷물에 완전히 잠겨 있다.

(장면 전환)

드넓은 바다.

S#3. 우주

푸른 구슬을 닮은 행성이 축을 중심으로 한 번 회전하더니, 점점 빠르게 돌아가며 흐릿해진다. 시간을 빠르게 돌린 것이다. 대륙이 쪼개져 둥둥 떠다닌다. 그러더니 곧이어 대륙들이 익숙한 오늘날의 모습으로 자리를 잡아간다.

(장면 전환)

빨갛게 도색된 금속의 클로즈업 숏. 카메라가 번들거리는 표면을 따라 이동하다가 구멍에 다다른다. 곡선형 금속 노즐이 구멍 속으로 들어간다. 연료통이 채워지는 꿀렁꿀렁 소리가 들린다.

(장면 전환)

빨간 자동차가 먼지가 이는 외딴 도로를 달린다. 저 멀리 평평한 땅 위로 철제 유정 탑이 우뚝 솟아 있다. 차가 가까이 다가가자, 시추 현장에서 소란이 벌어지고 있다. 작업자들이 무언가를 둘러싸고 분주히 움직이고 있다. 그중 몇몇이 차가 있는 곳으로 달려와서는 운전자에게 어서 와보라고 재촉한다. 운전자가 차를 세운 뒤 내려 사람들 쪽으로 걸어가자 사람들이 옆으로 비켜선다. 땅에 거대한 구멍이 있고, 무언가가 그 속에서 끌어올려지는 중이다. 그 무언가를 향해 카메라가 다가간다. 클로즈업.

기적적인 우연에 의해 억겁의 시간 동안 보존된 망가진 금속 조각이다. 그 위에 아주 희미하게 어떤 그림이 보인다. 불꽃 모양을 이루는 세 개의 곡선이다.

운전자는 어깨를 으쓱한다. 작업자들은 혼란스러운 듯 서로 쳐다보다가 다시 하던 일로 돌아간다. 그러나 우리는 알고 있다. 현대 기술 문명의 동력은 화석연료다. 화석연료는 대기 중에 막대한 양의 온실가스를 뿜어낸다. 이 때문에 기후는 빠른 속도로 변하고, 사회의 안정을 무너뜨리며, 문명을 위협한다.

그러나 여기 그 무엇보다 충격적인 진실이 있다. 이 모든 일이 이미 과거에도 일어났던 사건이라는 것이다. 우리는 자멸한 최초의 문명이 아니었다. 우리는 속편이었다.

끝.

세상이 점점 선해지는 것은
어느 정도 역사에 남지 않을 행동들 덕분이다.
조지 엘리엇, 『미들마치』

　서기 40년, 로마 군단 병사들이 프랑스 북부 해안에 도착했다. 칼리굴라Caligula 황제가 통치하던 기간이었고, 그는 딱히 현명한 선택을 한 것으로 알려지진 않은 남자였다. 그래서였을까, 그의 치하에서는 다들 의문을 품지 않는 것에 익숙했다. 그리하여 병사들은 줄지어 서서 충실하게 공성 무기와 화살 발사기를 조립한 다음 전열을 이루었다. 이윽고 명령이 떨어지자 그들은 공격을 개시했다. 적군은 짠 내와 비린내를 풍기며 해안으로 돌진해 밀려왔다. 병사들은 물에 젖었고, 무기에는 모래가 들어갔다. 로마군은 바다를 상대로 전쟁을 벌인 것이다.[1]

　결과는 그다지 놀랍지 않다. 진심으로 달려드는 로마군을 버틸 자는 없었고, 바다는 딱히 저항하지 않았다. 로마군이 노를 저어 바다로 들어와도 반격하지 않았다. 군인들은 해변에 흩어져 전리품으로 조개껍데기를 주워 투구와 주머니에 집어넣었다. 전투는 금세 일방적인 승리로 끝을 맺었다. 전쟁이 막을 내리자, 칼리굴라는 바다와의 전쟁에서 위대한 승리를 거둔 기념으로 이곳에 등대를 세웠다.

이 이야기가 실제 있었던 일인지는 알 수 없다. 직접 봤다는 사람은 없고, 지금까지 전해지는 로마 역사는 다른 고전 문헌들과 마찬가지로 의도가 뚜렷한 엄청난 거짓말쟁이가 사후에 쓴 것이기 때문이다. 그러나 자연을 상대로 선전포고한 역사 속 지도자가 칼리굴라뿐은 아니었다. 인류가 존재하기 시작한 뒤로, 어떤 이들은 인간의 의지대로 자연을 굴복시키려 시도했다. 중세에 크누트 왕은 파도에게 명령을 내리려 했다. 기원전 5세기 페르시아의 크세르크세스 황제는 다리를 무너뜨린 바다를 채찍질했다. 역사나 전설 속에는 인간이 자연을 상대로 싸운 이런 이야기들이 가득하다. 때로는 인간이 진다. 그러나 대부분은 인간이 이긴다.

확실한 건, 인간은 **실제로** 자연의 원소들에게 명령을 내린다는 것이다. 아니면 적어도 그 영향을 관리한다. 지구는 이제 완전히 인류가 지배하는 행성이 되었다. 우리 발자국이 없는 곳이 없다. 현재 얼음으로 덮이지 않은 육지의 절반은 농경지로 쓰인다.[2] 질량으로 따졌을 때 동물보다 플라스틱이 두 배쯤 많다.[3] 지구상 모든 생물체의 몸속에 존재하는 탄소를 합친 것보다 더 많은 탄소를 인간이 대기 중에 배출했다.[4] 좋건 싫건 오늘날 지구는 인간의 세상이다.

그런데 이 낡고 지친 행성이 마침내 반격을 시작하고 있다. 지구의 기온이 올라가는 만큼, 지구가 우리에게 퍼붓는 펀치도 많아진다. 가뭄이 더 길고 심해지며, 비도 더 거세게 내린다. 견디기 힘든 더위 속에서 금속과 아스팔트가 뒤틀리고 부서져 내리며, 산불의 연기로 하늘은 주황색 혹은 갈색이 되어버린다. 이제는 바다가 우리에게 전쟁을 선포하며 해안 도시들을 포로로 삼아 해변을 되찾으려 든다. 앞으로는 더 나빠질 일만 남았다.

과학은 명백하다. 기후 변화가 일으킬 가장 큰 재난을 막으려면 두 가지 방법뿐이다. 첫째, 기온을 상승하게 만드는 온실가스 배출을 중단하는 것. 둘째, 어떤 방법으로건 지구가 더는 뜨거워지지 않도록 공학적으로 조작하는 것. 플랜 B는 명백히 오만함의 극치다. 그리고 아마도 그 점이 이 선택지의 매력일 것이다. 우리 인간은 딱히 겸손한 종이었던 적이 없으니까. 인류는 예전에도 세계를 재창조한 적이 있다. 때로는 우연히, 때로는 의도적으로. 그러니 또 한 번 만들지 못할 이유는 없다고 생각할 수 있다.

플랜 B, 즉 의도적으로 지구를 조작하는 일을 '지구공학 geoengineering'이라고 부르기도 한다. 지구공학에는 여러 방법이 있지만, 크게 두 가지 범주로 나눌 수 있다. 첫 번째 '태양 복사열 조절'은 지표면에 도달하는 태양 에너지의 양을 줄이는 방법이다.[5] 두 번째 '이산화탄소 제거'는 탄소 순환을 조작해 하늘을 깨끗하게 만드는 것이다.[6] 이 두 가지 범주의 선택지 중 어떤 것도 아직은 유의미한 규모로 시행되고 있지 않다. 두 방법 모두 극도로 위험하기 때문이다. 그러나 인류의 기나긴 오만함의 역사를 생각하면, 언젠가 누군가가 지구를 조작하려 드는 일은 피할 수 없을 것이다. 지구는 변하지만, 인간은 변하지 않으니까.

그러니 야심만만한 지구공학자들이 무슨 생각을 하는지 한번 알아볼 가치는 있겠다. 우선 첫 번째 해법인 태양 복사열 조절에 대해 알아보자. 이론상으로 지구가 받아들이는 에너지를 감소하는 건 쉽다. 에너지가 어디서 오는지 알기 때문이다. 지구의 생명체는 태양이 빛나기 때문에 존재한다. 만약 태양이 빛나지 않는다면 어떻게 될까?

태양을 피하는 방법

1783년 아이슬란드, 땅이 흔들리더니 쩍 갈라졌다.[7] 땅에서 끓어오른 용암이 강으로 흘러 들어갔다. 산성비가 내렸다. 대기 중에 화산재가 흩뿌려지고, 인근 들판에 떨어져서 갓 털을 깎인 양들의 피부와 안구에 화상을 입히고, 노랗게 시들어가는 잔디에 들러붙었다. 양들은 죽었다. 소들도 죽었다. 그 뒤에는 양과 소를 식량으로 쓰려던 사람들도 죽었다. 북대서양이라는 커다란 바다로 고립된 아이슬란드인들은 도움을 요청할 방법도 없었다. 방법이 있다고 한들 누가 도와줄까? 유럽도 조만간 화산재에 덮일 터였다. 유독가스는 머나먼 영국에서도 2만 명 이상의 사망자를 낼 만큼 강력했다.[8] 유럽 대륙 전체에 피처럼 붉은 태양이 내리쬐고, 대낮은 건조하고 악취 나는 연기로 뒤덮였다. 연기 때문에 머리가 아프고 숨 쉬기가 어려웠다. 모두가 과민해졌다. 온 세상이 아지랑이에 덮여 가장자리가 흐려진 것만 같았다. 태양은 어둑어둑했다. 마치 태양이 떠오르는 걸 잊기라도 한 것처럼.

이 모든 현상을 일으킨 화산 폭발은 특별히 큰 폭발도 아니었다.[9] 적어도 메리 셸리가 인간의 과학적 오만함을 다룬 고전 명작을 쓰게 만들었던 1815년 탐보라 화산 폭발이라는 대재앙과 비교하면 그렇다. 그러나 아이슬란드의 라키 화산이 폭발했을 때 쏟아진 용암은 뉴욕을 18미터 두께로 덮어버릴 만큼 거대한 강이 되어 흘렀다.[10] 이것은 아이슬란드에게는 불행한 일이었지만, 이 사건이 전 세계적 재난이 된 것은 이산화황 1억 톤이 대기 중에 뿜어져 나왔기 때문이었다.[11] 이 중 다량이 화산 폭발로 인해 대기의 높은 곳까지 올라가 제트기류에 실려 북반구 전역으로 확산되었다. 그곳에서 이산화황은 다시 화학적 변이를 일으켜 태양 빛을 차단하는 미세 입자인 황산염 에어로졸이 되었다. 태양의 온기가 사라지자 기온이 급격히 내려가기 시작했다.

라키 같은 화산 폭발은 이론적으로는 지구온난화를 상쇄할 수 있다. 물론 우리가 화산을 터뜨리는 방법을 안다면 말이다. 현실에서는 화산 폭발을 유도할 수도 없거니와 폭발 시점을 정확히 예측할 수조차 없다. 지구의 온도를 떨어뜨리기 위해 이토록 드물고 산발적으로 발생하는 현상에 의지하는 건 비효율적인 일이다. 그래도 다른 선택지가 존재한다. 화산 폭발이 지구의 온도를 떨어뜨리는 건 성층권에 태양 빛을 차단하는 입자들을 흩뿌리기 때문이다. 인간도 먼지를 탑재한 제트기 함대를 활용해 똑같은 일을 할 수 있다.[12] 대기권에 에어로졸을 주입하는 건 실현 가능한 동시에 비용 또한 비교적 저렴하다. 지구 전체에 무기 자외선차단제를 바르는 것과 비슷하다고 생각하면 이해하기 쉬울 것이다.

화산 폭발을 모방하는 것 외에도 태양 빛을 차단할 방법은 더 있다. 사실 인류는 (의도치 않게) 이미 그런 실험을 하는 중이다. 현재 바다에는 화물선이 지나간 자리마다 가느다란 구름 자국이 남아 얽혀 있다. 바다는 광대하고, 세계 각지의 배들이 대륙 사이를 촘촘히 오가고 있기 때문에, 배가 지나간 자국이 실오라기 같은 구름 조각을 이어 붙인 구름층을 만들고, 그것이 바다에 도달하는 태양 빛을 부분적으로 차단한다.[13] 그 결과 지구는 조금 더 낮은 온도로 유지되고 있다.

우연이 아닌 의도적으로 이런 현상을 일으킨다면 어떨까? 무해한 바닷소금을 뿌리는 배들을 전략적으로 배치해 바다 구름을 더 밝고, 더 두껍고, 더 오래가게 만들 수 있다.[14] 세상의 온도를 낮추는 대가로 바다 날씨가 조금 더 우울해지기야 하겠지만 어차피 그곳엔 실망할 사람도 살지 않는다. 우리는 우연히 태양 빛을 차단할 힘을 갖게 되었다. 그렇다면 의도적으로 실행할 힘 역시 있다.

과학자들은 이런 방법 중 일부는 실제로 효과가 있으리라고 상당히 확신한다. 여기서 말하는 '효과'가 지구의 평균 기온을 낮추는 것이라면 말이다.[15] 그러나 이런 방법들에 부작용과 예상치 못한 결과들이 따라오리라는 것 역시 확신한다. 또한 우리가 모르는 것이 많다는 것도 알고 있다. 태양 빛을 차단하는 것은 그리 간단하지 않으며, 화산 폭발은 불확실한 부작용을 동반한다.

라키 화산 폭발 이후인 1783년 여름 유럽의 더위는 혹독하게 **뜨거웠다**.[16] 처음 보는 고기압 덩어리가 북유럽을 짓눌러 움직이지 않는 대기의 섬을 형성했다.[17] 이 대기의 섬은 차가운 북극해의 공기 흐름을 남쪽으로 보내고, 대륙 위에 후덥지근한 공기가 쌓이도록 했다. 무더운 공기 속에서 폭우와 번개가 몰아치며 가축을 죽일 만큼 커다란 우박을 쏟아냈다.[18] 그해 여름이 지나자 그 누구의 기억에도 없을 추운 겨울이 찾아왔다.[19] 봄이 되어 눈이 녹을 무렵에는 유럽 중부 전역에 홍수가 들었다.[20] 그 뒤로 몇 년 동안은 여름에 비가 많이 오고 서늘했으며, 겨울은 몹시 추웠고, 그 뒤에는 심각한 가뭄이 닥쳤다.[21] 과학자들은 이러한 현상들의 정확한 원인을 이해하지 못한다. 태양을 어둡게 만드는 것과 이로 인한 결과를 예측하는 것은 완전히 다른 문제다.

그러나 그중에서도 가장 예측할 수 없는 변수는 다름 아닌 인간이다. 1783년에 유럽에는 여전히 진짜 왕이 존재했으며, 이 왕들은 신이 내린 권력을 쥐고 있었다. 그러나 경제 시스템을 관리하는 것보다는 신에게 기도하는 쪽이 더 쉬운 법이다. 특히 프랑스의 금융 시스템은 그야말로 재앙이었다. 화산 폭발 이전부터 프랑스에서는 농작물 수확량이 줄고, 곡물 가격이 오르고 있었다. 루이 16세는 신용을 모두 소진해서 더는 해외 차관을 기대할 수 없었다. 귀족들은 세금 내기를 거부했지만, 누군가는 돈을 내야 했다. 애초부터 그리 유능하지 않았던 왕은 어쩔 수 없이 단순한 해결책을 냈다. 귀족의 세금을 면제하고, 굶주리는 백성에게 세금을 물리는 것이었다. 그러다가 엄청난 흉작이 들었다.[22] 백성은 폭동을 일으켰고, 바스티유 감옥이 함락되고, 왕은 참수당했다.

라키 화산과 단두대 사이에 직접적인 연관 관계가 있다고, 아니면 적어도 고함을 지르는 폭도들과 덜컹거리는 사형수 호송차, 잘린 머리가 가득 든 바구니로 이어지는 도미노 조각들이 있다고 상상하고 싶은 유혹을 느낀다. 그러나 그런 직접적인 연관 관계를 찾는 건 불가능하다. 가스와 먼지를 대기에 흩뿌리거나 구름을 밝게 만드는 일에는 대가가 따른다. 암흑 시대에 날뛰던 미치광이들의 후손에게 절대 권력을 쥐여준 정치 체제 역시 대가가 따랐다. 이런 일들이 어떻게 서로 얽혀 있으며, 오늘날의 세계를 위해 어떤 결론을 내릴 수 있을지는 물리학만으로 답할 수 없는 질문이다. 그럼에도 서늘해지는 기후와 인간 사회의 관계를 이해하는 일은 반드시 필요하다. 태양 빛이 줄어들 때마다, 세상은 매번 미쳐 날뛰었기 때문이다.

18세기 후반의 정치적 혼란은 6세기에 일어난 재앙에 비할 바는 아니었다. 서기 536년 아이슬란드에서는 엄청난 규모의 화산 폭발이 일어났다.[23] 이 폭발은 두세 차례의 추가 폭발로 이어졌다. 화산 폭발 때문에 6세기는 인류 역사상 가장 살아가기 힘든 시기가 되고 말았다.[24] 일식 같은 일시적 현상을 빼면, 낮의 태양이 이토록 어두웠던 적은 없었다. 아일랜드, 중국, 비잔틴제국의 역사가들 모두 하늘이 어두워졌고 태양 빛은 희미한 푸른색이었다는 기록을 남겼다. 기온은 뚝 떨어졌고, 흉작이 들고 어획량도 줄었으며, 비잔틴제국에는 폭력과 전염병이 들끓었다.[25] 이 재앙의 진원지인 스칸디나비아에서는 인구의 대부분이 굶주림으로 사망했다.

이 기후 혼란 속에서 새로운 문화가 탄생했다. 바이킹은 방비가 부실한 해안가 마을 사람들이나 수도사들 눈에는 갑자기 나타난 것처럼 보였다. 그러나 당연한 소리지만 바이킹도 어디에선가 왔다. 그들은 폐허가 된 스칸디나비아에서 살아남은 이들로부터 서서히 진화한 존재였다. 바이킹 스스로도 자신들은 폭력적인 죽음으로부터 시작했으며, 또 한 번의 죽음으로 끝날 거라고 말했을 것이다. 대부분의 신화에서는 신이 최초의 존재를 창조한다. 그런데 북유럽 신화에서는 바이킹 신들이 최초의 존재를 죽이고 그 시체를 해체한 뒤 재조립해 세계를 만들었다. 그것은 폭력적인 세계였다. 바다는 피였고, 나무는 머리카락이었으며, 산은 뼈와 이빨로 만든 것이었다. 그러나 인간보다 훨씬 강력한 바이킹 신들도 다가올 종말 앞에서는 무력했다. 기묘하게 순환하는 북유럽 신화의 세계관 속에서 다가오는, 또는 이미 다가온, 또는 다가올 종말은 시커먼 낮과 영원한 겨울로 예고된다. 라그나로크―모든 것의 종말―는 피할 수 없었다. 무엇보다도 그것은 이미 일어난 일이었다.[26]

　당연히 종말은 바람직하지 못한 결과다. 그런데 태양 빛을 차단하건 아니건, 우리는 종말을 맞이할지도 모른다. 나는 상승하는 기온의 위험성을 알고, 필요하다면 과감한 방법을 써서라도 이에 맞서야 할 필요가 있음을 안다. 오늘날 우리가 겪는 끔찍한 일들, 즉 허리케인, 폭염, 가뭄, 폭우, 해수면 상승 등은 지구의 온도가 올라갈수록 더욱 심해질 것이다. 또 우리가 이미 온실가스 배출을 통해 지구의 기후를 바꾸고 있다는 사실도 안다. 내가 살아온 평생 '지구공학을 전혀 하지 않는' 선택지는 존재하지 않았다. 또 과학자로서 나는 기후 변화에 대한 기술적인 해법에 끌린다. 내가 가진 전문 기술들은 사회적·정치적 변화를 끌어내야 하는 어렵고 혼란스러운 일보다는 태양 빛을 차단하는 계획을 세우는 데 더 어울리니까. 과학으로 세상을 재앙에서 지켜낸다는 상상은 정말 매력적이다. 프랑켄슈타인은 단 하나의 생명체를 만들었을 뿐이다. 만약 과학자들이 모든 생명을 구할 수 있다면? 어마어마한 보상이 따르겠지! 온 세상 사람들이 우리에게 감사하고, 우리를 우러러보겠지! 연구비가 넘쳐나고, 일자리도 안정적이며, 더는 연구비 지원 서식을 쓰지 않아도 되겠지! 그런데 그 대가로 고작 태양 빛만 없애면 된다니!

그러나 수차례 화산 폭발을 통해 보았듯이, 태양 빛을 차단하면 감당하기 어려운 결과가 발생할 수 있다. 성층권에 먼지가 흩뿌려지면 기온이 내려간다는 건 거의 확실하다. 그러나 이때 물 순환이 예기치 못한 방식으로 바뀌어서 여러 지역의 가뭄, 홍수, 또는 둘 다의 위험성이 높아질 가능성이 있다.[27] 성층권에 이질적인 물질을 집어넣으면 취약한 오존층을 파괴할 수도 있다.[28] 또 태양 복사열 조절은 한번 시작하면 영원히 부담스러운 과제가 될 것이다. 온실가스 배출이 급격히 감소하지 않는 한 태양 빛 차단을 안전하게 그만둘 방법은 없으니까. 만약 태양 빛 차단을 중단하면 지구는 '말단충격termination shock'(태양 영향력의 한계를 구분 짓는 경계의 일종으로, 초음속이던 태양풍 입자가 음속 이하로 떨어지는 지점. 이러한 충돌은 압축, 가열, 자기장의 변화를 유도한다―옮긴이)을 겪을 것이다.²⁹ 그럼으로써 수십 년간 억눌렸던 기후 변화가 몇 달 만에 일어나며 빠른 속도로 온난화가 이루어질 것이다.

게다가 이런 결과들은 우리가 아는 것들일 뿐이다. 위험한 세계를 의도적으로 바꾸려는 결정은 그것이 어떤 것이든 전쟁을 촉발하는 원인이 될 수 있다. 예를 들어 태풍이 중국 해안을 강타하거나, 가뭄으로 미국 농업이 황폐해진다면, 전 세계가 재앙에 시달릴 수 있다. 무엇보다도 가장 중요한 것은 누가 이런 결정을 내릴 수 있는가의 문제다. 억만장자 한 사람이 전용 제트기 함대를 성층권에 보내 먼지를 흩뿌릴 수는 있을지도 모른다. 한 국가가 구름을 더 밝게 만들기로 결정할 수도 있을 것이다. 혹은 한 기업이 0.1도의 지구 냉각을 판매할 수도 있을 것이다. 그러나 지구의 온도를 낮추는 건 모두가 함께 내려야 하는 결정이다. 그런데 세계 기후에 대해 전 지구적 합의를 끌어낼 수 있는 기관이 존재하기는 하는가? 태양을 가릴 힘이 누구에게 있는지를 어떻게 결정할까?³⁰

태양 복사열 조절이 상상조차 해선 안 되는 오만이며, 플랜 A, 즉 온실가스 배출을 멈추는 일은 여전히 불가능한 것처럼 보인다면, 탄소 순환을 조작해서 대기에서 이산화탄소를 제거하는 건 어떨까? 대기를 그냥 청소할 수는 없을까? 방법은 있다. 우리는 나무, 바위, 심지어 바다와 같은 자연의 도움을 통해 대기 중 이산화탄소를 제거할 수 있다.

나무는 인간을 위해 존재하지 않는다

1만 2,000년 전, 농업이 발명되기 전에는 지구에 약 6조 그루의 나무가 있었다.[31] 그 뒤 우리는 그중 절반가량을 벌목했고, 산림 파괴의 대부분은 산업혁명 이후에 일어났다. 그럼에도 나무는 지금도 여러 방법으로 우리에게 도움을 주고 있다. 토양 속 나무뿌리를 타고 물이 위로 흘러가 숲 위로 부드러운 구름을 뿜어낸다.[32] 나무 그늘 속과 가지 위에서는 생명들이 살아간다. 나무뿌리는 흙을 단단히 엮어주고, 산비탈이 침식되지 않도록 방어벽이 되어준다.[33] 나무가 없었다면 육지는 오래전 바다로 쓸려나가고 없었을 것이다. 공기 중 오염물질은 우리의 폐로 들어가기 전 나무에 달라붙어 사라진다.[34]

또 하나 중요한 건, 나무를 이루는 물질 대부분은 공기 중에서 탄생했다는 사실이다. 이산화탄소를 목재와 잎으로 바꾸는 나무의 마술 같은 능력 덕분이다. 우리는 발전소, 자동차, 공장이 뿜어낸 이산화탄소의 절반가량이 수백 년간 대기 중에 머무른다는 사실을 알고 있다. 그러나 나머지 절반은 나무와 다른 광합성 생물들이 흡수해 대기에서 사라진다.[35] 우리는 마법 같은 숲속에 살고 있다. 어마어마하게 멋진 마법이 가득한 초록 세계다. 연금술사들이 쇠로 금을 만들겠다며 허송세월하는 동안, 이처럼 숲은 말없이 독을 꽃으로 바꾸고 있었다.

나무는 대기 중 이산화탄소를 제거할 수 있기에 지구온난화의 속도를 늦출 수도 있다. 완전히는 아니고, 아주 조금. 이는 인간이 나무에게 그 이상을 허락하지 않았기 때문이다. 나무에게는 땅이 필요하지만, 인간 역시 땅이 필요하기에 나무를 베어 공간을 만든다. 그러나 숲이 파괴되면 이중의 비극이 일어난다. 나무 속 탄소가 분해되어 대기 중으로 돌아가면 도리어 열을 가두는 사악한 힘으로 변한다.[36] 그리고 죽은 나무는 더 이상 자라지 않는다. 한때 대기 중 이산화탄소를 줄이던 나무가 이제는 늘리는 원인이 된다. 즉, 탄소 흡수원이 탄소 배출원이 되는 것이다.

우리에게는 두 가지 진실이 있다. 첫째, 기후 변화를 멈출 생각이 조금이라도 있다면 나무를 무분별하게 파괴하는 오만한 짓은 반드시 그만둬야 한다. 하지만 오늘날 세상은 반대 방향으로 가고 있다. 2022년 한 해 동안 무려 400만 헥타르가 넘는 열대 우림이 사라졌는데, 이는 뉴욕시 면적만 한 숲이 매주 사라진 것과 같다.[37] 이에 따라 대기 중 배출된 이산화탄소는 25억 톤이 넘는다.[38] 이미 있는 숲을 보호하는 것만으로도 앞으로의 수십억 톤에 달하는 이산화탄소 배출을 막을 수 있을 뿐 아니라, 숲에 사는 동물, 식물, 그리고 사람들을 보호할 수 있다.

그러나 이때 두 번째 진실이 등장한다. 나무를 심는다고 해서 기후 변화를 막을 수는 없다는 것이다. 나무는 인간을 위해 존재하지 않는다. 나무는 존재하기 위해 존재한다. 인간 활동이 배출한 이산화탄소의 일부나마 흡수해주는 건 우리로서는 다행한 일이지만, 그것은 나무가 살기 위해 하는 일일 뿐, 인간의 실수를 바로잡아 주고자 하는 일이 아니다. 나무의 수명이 다하면 탄소를 가두는 일도 끝난다. 나무 속 탄소는 나무가 썩으며 서서히 대기로 돌아가거나, 나무가 탈 때 갑작스럽게 돌아간다. 숲은 이산화탄소를 가두는 감옥으로 설계되지 않았다. 따라서 그 역할을 잘 수행하지는 못한다. 이렇게 허술하고 위태로운 감옥에 적을 가두는 건 영화 〈007〉에 나오는 멍청한 악당이나 하는 짓이다.

탄소에게는 외부의 친구들이 존재한다. 나무가 흡수하지 않고 남은, 즉 먹히지 않은 이산화탄소는 대기 중에 쌓인다. 지구가 이에 반응해 따뜻해지면 산불이 더 많이 나고,[39] 벌레가 더 많이 생기고,[40] 질병이 더 많이 발생해 숲을 죽인다.[41] 숲에 탄소를 격리하는 일은 잘해봤자 부실한 방법일 뿐이다. 지금 우리는 탄소 크레디트carbon credit(탄소 감축 실적을 가치화한 시스템—옮긴이)를 구매해 벌목을 1년간 미룰 수 있다. 그러나 벌목은 다시 이루어질 테고, 사라질 운명에 처한 숲은 결국 대기 중 이산화탄소량을 늘릴 것이다. 그러므로 이는 그저 별표와 깨알 같은 글씨로 기후 변화를 잠시 보류하는 일에 불과하다.

나는 분명히 주장한다. 우리는 오래된 숲을 복원해야 한다. 그 이유는 여러 가지다. 숲은 아름답고, 우리를 행복하게 해주며, 다른 식물과 동물들이 번성하게 해준다. 그리고, 맞다. 숲이 이산화탄소를 흡수하기 때문이기도 하다. 나무를 심자! 그러나 무작정 심는다고 해서 다는 아니고, 또 어리석은 방식으로 심어서도 안 된다. 숲과 상호작용할 때는 나름의 존재 이유를 가진 다른 생명체와 상호작용하는 것임을 충분히 인식해야 한다. 나무를 잘못 심으면 잘못된 결과가 뒤따른다. 숲이 조성된 지표면은 일반적으로 벌목된 지표면보다 태양 빛을 덜 반사하기 때문에, 잘못된 곳에 더 많은 숲을 만들면 지구가 더 뜨거워질 수 있다.[42] 탄소를 효과적으로 흡수하기 위해 선택된 단일 수종으로만 이루어진 숲은 다채롭고 아름답게 어우러진 자연의 숲과는 다르다.[43] 또 과거에 나무가 없던 곳에 나무를 심는 조림은 재조림과는 다르다.[44] 공기를 생명으로 바꾸는 마술사는 나무 외에도 존재하기에, 나무가 다른 생태계의 자리를 빼앗는다면 이 또한 응당의 결과가 뒤따르기 때문이다.

또 경쟁이라는 단순한 문제도 있다. 나무가 자라려면 땅이 필요하다. 그러나 우리도 마찬가지다. 미국의 이산화탄소 배출량을 상쇄하는 데만도 미국 국민 한 사람당 600그루 이상의 나무를 심어야 한다. 즉, 매년 뉴멕시코주 면적만큼의 숲을 만들어야 한다는 뜻이다(뉴멕시코주의 면적은 31만 5,194제곱킬로미터로 미국의 주들 중 다섯 번째로 넓으며, 한반도 전체 면적의 약 1.4배에 달한다—옮긴이).[45] 그만큼의 나무를 심으려면 현재 다른 목적으로 쓰이고 있는 그 땅을 비워야 할 것이다. 누가 그런 결정을 내릴 수 있을까? 이미 주거지로, 상업 지역으로, 농경지 등으로 쓰이고 있는 그 땅을 비우라고 명령할 수 있는 사람이 있을까? 게다가 누가 그런 강제 이주 명령에 순순히 따르겠는가?

역사상 최대 규모의 정화 작전

따라서 나무를 심는 것으로는 기후 변화를 극복할 수 없다.

그렇다면 대기 중 탄소를 제거하는 다른 방법을 고려해보자. 수천 년 동안 인간은 나무로 이런저런 것을 만들어왔다. 그렇다면 이제는 반대로 이런저런 것들로 나무를 만드는 법을 생각해야 한다. 대기 중 이산화탄소를 흡수하는 거대한 인공 숲을 만드는 것이다.[46] 인공 숲에 실제 나무는 존재하지 않는다. 그늘도 없고, 봄이라고 해서 꽃이나 열매가 맺히지도 않는다. 그러나 숲에 필요한 땅 없이, 실제 나무의 이산화탄소 흡수 능력을 흉내 낼 수는 있다. 이론상으로 이것은 그다지 어려운 일은 아니다. 우리는 수십 년 동안 특정 환경에서 이산화탄소를 제거하는 방법을 이해해왔기 때문이다.

우주선 아폴로 13호의 산소 탱크가 폭발했을 때, 기내의 전기와 생명 유지 장치들이 멈추기 시작했다. 세 명의 우주비행사는 사령선에서 달 착륙선으로 이동하려 시도했는데, 달 착륙선은 원래 두 명만 수용할 수 있도록 설계된 것이었다. 그럼에도 그들의 시도는 성공했고, 셋은 안도의 한숨을 내쉬었다. 하지만 이는 위험한 행동이었다. 그들이 숨을 내쉴 때마다 좁은 달 착륙선 안의 이산화탄소 농도가 조금씩 올라갔다. 곧 우주선 내부 공기에서 인간이 배출한 모든 이산화탄소를 긴급히 제거해야 하는 상황이 닥쳐왔다. 다행히 우주비행사들에게는 이산화탄소만 선택적으로 포집하고 산소는 투과시키는 스펀지 비슷한 소재로 된 필터가 있었다. 그런데 불행히도 필터는 네모 모양이었고, 필터를 장착할 정화 장치의 구멍은 둥근 모양이었다. 임시방편으로 그들은 양말과 강력 테이프를 활용해 어댑터를 만들었고, 마침내 필터 장착에 성공해 무사히 지구로 돌아올 수 있었다. 진짜 위기 상황이 닥치면 인간은 가진 모든 걸 쏟아부어 문제를 해결한다. 때로는 그런 시도가 통하기도 한다.[47]

물론 좁은 우주선 내부와 지구 전체를 비교하는 것이 적절치는 않다. 고작 세 사람의 호흡에서 나온 이산화탄소를 제거하는 것과, 화석연료 연소로 인해 대기에 배출된 누적 1조 5000억 톤의 이산화탄소를 제거하는 것은 완전히 다른 문제다.[48] (알기 쉽게 설명하자면, 이는 인류가 지금까지 만든 모든 기반 시설의 무게를 다 합친 것보다 더 무거운 양이다.[49]) 그렇지만 대기는 아주 큰 공간이며, 이에 비하면 이산화탄소는 희박하다고 할 수 있다. 이산화탄소 직접 포집 방식은 대부분 이산화탄소를 선택적으로 붙잡는 물질 위로 공기를 흘려보내는 방식으로 작동한다. 그러나 대기의 99.9퍼센트가 이산화탄소 이외의 기체로 이루어져 있기에, 대기 중 희석된 이산화탄소를 걸러내기 위해 포집 물질 위로 공기를 흘려보내는 데는 막대한 에너지가 든다. 연간 수백만 톤의 이산화탄소를 제거하려면 현재 미국 전체 전기 공급량의 약 0.5퍼센트가 필요하다.[50] 100만 톤이라고만 해도 상당한 양처럼 느껴지겠지만, 이는 현재 인간이 13분마다 배출하는 이산화탄소량에 불과하다.[51]

NASA는 임무에 집착하다시피 매달린다. 모든 것을 반복 훈련하고, 모든 돌발 상황을 예측하고 대비한다. 아폴로 13호에 탑승한 승무원들은 집중적인 훈련과 과거 시도에서 배운 교훈에 의지해 상황을 해결할 수 있었다. 하지만 우리는 그럴 수 없다. 인류 역사상 하늘에서 무엇을 꺼내 고친 적은 한 번도 없었기 때문이다. 과거의 환경 문제 역시 인간이 오염을 그만두고 자연이 저절로 치유되기를 기다리는 방식으로 해결하곤 했다.[52] 그러나 이번 일은 인간의 도움 없이는 자연이 스스로 해결할 수 없다.

아마 이번 일은 역사상 최대 규모의 정화 작전이 될 것이다. 그러나 아직 풀리지 않은 문제들이 많다. 탄소 제거 기술의 규모를 키울 수 있을까? 비용은 누가 부담할까? 포집한 이산화탄소는 어떻게 처리해야 할까? 진짜 나무는 성장에 탄소를 사용하지만, 인공 나무는 탄소가 필요 없다. 포집한 이산화탄소를 당장 필요로 하는 사람은 아무도 없다. 단, 원유 추출을 위해 심해에 깊은 유정을 파고 이산화탄소를 주입하는 석유회사를 제외하면.[53]

게다가 포집한 이산화탄소를 수송하는 일은 매우 위험하다.[54] 사고라도 나면 고농도 이산화탄소가 작은 지역에 방출될 수 있는데, 아폴로 13호의 승무원들이 알았던 바대로 고농도 이산화탄소는 인간의 건강에 해롭다. 화석연료 추출의 역사를 생각해보면, 포집된 이산화탄소를 수송하려면 새로운 대규모 수송관을 건설해야 할 것이고, 그 건설에 반대하는 지역사회가 등장할 것이다. 방출 위험의 심각성을 고려할 때, 수송관 건설에 반대하는 지역사회를 누가 비난할 수 있을까? 또한 대기에서 직접 이산화탄소를 추출하려면 막대한 에너지가 필요하다. 이 과정을 효율적이고, 안전하고, 공정하게 만들기 위해서는 매우 다른 종류의 힘이 필요할 것이다.[55]

바다를 통제할 수 있을까?

만약 하늘을 정복해 기후를 구하는 게 너무 어렵다면, 미친 칼리굴라 황제처럼 바다를 통제할 수는 없을까? 바다는 이미 인류가 배출한 이산화탄소 일부를 제거하고 있다.[56] 바닷속 식물성 플랑크톤과 해조류는 육지의 식물처럼 햇빛과 이산화탄소를 먹이로 삼는다. 또한 이산화탄소 중 일부는 바닷물에 용해된다. 우리가 이 과정을 가속하거나 더 효율적으로 바꾼다면 대기 중 이산화탄소를 더 많이 제거할 수도 있을 것이다.

바다가 더 많은 탄소를 흡수하게 하기 위한 다양한 방법들이 제시되었고, 그중 어떤 방법들은 동시에 다른 문제도 해결하고자 한다.[57] 이산화탄소가 바닷물과 반응해 탄산을 만들어내기 때문에 바다는 산성화되고 있다. 대기 중 이산화탄소가 늘어날수록 바다는 점점 더 산성으로 변하고, 물고기와 산호를 비롯한 해양 생물들이 살기 어려워진다.[58] 이를 역전시키기 위한 빠른 해결책이 있을 수 있다. 그냥 바다에 산 중화제를 붓는 것이다.[59] 이 방법은 적어도 이론상으로는 이중 효과가 있다. 해양 산성화를 막을 수 있으며, 충분한 양을 사용한다면 바다가 산성과 반대로 변할 수 있다.[60] 그렇게 되면 자연스러운 균형을 회복하기 위해 바다가 공기 중 이산화탄소를 더 많이 흡수하게 될 것이다. 이 방법은 과학적인 말로 '해양 알칼리도 증강ocean alkalinity enhancement'이라고 부르는데, 이는 역사상 가장 큰 규모의 속쓰림 치료법일 것이다.

바다에 말 그대로 충격을 주어서 우리를 도와주게 만드는 방법도 있다.[61] 전기를 이용해 바닷물 속 이산화탄소를 제거하는 화학 반응을 유도하고, 바다가 대기 중 이산화탄소를 더 많이 흡수하게 만들 수 있다. 또 해양 생물, 특히 광합성을 통해 대기 중 이산화탄소를 흡수하는 해양 식물과 식물성 플랑크톤의 성장을 촉진할 수도 있다. 바다에 비료를 투입하거나[62] 양분이 풍부한 심해수를 끌어올리는 방법[63]으로 플랑크톤 농도를 높일 수 있다. 해조류를 양식해 대기 중 이산화탄소를 이용해 성장하게 만들고, 해조류가 죽으면 썩어가는 탄소가 곧바로 대기 중에 다시 방출되지 않도록 해저로 가라앉히는 방법도 있다.[64]

이 중 과거에 대규모로 시도해본 적 있는 방법은 하나도 없다. 이 기술들을 함께 사용하면 아마 대기 중 이산화탄소가 상당히 제거될 것으로 추정되지만, 얼마나 제거될지, 장단점이 무엇인지는 아직 잘 알려지지 않았다. 바다에 산업적 규모의 산 중화제를 부었을 때 어떤 영향이 있을지 정확히 아는 사람은 아무도 없다. 바다의 화학 구조를 의도적으로 바꾸려면 바닷물을 빨아들이고, 전기 충격을 가하고, 엄청난 양의 바닷물을 교체해야 하는데, 그러려면 바다에 사는 생물들은 죽거나 최소한 교란될 것이다. 게다가 전기 요법의 경우 다른 용도로 쓸 수 있는 전기를 대량으로 사용해야 한다. 바닷물에 충격을 주어 10억 톤의 이산화탄소를 제거하려면 오늘날 전 세계의 전기 생산량의 약 8퍼센트를 사용해야 한다.[65] 또 우리에게 필요한 수준만큼 해조류를 양식하거나 식물성 플랑크톤에게 비료를 투입할 경우, 바다의 기존 용도(어업, 해운, 해상 풍력 발전 등)를 방해할 수 있으며, 다른 해양 생태계에 심각한 영향을 끼칠 수도 있다.

만약 바다를 조작하기로 결정한다면, 어려운 선택 상황이나 갈등이 극심한 협상 과정, 그리고 잠재적인 파괴의 가능성을 피할 수 없다. 그런 것들을 다 해결할 수 있으리라 여기는 것은 인간의 오만이다.

우리는 지구를 걸 수 없다

우리가 만든 난장판을 조금이라도 수습할 수 있는 수준으로 탄소를 제거하려면, 땅, 육지, 바다를 광범위하게 바꾸는 오만함이 필요하다. 그렇지만 또 다른 선택지가 있다. 시간 자체를 빠르게 돌리는 것이다.

지구의 탄소 대부분은 암석 속에 존재한다. 자연의 비에 포함된 약한 탄산이 암석을 서서히 마모시키면 탄산염 먼지가 발생해 강의 흐름을 타고 바다로 실려 간다. 수백만 년간 이 탄산염 먼지는 뜨거운 커피에 집어넣은 각설탕처럼 그저 녹아 사라졌다. 이 느린 분해 과정이 바로 지질학적 탄소 순환에서 매우 중요한 역할을 하는 '암석 풍화'다. 바닷속 산호, 굴, 조개를 비롯한 생물들은 용해된 무기질로 껍데기나 뼈를 만든다. 이 생물들이 죽어 가라앉으면 해저에 쌓이는데, 해저 지각은 지각판 운동을 통해 갈라지고, 이 틈에서 용암이 분출되어 탄소를 서서히 대기 중으로 방출하면서 탄소 순환이 처음부터 다시 시작된다.

　암석 풍화라는 느린 과정을 통해 대기에서 제거된 탄소는 1억 년간 그대로 고정된다. '강화된' 풍화 기술이란 암석을 갈아 가루로 만든 뒤 넓게 흩뿌려 원소에 접촉하는 표면적이 커지게 하는 것이다. 빗물에 노출되는 암석의 양이 많아지면 빗물 속 탄산에 반응해 이산화탄소를 탄산염으로 변환하는 양도 많아진다. 이 방법은 간단하고 강력하다는 장점이 있다. 그저 암석 가루를 전 세계 농지에 흩뿌리기만 해도 매년 10억 톤의 이산화탄소를 제거할 수 있을 것이다.[66] 또 다른 장점도 있다. 화산 토양은 비옥하기로 유명해서, 특정한 암석 가루를 뿌리면 경작지에 이득이 될 수도 있다.[67] 암석을 갈아 가루로 만드는 데는 큰 에너지가 들지만, 이미 광업에서 폐기물로 배출하고 있는 대량의 광석 찌꺼기를 탄소 제거에 효율적으로 사용할 수도 있을 것이다.[68] 그럼에도 우려되는 단점들은 여전히 있다. 전 세계 열대우림의 4분의 1이 농지 경계로부터 1킬로미터 이내에 있는데, 농지 토양의 변화에 열대우림 생태계가 어떤 반응을 보일지는 아무도 모른다.[69] 게다가 암석 가루에서 그 어떤 유해 성분이 침출되어 토양과 해양에 스며들지도 아무도 모른다.

　다른 탄소 제거 방법들과 마찬가지로 강화된 풍화 기술 역시 올바른 방식으로 활용하면 도움이 될 잠재력이 있다. 또한 다른 탄소 제거 방법들과 마찬가지로 엄청난 해를 입힐 잠재력도 있다. 아직 그 누구도 직접적 공기 포집이나 강화된 풍화 기술, 해양 탄소 제거 등의 방법들이 가진 잠재력을 대규모로 시행해보지 않았으며, 이 기술을 좌초하게 할 요소도 많다. 과학적으로 완전히 이해되지 않은 변수들, 기술적 난관, 정치적 반대, 경제적 제약 등이다. 그럼에도 과학은 강력하고 창의적이며, 인류는 혁신을 통해 위기를 극복해온 기나긴 역사가 있다. 기후 위기가 심화할수록 점점 더 많은 영민한 사람들이 탄소 제거라는 문제에 집중하고 있다. 기적은 일어날 수 있다. 그러나 하나의 행성을 걸고 기적에 매달리는 건 아주 형편없는 전략이다.

크누트가 옳았다

11세기, 화산 폭발도 기후 재난도 없었던 고요한 시기에 바이킹이 영국 대부분을 점령했다. '크누트'라는 이름을 가진 바이킹의 왕에 대한 전설은 오늘날까지 전해진다. 이야기는 이렇다. 신하들의 절대적인 복종에 익숙하던 크누트는 어느 날 해안으로 가서 칼리굴라처럼 파도에게 명령을 내리려 시도했다. 당연한 일이지만 파도는 밀려왔고, 크누트라는 불운하고 거의 불경하기까지 한 그의 이름은 오늘날까지도 자연의 압도적인 힘 앞에서 교만을 부린 인간에 대한 상징으로 남았다.

그런데 12세기에 쓰인 원본 기록은 현재 전해지는 이야기와는 완전히 다르다. 이 이야기에서도 크누트는 가신들과 아첨꾼들을 잔뜩 이끌고 해변으로 간다. 하지만 크누트는 그들에게 자신이 파도를 향해 명령을 내리려다 실패하는 모습을 지켜보라고 한다. 보아라, 그는 말한다. 내 왕국은 여기서 끝이며, 가차 없는 흐름 앞에서 나는 아무 힘이 없다. 따지고 보면 왕의 오만함을 이야기하는 설화와는 정반대다. 이 이야기는 겸손함을, 한계를, 세상에서의 자기 위치를 받아들이고 밀려드는 바닷물이 발목을 적시도록 두는 이야기다. 이 이야기는 진실을 말한다. 바다와 하늘은 인간이 통제할 수 없다는 진실 말이다.

그렇다고 바다와 하늘이 인간의 영향에서 자유로운 것은 아니다. 크누트와 그의 백성들은 땅을 변형하고 숲을 베어 목장과 밭을 만들고, 그들이 죽은 뒤에도 오랫동안 사라지지 않을 흔적을 남겼다. 지구에 존재한 모든 인간도 마찬가지였다. 게다가 오늘날 우리가 남기고 있는 흔적은 역사상 가장 크다.

이제 우리는 빠른 속도로 변해가는 행성을 후손에게 물려줄 준비를 한다. 지구온난화를 막기 위한 선택지는 두 가지가 있다. 태양 빛을 가리거나, 대기를 정화하거나. 전자는 극도로 위험하다. 후자는 불확실하고 큰 비용이 들며, 충분하지 않다. 두 가지 접근법이 가진 장점과 관련해서는 과학자들의 의견은 갈린다. 예를 들어 나는 탄소 제거가 과학적으로 흥미롭고 꼭 필요하다고 믿고, 태양 복사열 조절은 전 세계의 합의 없이는 이룰 수 없으며, 그런 합의는 영원히 불가능하다고 생각한다. 어떤 이들은 상황이 절박해질 때를 대비해, 또는 누군가 결국 이를 시도할 것을 대비해, 태양을 가리는 법은 반드시 연구해두어야 한다고 여긴다.

반면 의도적으로 지구를 바꿀 가능성을 연구하는 것만으로도 환경 파괴자들에게 파괴를 계속해도 된다는 자격을 주는 것이 아닐까 걱정하는 사람들도 있다. 여기서 도덕적 해이라는 진짜 문제가 등장한다. 만약 기온을 낮추거나 이산화탄소를 제거하는 일이 가능하다면, 화석연료 산업이 이산화탄소를 더 많이 배출하게 되지 않을까? 또 그런 해결이 정말 가능하다면 과학자들은 그 사실을 세상에 알려야 할까, 아니면 숨기는 것이 올바른 선택일까?

숨길 수 없다는 것이 내 생각이다. 설화 속 크누트처럼 우리는 정보의 가치 없는 흐름을 멈출 수도, 이 지식을 감출 수도 없다. 이미 어떤 기업들은 성층권에 입자를 주입하는 '냉각 크레디트cooling credit'를 판매하고 있다. 이미 탄소 제거에 수십억 달러의 비용이 투입되고 있다. 기후과학자들이 할 수 있는 건 우리 모두 동의하는 단 한 가지 사실을 목청껏 소리 높여 설명하는 것뿐이다. 태양을 가리는 건 결코 애초부터 그럴 필요가 없는 것보다 나은 선택이 될 수 없다. 탄소 제거 역시, 제거한 만큼 계속 배출한다면 아무 소용 없다. 그렇기에 현실적으로 가능한 선택지는 오직 하나, 플랜 A뿐이다. 즉, 온실가스 배출을 최대한 빨리, 최대한 많이 줄이는 것이다.

그 일을 해내기 위해서는 힘이 필요하다. 세상에는 지금까지 없었던 규모의 탄소 없는 발전소들이 필요할 것이다. 변압기와 송전선, 에너지를 생산하고 저장하기 위한 분산형 에너지 자원, 가능한 모든 것의 전기화가 필요할 것이다. 탄소를 줄이기 어려운 일부 산업에서 계속해 배출하는 탄소 및 대기 중에 여전히 남아 있는 기존 탄소를 제거하기 위한 전력도 반드시 필요할 것이다. 상황이 매우 나빠진다면, 살아남기 위한 최후 수단으로 태양을 가려야 할지도 모른다. 그런 결정 하나하나에는 무척 다른 의미의 힘이 필요하다. 정치적 의지, 연합 형성, 새로운 법, 새로운 구조다. 즉, 모두 과학만으로는 해낼 수 없는 일들이다.

그러나 물리학에서 말하는 힘의 정의는 여기서도 적용된다. 힘이란 일을 시간으로 나눈 값이다. 힘을 갖추려면 틈새를 찾고 특수한 지식을 얻는 지난한 과정을 거쳐야 한다. 흡착제와 용해제, 바닷물의 화학적 구성, 지하 저장의 공학에 관해 배워야 한다는 뜻이다. 또 시의회, 지역 교육위원회, 공공시설 위원회, 지역사회 회의에 관심을 기울여야 한다는 뜻이다. 힘은 세법, 입법 절차, 규정과 기준이라는 세부 항목에서 얻을 수도 있다. 따분하고, 답답하고, 힘든 일이다. 그러나 우리 같은 평범한 사람들이 이 일을 하지 않는다면, 힘은 다른 이들에게 넘어갈 것이다.

이익을 추구하는 대기업은 탄소 제거라는 먼 미래의 전망을 이용해 현 상태를 유지하려 들 것이다. 첨단기술 억만장자들은 그저 기술을 이용해 태양을 차단하는 해결책을 찾으려 들 것이다. 만약 우리가 이 오만함과 과도한 확신 외에 다른 것을 원한다면, 11세기의 잔혹한 전쟁 군주로부터 교훈을 얻을 수도 있다. 왜냐하면 크누트가 옳았기 때문이다. 우리는 우리를 둘러싼 세계를, 그것이 마땅히 받아야 할 겸손으로 대해야 한다.

때로 나는 고장 난 작은 우주선을 타고 지구에서 30만 킬로미터가 넘는 허공 속을 떠돌던 세 명의 우주비행사를 생각한다.

지구에서 그만큼 멀리 떠나본 사람도 얼마 없겠지만, 그들만큼 외로워본 사람도 얼마 없을 것이다. 아폴로 13호의 산소 탱크가 터지자, 지구에서 평범한 작업복을 입고 대기 중이던 수많은 사람들이 곧장 행동에 뛰어들었다. 수천 명의 사람들이 실험하고, 계산하고, 임시 해결책을 찾느라 밤을 지새웠다. 볼트, 부품, 양말 같은 물건들로 따분한 일을 하던 공무원들 덕분에 세 우주비행사는 무사히 지구로 돌아왔다. 그들을 구한 건 기계장치가 아닌 사고방식이었다. 하나의 공동체가 힘을 합치고, 정부 기관 종사자들이 각자 최선을 다하는 것.

이제 기후를 되돌리려는 고된 일에 훨씬 더 많은 사람들이 참여하고 있다. 그들이 하는 일 중 겉으로 보았을 때 대번에 흥미진진해 보이는 건 드물다. 그러나 주택의 전기 배선을 정비하는 전기기술자, 청정에너지 세금 공제를 받을 수 있도록 돕는 회계사, 저탄소 시멘트나 배터리 효율을 연구하는 기술자 하나하나가 전부 세상을 구하는 군대의 일원이다. 세상에는 창의성, 투지, 겸손함을 지녔으며, 우리 모두가 노력해야 이 기술이 쓸모가 있다는 사실을 주지한 채 탄소 제거라는 문제에 접근하는 이들이 수천 명이나 있다. 정책을 만들고, 송전망을 만들고, 부지를 찾고, 건설하고, 나무를 심는 사람들이 각자 자기 일을 힘껏 해내고 있다. 나는 보이지 않는 곳에서 누구의 칭송도 받지 못하며 지구를 지키는 이 성실한 일꾼들을 사랑한다. 지금까지 모인 그 어떤 슈퍼히어로 집단보다 시시해 보일지 몰라도, 지금까지는 가장 강력한 힘을 발휘한 이들이기도 하다. 그중 몇몇을 안다는 사실에 자부심을 느낀다. 이 사람들 모두와 같은 행성에 살고 있다는 사실이 자랑스럽다.

왜냐하면 다른 세계는 가능하기 때문이다. 기후에 대한 결정권이 기업이나 억만장자가 아닌 평범한 사람들에게 부여된 세계. 이산화탄소 배출량이 극적으로 감소하고, 신기술과 오래된 숲이 나머지 배출분을 제거하는 세계. 호기심 가득한 과학자들이 기후 모델이라는 안전한 디지털 세계에서 태양을 가리는 실험 같은 것을 해보면서, 실제 세계에서는 그런 일을 할 일이 절대 없을 거라고 굳게 믿고 있는 세계. 지금까지 누적된 잔존 이산화탄소가 제거되고, 기후가 인류 역사 대부분의 시기 동안 유지되던 상태로 회복된 세계다.

반드시 이루어질 일은 아니다. 아마 이런 세계가 등장하지 않을 가능성이 더 높다. 하지만 우리가 오만함이나 수치심 대신, 그저 해야 할 일을 잘 해냈다는 단순한 자부심을 품고 과거를 되돌아볼 수 있는 미래는 가능하다.

8장

희망

: 지금껏 아무도 한 적 없는 일을 해야 할 시간

다른 세계는 그저 가능한 것을 넘어, 다가오는 중이다.
고요한 날이면 그녀의 숨소리가 들린다.

아룬다티 로이, 『보통 사람들을 위한 제국 가이드』

내 큰아들은 유난히 사람을 잘 믿는 아이여서, 나는 그 점을 이용해 그 애한테 뻔뻔한 거짓말을 하곤 했다. 이스트리버를 향하거나 로커웨이로 나가는 뉴욕 시티 페리의 갑판에서 나는 존재하지 않는 해양 생물들을 손가락으로 가리켰다. 물이 첨벙 튀면 대왕오징어가 있다고 했고, 물에 뜬 부표는 귀상어, 흩어진 쓰레기는 수면까지 솟아난 거대한 산호초의 봉우리라고 말해주었다. 그렇게 우리 둘은 수백 마리씩 떼 지어 다니는 고래들을 보았다. 혹등고래, 긴수염고래, 참고래, 나른한 대왕고래가 수면으로 몸을 드러내 우리를 감탄하게 한 다음 깊은 바다로 사라져갔다.

그러다 팬데믹이 시작되었다. 더 이상 페리도, 모험도 없었다. 모니터 속 유치원 선생님과 친구들을 바라보며, 가만히 앉아 있으라는 쉼 없는 잔소리를 듣는 나날이었다. 그러는 동안에도 아들은 무럭무럭 자라서, 어느 순간부터는 내가 하는 말을 믿지 않게 되었다. 나는 아들에게 진짜 바다를 보여주기로 하고 페리가 아닌 큰 배를 타러 나섰다.

물이 첨벙 튀고, 부표와 쓰레기가 둥둥 떠가는 모습을 바라본 지 한 시간이 지났을 때였다. 저 멀리서 커다란 숨소리와 함께 물방울이 공중으로 흩뿌려지는 모습이 보였다. 고래. 진짜 고래였다. 승객들이 다들 신나서 탄성을 지르며 그쪽으로 달려가는 바람에 배가 기우뚱 흔들렸다. 내 아들도 사람들과 함께 탄성을 질렀다. 일 년 만에 처음으로 사람들과 뒤섞여 승리감과 경이로움, 그리고 희망에 찬 고함을 질러댔다.

하지만 희망은 정말로 있을까? 기후과학자로 살면서 늘 듣는 질문이다. 기후로 인한 재난이 속속 누적되는 지금 같은 시절엔 당연한 질문이다. 기후 변화를 막을 수 있다는 희망은 당연히 없다. 변화는 이미 일어났으니까. 지구의 기온은 산업혁명 이전보다 1.3도 이상 높다. 동화 같은 결말이 불가능한 건 물론, 그저 견딜 만한 해피엔딩도 아마 오지 않을 것이다. 이런 상황에서 희망을 붙들기란 쉽지 않다. 뉴스 보도나 창밖에서 펼쳐지는 아수라장을 보고 있노라면, 희망이 더 멀어져가는 게 느껴진다.

뭐, 좋다. 희망은 전부 버리자. 우리한텐 훨씬 나은 게 있다. 바로 확신이다. 우리는 흡연이 암을 유발한다는 사실 이상으로 온실가스가 지구온난화를 유발한다는 사실을 확실히 알고 있다. 이 사실은 수수께끼와도, 초자연적 힘과도, 우리를 향해 다가오는 멈출 수 없는 소행성과도 상관없는 것이다. 우리는 온실가스가 기후 변화를 유발한다는 사실을 안다. 지구온난화를 멈추려면 온실가스 배출을 그만두면 된다.

과학은 온실가스 배출을 멈추는 방법도 명확하게 알고 있다. 재생 가능한 에너지원을 만들고, 송전선을 설치해 이 에너지를 필요한 곳에 보내고, 에너지를 저장하는 배터리를 만들면 화석연료의 필요성이 줄어들 것이다. 난방과 요리에 더러운 연료 사용을 멈추자. 이산화탄소를 배출하지 않고도 시멘트, 플라스틱, 철을 만드는 방법을 연구하자. 휘발유 차량을 전기차로 바꾸고, 대중교통을 이용하자. 걷기 좋은 도시로 만들자. 우리의 땅을 더 효율적으로 관리하고, 소고기를 덜 먹자. 우리가 해야 할 일의 목록이 너무 많아 벅차게 느껴질 수도 있다. 만들고, 멈추고, 연구하고, 대체하고, 관리하라. 이렇게 많은 동사 중에 '희망하라'는 없다.

언젠가 내 두 아들도 그 애들의 세상이 변하는 이유를 이해할 만큼 자랄 것이다. 벌써 큰아들은 질문을 던지기 시작했다. 왜 우리 학교가 물에 잠긴 거예요? 언젠가 산호초를 볼 수 있을까요? 어른들은 왜 이런 일이 일어나게 내버려둔 거예요? 내 아이도 이 상황의 심각성을 서서히 깨닫고 있다. 나는 아이를 안심시키려 한다. 도움을 주는 사람들을 보여준다. 네가 자라면 너도 이 사태를 해결하는 데 이바지할 거라고, 네가 잘할 거라고 믿는다고 말한다. 모든 게 나아질 거라는 희망을 품고 있다는 말은 거의 하지 않는다. 대신 나는 그렇게 될 수 있다고 말한다. 잠자리에서 우리는 영웅이 등장해 엄청난 역경을 뚫고 괴물을 무찌르는 이야기를 함께 읽는다. 나는 아이에게 기후 변화를 멈추려면 지금까지 아무도 한 적 없는 일을 해야 할 거라고 말한다. 하지만 그건 읽을 가치가 있는 모든 이야기에 늘 등장하는 일이라는 걸 내 아이도 안다.

고래가 멸종하지 않은 이유

옛날 옛날에, 세상의 동력은 고래에서 나왔다. 고래 지방에서 나온 기름은 올리브오일보다 덜 끈적이며 점도가 낮았다. 생선 비린내가 지독하기는 했어도 깔끔하게 잘 탔다. 한동안 고래기름은 가장 완벽한 연료였다. 고래기름의 수요가 늘면서 대규모로 남획된 고래는 멸종 위기에 다다랐다. 지방을 추출하느라 도살의 과정도 길고 잔인했다. 작살이 박힌 고래는 몇 시간이나 배를 끌고 다니느라 서서히 약해지고 줄곧 고통에 시달렸다. 진짜 고래를 죽이는 행위는 근접한 거리에서 벌어진다. 흔들리는 구명보트 위에서 여기저기 창을 찔러대다가 마침내 폐를 꿰뚫으면 숨구멍에서 피가 솟구친다. 사체를 해체하기 위해 또 다른 연장들을 끄집어낸다. 피부를 제거할 채소 껍질 벗기는 칼이라든지, 지방을 떼어내는 흙손 같은 것들이다. 헤엄치고, 노래하고, 동물다운 낯선 방식으로 사랑하던 고래는 시체로, 지방을 짜낼 덩어리로 변한다.

그러다가 인류는 **땅에서** 기름을 추출할 수 있다는 걸 알게 되었다. 예전에는 고래기름으로 밝히던 램프가 곧 등유 램프로 바뀌었다.[1] 시간이 흐르자 램프는 전기로 작동하게 되었고, 램프 자체에 들어 있는 기름을 태우는 대신 멀리 떨어진 발전소에서 석유를 태우게 되었다. 이것이 바로 오늘날 우리가 살아가는 방식이다. 화석연료가 연소할 때 나오는 에너지가 물을 끓이면 그 물이 수증기가 되고, 그 수증기가 터빈을 돌려 전기를 생산한다. 엄청난 양의 물질을 사용하는, 우스꽝스러울 정도로 비효율적인 방식이다. 매년 80억 톤 이상의 석탄과 4조 세제곱미터의 화석 가스가 사용된다. 연소의 기본 화학작용을 고려하면 이 모든 걸 태움으로써 대기 중에 어마어마한 이산화탄소가 축적된다. 더 심각한 문제는 화석 가스 자체가 메탄으로 이루어져 있다는 점이다. 메탄은 이산화탄소보다 대기에 머무는 시간은 짧지만, 머무는 동안은 80배 이상 강력한 온실효과를 낸다. 전체적으로 연간 온실가스 배출량의 4분의 1가량이 전기를 생산하기 위한 화석연료 연소에서 나온다.[2]

지구온난화를 제한할 수 있다는 희망을 품으려면 변화가 필요하다. 석탄과 가스를 연료로 쓰는 발전소를 폐쇄하고, 탄소를 배출하지 않는 전력 생산 방식으로 대체해야 한다.[3] 청정한 선택지도 많다. 물은 연료가 무엇이건 상관없이 끓는다. 핵분열(또는 언젠가는 가능할, 태양을 모방한 핵융합)로 작동하는 원자로는 이산화탄소를 배출하지 않고 물을 끓일 수 있다.[4] 지구의 깊은 곳도 무한한 열원이 될 수 있다. 아이슬란드처럼 운 좋은 곳은 거의 완전히 지열발전으로 전력을 생산하고 있으며,[5] 신기술을 활용하면 조만간 우리가 어디에 있건 발밑에서 끓는 열을 사용할 수 있을 것이다. 나아가 물을 끓이는 과정을 아예 생략하고 곧바로 전력을 생산할 수도 있을 것이다. 풍력 터빈은 움직이는 공기의 운동 에너지를 회전하는 날개 속 기계 에너지로 바꾸고, 이는 곧바로 전기로 변환된다. 태양광 패널은 태양 빛의 광자가 닿으면 전자를 방출하는 소재로 되어 있다. 에너지를 전기로 변환하는 가장 직접적인 방식이다.

　이토록 많은 선택지가 있다고 해도, 우리가 해야 하는 일의 규모는 어마어마하다. 미국만 해도 지금 존재하는 풍력과 태양광 발전 설비를 최대 30배로 늘리고,[6] 대형 원자력 발전소를 최대 250군데 더 지어야 하며, 기존의 석탄·가스 발전소 수천 군데를 폐쇄해야 한다. 잉여 에너지를 저장할 배터리도 만들어야 하고, 에너지를 계량할 새로운 방법도 만들어야 한다. 그리고 전기를 만드는 일보다 어려운 것이 전기를 필요한 곳으로 보내는 일이다. 현재 미국에는 이미 존재하는 모든 종류의 전력보다 더 많은 청정에너지가 전력망에 연결되지 않은 채 대기 중이다.[7]

　청정에너지로의 전환은 어려울 수 있지만 불가능한 것은 아니다. 일부는 이미 진행 중이기도 하다. 재생에너지 기술은 우수하고 신뢰할 수 있으며 저렴해졌다. 세계를 지배하기 위한 훌륭한 전략이다. 태양광과 풍력, 그리고 그것들의 간헐성을 보완하기 위한 배터리는 놀라운 속도로 저렴해지고 있다. 육상 풍력발전 비용은 지난 10년간 70퍼센트 감소했으며, 태양광 비용은 거의 90퍼센트 감소했다.[8] 결과적으로 재생에너지는 사람들이 상상하지 못했던 속도로 확산되고 있다.[9] 5년 전만 해도 에너지 전환이 이처럼 빠르게 진행될 거라고는 믿지 못했을 것이다. 이것은 내가 감히 희망했던 것보다 훨씬 더 큰 변화다. 마침내 변화가 시작되고 있다. 하지만 더 빠르게 진행되어야 한다. 우리는 그것이 가능하다는 것을 알고 있다. 과거에도 그랬듯이.

　여태까지는 1846년 등유가 발명되고 널리 사용되기까지의 기간이 역사상 가장 빠른 에너지 전환의 시기였다.[10] 산업혁명 초기 단계를 책임진 고래기름은 이 간편하고 저렴한 에너지원인 등유로 급속히 대체되었다. 그러나 고래를 구한 건 석유만의 힘은 아니었다.[11] 고래 포획을 막는 법적 규제가 없었더라면 포경 산업은 기꺼이 도살을 이어갔을 것이다. 고래기름은 여전히 여러 용도로 적당히 쓸모가 있었으며, 고래의 목숨은 돈이 될 수 있었다. 고래 사체는 가죽을 부드럽게 하고, 기계를 윤활하고, 1차 세계대전 당시 참호족(발이 축축하고 비위생적인 상태에 노출되면 걸리는 질병―옮긴이) 증상을 어느 정도 완화하는 데 쓰였다.

고래 사냥이 빅토리아시대의 유물이며 코르셋이나 가로등과 마찬가지로 역사의 뒤안길로 사라진 19세기의 잔재라고 생각하기 쉽다. 하지만 20세기 초까지만 해도 포경선이 매년 1,600마리가 넘는 고래를 죽였다.[12] 기술이 발전하고 세상이 등유를 사용하게 된 뒤에도 포경은 계속되었을 뿐만 아니라 실제로는 늘어났다. 비틀스The Beatles가 월드 투어에 나섰고, 소련 우주비행사 세 명이 지구 궤도로 발사되었던 1964년, 8만 마리 이상의 고래가 도살당했다. 1975년까지도 제너럴모터스General Motors는 자사에서 판매하는 차량의 변속기 문제는 멸종 위기종 보호법 탓이라고 씩씩거렸다.[13] 과거에 자동변속기용 윤활제는 향유고래의 기름으로 제조했는데, 쉬운 대체재를 찾지 못해서였다.

그렇기에 오늘날 고래 떼가 존재하는 건 오로지 자본주의나 자유 시장의 변덕 때문만은 아니다. 고래가 여전히 존재하는 이유는 여러 가지지만 그중 하나를 꼽자면, 사람들이 고래 사냥을 그만두기를 택했기 때문이다. 1946년, 고래 자원을 규제하고 '포경 산업의 질서 있는 발전을 가능하게' 하려는 목적으로 국제포경위원회IWC가 설립되었다.[14] IWC는 할당량을 정하고 포경 산업을 보다 지속 가능한 방향으로 움직이려 시도했다. 그러나 이는 쉽지 않았기에 1982년 IWC는 아예 고래 사냥 자체에 대한 중단 조처를 내렸다. 노발대발하며 탈퇴한 국가들도 있었지만, 애초에 가입하지 않은 국가들도 많았다. 그러나 최초의 중단 조처 이후, 고래 제품에 대한 수요가 전 세계적으로 하락했다. 그리고 오늘날, 내가 아는 그 누구도 포경 산업으로 잡힌 고래 고기를 먹지 않는다. 고래기름으로 비린내 나는 램프를 켜는 집도 없다. 아이들은 비록 텔레비전에서 들은 것이라 해도 뇌리를 떠나지 않는 고래의 노랫소리를 안다. 2018년 IWC는 위원회의 목적은 이제 포경 산업이 아닌 고래를 보호하는 것이라고 선언했다.[15] 그렇게 전환은 성공적으로 끝을 맺었다.

이것은 해피엔딩, 적어도 예상보다 덜 비극적인 엔딩을 가진 이야기다. 교훈이 담긴 이야기이기도 하다. 이제 석탄이나 석유를 연료로 쓰는 발전소도 고래기름의 운명을 따라야 한다. 세상을 바꾸고 싶다면 먼저 대안이 있어야 한다. 사람들은 마차를 대신할 수 있는 철도를 발명했고, 증기기관을 대체할 수 있는 전기를 발명했고, 고래기름 대신 석유를 발명했으며, 시장(애덤 스미스Adam Smith의 보이지 않는 손)은 이 모든 것들이 자리 잡게 했다. 나아가 보이지 않는 손은 화석연료의 대안들을 제공했다. 풍력과 태양광 발전은 지금까지 존재한 전기 생산 방식 중 가장 저렴하다. 또 발전에 사용되는 기술도 여러 면에서 더 낫다. 석탄과 석유 발전소와는 달리 주변 공기를 오염시키지 않고, 연료는 자연 속에 풍부하며, 심지어 공짜다.

그런데 고래 이야기의 도덕적 교훈은 또 하나 있다. 시장은 강력할지 몰라도 그것만으로는 충분하지 않다. 시장은 등유와 가스에서 고래기름의 대체재를 찾았다. 그럼에도 포경은 늘어났다. 고래를 구하기 위해서는 포경 금지 법안이 필요했다. 여기서 교훈은 보이는 손이건, 보이지 않는 손이건, 손만으로는 충분하지 않다는 것이다. 그 손으로 무엇을 할지 결정해야 한다.

런던 스모그를 막아낸 청정대기법

어느 추운 날, 런던의 하늘이 밝은 주황빛으로 변했다. 처음에는 아무도 크게 신경 쓰지 않았다. 애초부터 영국은 서늘하고 안개가 많은 지역이었고, 영국인들은 늦어도 중세부터는 난방에 석탄을 이용해왔다. 산업혁명이 도래하며 공장과 발전소가 공기 중에 악취 나는 연기를 뿜어댔다. 짙은 누런색 안개가 도시를 뒤덮을 때마다 런던은 그것을 '완두콩 수프'라고 불렀고, 평정심을 유지한 채 하던 일을 계속했다. 1952년 12월 5일의 상황이 처음에는 그리 눈길을 끌지 못한 것은 그 때문이다.

그날 아침은 밝았고, 산들바람이 불었다. 그해 가을은 몹시 추웠기에 가족들은 난로 주변에 옹기종기 모여 저렴한 석탄을 난로 속에 집어넣었다. 북서부에서 고기압이 이동해 오며 기온 역전이 일어나, 따뜻하고 밀도가 낮은 공기는 차가운 땅 위에 갇혔다. 위로 올라가지 못한 석탄 연기가 응결되는 수증기와 결합해 유독성 안개를 이루었다. 1952년의 스모그는 늘 안개가 자욱했던 런던에서도 기이하기 짝이 없는 일이었다.[16] 도로가 보이지 않아서 자동차는 느릿느릿 기다시피 했다. 스미스필드 시장에서는 소들이 유독한 공기를 들이마시고 폐사했다. 동쪽의 독스 섬 주민들은 자기 발조차 내려다볼 수 없었다. 질식해 헐떡거리던 런던 사람들이 병원으로 몰려들기 시작했다. 나흘 뒤 안개가 걷힐 때까지 4,000명이 사망했다. 그 뒤 며칠간 더 많은 사람이 죽었다. 오늘날 추산한 사망자 수는 1만 2,000명이 넘는다.

런던 스모그에 대한 즉각적인 반응은 오늘날 익숙한 것들이다. 일단 부정하기, 미루기, 얼버무리기. 이후 나온 보고서는 수많은 이들이 사망한 원인을 존재하지도 않는 독감 유행 탓으로 돌렸다.[17] 그럼에도 불구하고 대중의 분노와 언론 보도가 웨스트민스터까지 가닿으면서, 느리지만 강력한 변화가 시작되었다. 런던의 문제를 조사하기 위해 휴 비버Hugh Beaver 경이라는 근사한 이름을 가진 사람이 이끄는 위원회가 만들어졌다. 비버 위원회는 더러운 석탄에서 나온 연기, 그중에서도 '너티 슬랙nutty slack'이라고 불리는 석탄 가루와 덩어리를 섞어 만든 싸구려 연료를 범인으로 지목했다.[18] 즉, 스모그의 원인은 런던의 건물 내부에서 발생한 것이었다.

그 이후 많은 것들이 변했고, 동시에 거의 변하지 않았다. 우리가 살아가고 일하는 건물에서는 여전히 오염 물질이 새어 나온다. 내가 사는 아파트 건물 지하 보일러는 화석에서 나온 '천연' 가스를 태워 물을 데운다. 세수하거나 샤워할 때마다 내가 사는 건물에서 미량의 이산화탄소가 새어 나와 대기에 스며들고, 기후 변화는 더 악화한다. 우리 집은 뉴욕시에 있는 100만 개의 건물 중 하나일 뿐이고, 이 건물들은 대부분 난방에 가스를 사용한다. 마찬가지로 여러 아파트, 주택, 식당에서 요리할 때 가스를 사용한다.

뉴욕 사람들은 달리 생각할지 모르겠지만, 뉴욕이 세계에서 유일한 도시는 아니다. 도시마다 거의 모든 사람이 어떤 형태로든 건물에 살고 있고, 그 건물들 대다수가 온실가스를 배출한다. 추운 지역에서는 주로 우리 집에 있는 것과 비슷한 가스보일러와 라디에이터에서 온실가스가 배출된다. 더운 지역에서는 주로 목재나 숯을 태우는 스토브에서 배출된다. 전 세계적으로 온실가스 배출량의 6퍼센트가 건물 내부에서 나온다.[19] 이는 건물 외부 발전소에서 생산된(따라서 그곳에서 온실가스가 배출되는) 전기를 이용한 건물의 조명이나 냉방은 제외한 수치다.

건물에서 배출되는 이산화탄소를 줄이려면, 에너지 사용량을 줄이는 동시에 에너지 생산 방식을 바꾸어야 한다. 단열[20]과 성능 좋은 유리창[21]만으로도 난방의 필요성을 줄일 수 있다. 현재 전 세계 인구 3분의 1이 장작, 숯, 농작물 찌꺼기를 태워 음식을 조리하는데, 이때 이산화탄소뿐 아니라 연기와 그을음도 배출된다.[22] 조리 방식을 청정한 가열 방식으로 바꾸면 온실가스 배출을 줄이는 동시에 생명도 구할 수 있다. 부유한 나라에서는 가스스토브를 없애면 실내 공기 질을 개선하고 가스 누출을 막는 효과도 생긴다. 위험하고 불안정하며 값비싼 라디에이터를 고효율 열펌프로 대체할 수도 있다.23 선진국에서 이를 실현하려면, 현재 건물 내 온도 조절을 위해 쓰이고 있는 시스템을 통째로 교체해야 할 것이다. 벅찬 일 같겠지만 이런 변화를 실천한 사례는 과거에도 이미 있었다. 세상이 바뀔 수 있음을 보여주는 이야기다. 왜냐하면 세상은 실제로 변한 적 있었으니까.

1952년 런던의 스모그 사태 이후, 보수 정부는 분노를 이기지 못했다. 스모그에 대한 분노가 아니라, 더러운 석탄을 태우지 말라는 비버 위원회의 권고 때문이었다. 영국에는 연기가 훨씬 덜 나는 무연탄이 풍부했지만, 고급 무연탄은 2차 세계대전으로 쌓인 상당한 국가 부채를 갚기 위해 해외에 수출하고 있었다. 영국은 여전히 폭격에서 회복하는 중이었고, 국내에서 청정한 석탄을 사용하자는 비버 위원회의 권고는 국가 경제를 위협하는 것으로 받아들여졌다. 나아가 정부 구성원들의 눈에는 이 권고안이 힘들게 지켜낸 개인의 자유를 위협하는 것으로 보였다. 각자의 집에서조차 무엇을 하라고 지시하는 것은 억압이라고 그들은 생각했다. 그렇기에 처음에는 비버 위원회의 권고가 완전히 무시될 것처럼 보였다.

그러나 정부는 제럴드 나바로Gerald Nabarro 경의 등장을 예상하지 못했다.24 오늘날의 영국 보수당인 토리당 소속의 하원의원이던 나바로 경은 영국 보수주의 정치인 역할을 완벽하게 연기했다. 양 끝이 위로 올라간 화려한 콧수염, 상류층 억양, 라틴어 좌우명까지, 전부 연기였다. 실제로 나바로는 망한 가겟집 아들로, 15세에 학교를 자퇴하고 상선에 오른 뒤 어떻게든 재산을 모아 영국 의회까지 진출하게 되었다. 무식하고 거들먹거리는 데다가 극심한 편견의 소유자이기도 했던 그는 사형제 찬성, 성·약물·학생·현대성 전반에 대한 반대 의견을 요란하게 피력하였기에 영국 타블로이드 언론에 단골로 오르내렸다. 고급 차량(번호판에 허영심을 담아 NAB1이라는 문구를 새긴)으로 회전교차로를 역주행하다가 과속으로 적발되었을 때는 표정 하나 바꾸지 않고, 겁에 질린 채 조수석에 앉아 있던 얌전한 비서가 운전했다고 거짓말을 하기도 했다.[25] 당연히 아무도 그 말을 믿지 않았지만, 그럼에도 항소심에서 무죄로 풀려났다.

나바로 경은 전반적으로 상당히 형편없고 가식적인 속물이었고, 규칙 따위는 깨끗이 무시하는 부자였다. 하지만 때로 역사는 기묘한 방식으로 펼쳐지기도 한다. 아주 드문 일이지만, 악인이 선한 일이 이루어지는 통로가 되는 경우도 있다. 나바로 경에게 그 순간은 1956년, 그가 더러운 런던 공기 때문에 분노했을 때 찾아왔다. 그는 몇백 년간 계속된 이 오염이 상류층 역시 불편하게 한다는 불만을 토해냈다. 1257년 한 사가는 엘리너 여왕Queen Eleanor of Aquitaine이 노팅엄의 석탄 연기가 발생시키는 "악취와 역겨운 공기 때문에" 그곳을 떠났다고 기록했다. 그런데 정부는 이제야 겨우 대책을 마련하려 들었다. 나바로는 다음과 같은 말로 비꼬았다. "의회 민주주의의 절차를 연구하는 이들이라면

698년의 간극 정도야 정상적인 진전으로 간주하는 모양이지요."[26]

그러나 역사는 행동이 가능하다는 사실 또한 보여주었다. 1306년, 런던에서는 더러운 석탄 사용을 왕령으로 금지했고, 그 결과로 이 법을 어긴 자가 최소한 한 명 처형된 바 있었다.[27] 나바로가 발의한 법안은 전반적으로는 이 왕령과 같은 내용을 담고 있었지만, 평민을 처형할 수 있다는 조항은 빠져 있었다. (분명 나바로는 이 점이 실망스러웠을 거다.) 나바로의 법안은 정당과 관련 없이 지지받았다. 정부는 굴욕적으로 영국의 주택 난방에는 반드시 무연 연료를 사용하도록 하는 대항 법안을 내놓았고, 이는 결국 청정대기법 제정으로 이어졌다.[28]

영국의 청정대기법은 비버 위원회와 나바로 의원, 영국 의료계의 압력으로 탄생했다. 하지만 청정대기법이 즉각 문제를 해결하지는 못했다. 런던의 공기는 런던 시민들 스스로가 구했다. 정책은 도움이 되었지만, 오염을 일으키는 난로와 보일러를 교체한 것은 개별 도시 주민들이었다. 법안 통과 후 10년간 오염은 급격히 감소했으며, 그 뒤로도 60년 이상 계속 감소해왔다.[29] 이는 어느 정도 기술 발전 덕분이기도 했다. 중앙난방이 보급되며 석탄 난로를 사용하는 가정은 거의 사라졌다.[30] 그러나 깨끗한 공기가 중요하다는 인식, 정부 권한으로 무연 연료를 강제한 것, 대기오염 과학에 관한 관심의 급증까지, 이 모든 요소가 합쳐져 완벽하지는 않지만 폭풍 같은 변화를 이루어냈다. 런던의 공기는 여전히 구름이 자욱한 회색빛이며, 가끔 더러울 때도 있다. 그러나 예전처럼 주황빛으로 돌아가는 일은 일어나지 않았다.

깨끗한 공기를 요구할 권리

런던 스모그가 발생하기 4년 전, 펜실베이니아주 도노라에도 기후 역전 현상이 일어났다. 피츠버그에서 차로 한 시간이 채 걸리지 않는 거리에 있는 도노라에는 1만 4,000명이 살고 있었는데, 대부분은 머논가힐라강 서쪽 제방을 따라 위치한 제철소나 아연 제련소에서 일했다.[31] 과거에도 기후 역전이나 스모그가 잠깐씩 발생한 적은 있었지만, 이번에는 며칠이나 계속되었다.[32] 제철소에서 나오는 독성 물질로 가득한 공기가 제자리에 머무르며 점차 비릿하고 탁해졌다. 빠져나갈 곳이 없었다. 사람들은 바깥에 나가기만 해도 금세 숨이 막혀 구토하기 시작했고, 짙은 스모그 때문에 아무것도 볼 수 없었다. 6,000명이 병에 걸렸고, 그 중 600명은 병원에 입원했으며, 20명이 사망했다.[33] 만약 핼러윈 밤에 운 좋게 찾아온 폭풍에 안개가 걷히지 않았더라면 사망자 수는 더 늘어났을 것이다.

도노라의 제철소는 더 큰 경제적 힘에 밀려 1960년대에 폐쇄되었다. 그러나 오늘날 철에 대한 수요는 그 어느 때보다 높다. 2020년, 전 세계는 인구 1인당 500파운드(약 227킬로그램) 이상의 철을 사용했다.[34] 철 수요는 에너지 전환이 이루어질수록 더 늘어날 것이다. 앞으로 필요한 송전탑, 터빈, 전기차, 철도를 비롯해 수많은 것들이 철로 제조될 것이기 때문이다. 안타깝게도 철의 생산 과정 자체가 상당한 온실가스를 배출한다. 철을 비롯한 다른 산업용 금속을 생산할 때 나오는 온실가스는 지구의 온실가스 배출량 중 5퍼센트 이상을 차지한다.

당연한 일이지만, 기후 변화에 이바지하는 제조 공정은 철 생산만이 아니다. 시멘트를 생산할 때 배출되는 온실가스는 전체 배출량의 2.5퍼센트 이상을 차지한다.[35] 플라스틱 역시 제조 과정에서 온실가스를 배출한다. 이런 제조 공정들은 전체 배출량의 4분의 1에 달하는 온실가스를 배출하며, 탈탄소화가 극히 어렵다.[36] 그렇기에 단순히 연료원을 바꿈으로써 해결할 수 있는 문제는 아니다. 화석연료를 태우지 않더라도 이런 제품들이 생산되는 방식 자체가 온실가스를 배출한다. 시멘트는 본질적으로 탄소를 배출할 수밖에 없다. 석회암과 점토를 분쇄한 뒤 가열하는 과정에서 석회암 속 탄산칼슘이 석회와 이산화탄소로 변환되기 때문이다. 철 역시 마찬가지다. 전통적인 제철 방식은 재생 가능한 에너지로 전환한다고 해서 탈탄소화할 수 없다. 당장 내일 화석연료 연소를 그만둔다고 해도, 이런 산업 공정들은 여전히 기후 변화를 유발하는 해결하기 어려운 원인으로 남을 것이다.

산업 분야를 청정하게 만들기 위해서는 전 세계가 힘을 합쳐 온실가스를 배출하지 않는 새로운 제조법을 개발하고, 실현 가능한 대체재를 찾고, 무엇보다도 수요를 줄여야 한다. 일회용 플라스틱과 포장재가 명확한 출발점이다. 오늘날 사용하는 플라스틱 중 대부분이 사용 직후 버려진다.[37] 그렇다고 에코백이나 리유저블 컵이 난관을 벗어나게 해주지는 않는다. 철을 재활용하거나, 전기 또는 수소로 철을 제조하도록 장려책을 마련해야 할 것이다. 또한 탈탄소화할 수 없는 일부 산업 공정에서 배출되는 탄소를 포집해 폐기하는 법도 찾아야 할 것이다.

이 모든 과제에 비하면 전기나 건물 부문을 정화하는 일은 훨씬 간단하게 느껴진다. 따지고 보면 우리는 풍력 터빈과 태양광 패널을 만드는 법을 이미 알고 있다. 열펌프와 인덕션 레인지를 설치하는 법도 안다. 그러나 산업을 탈탄소화하는 법은 모른다. 적어도 저렴한 비용으로 해내는 법은 아직 모른다. 그 방법을 가능한 한 빨리 찾아야 한다. 지금 우리가 하는 모든 일이 21세기 중반 찾아올 또 다른 기후 행동의 씨앗이 되도록 해야 한다. 이미 존재하는 기술의 연구, 활용, 확산에 투자하는 것이 잔물결을 일으켜 앞으로의 행동이라는 큰 물결을 이룰 것이다. 물론 이 모든 일은 장기전이 될 것이다. 하나가 다른 하나를, 그 하나가 또 다른 하나를 일으키며 나아가다 보면, 희망하건대 우리는 어느새 지금과는 다른 더 나은 미래에 가 있을 것이다.

과거에도 더딘 진전이 가속된 사례는 존재했다. 미국에서는 1950년대에서 1960년대 사이 작은 행동들이 눈덩이처럼 불어나 더 큰 흐름을 만들어냈다. 도노라 스모그 사건이 언론의 주목을 받자, 해리 트루먼Harry Truman 대통령은 대기오염에 대한 최초의 전국 회의를 소집했다. 1955년에는 의회가 미흡하게나마 청정 대기 법안을 통과시켰다.[38] 집행력이나 예산은 없는, 실질적인 힘을 발휘하지 못하는 법안이었음에도, 작게나마 조용한 전환을 이루어냈다. 이제 오염은 더 이상 개인 간의 문제가 아닌, 공중 보건과 경제를 위협하는 문제로 다루어졌다. 공중위생국에 대기오염의 원인을 조사할 권한이 주어졌고, 1963년에는 정부가 대기오염 **해결책** 연구를 공식적으로 승인했다.³⁹ 이 모든 느린 진전이 누적되어 1970년 지구의 날 행사에 절정을 맞이했다.⁴⁰ 이날 수백만 명의 미국인이 거리로 나와 깨끗한 물과 공기를 요구했다. 영국의 가짜 귀족 제럴드 나바로 경은 악인도 때로 선한 일을 한다는 사실을 보여주었다. 그러나 환경보호청EPA을 설립하고, 1970년 청정대기법을 통과시켜 수백만 명의 목숨을 구한 한 미국 정치인에 비하면 나바로는 성인이나 다름없는 인물이었다. 그 정치인은 다름 아닌 리처드 닉슨Richard Nixon이다(워터게이트 사건으로 임기 중 사임한 닉슨 전 미국 대통령은 권력 지향적인 부패 정치인으로 비판받는다―옮긴이).

1970년의 청정대기법은 어째서 그토록 중요했을까? 대기오염이 생태계와 동식물, 그리고 사람을 죽이기 때문이다. 대기가 오염된 지역에 사는 것은 음주, 안전하지 않은 섹스, 잘못된 식습관보다 더 건강에 해롭다. 전 세계적으로 더러운 공기는 전체 사망 원인의 11퍼센트 이상을 차지하는 것으로 추정된다.⁴¹ 미세먼지는 입자 하나하나가 폐에 흡입될 만큼 작아질 때 위험해진다. 먼지, 모래, 산불 연기, 꽃가루 같은 큰 입자들은 기도 상부에 누적되지만, 주로 화석연료의 연소 과정에서 발생하는 미세먼지는 입자가 작아서 더욱 교묘하게 폐 깊은 곳까지 침투한다. 석탄과 석유에 포함된 황은 불이 붙었을 때 이산화황으로 배출되는데, 성냥에 막 불을 켰을 때 맡을 수 있는 톡 쏘는 듯한 숨 막히는 냄새를 뿜는다. 대기 중에 들어온 이산화황은 화학반응을 일으켜 황산염 에어로졸로 전환되고, 이는 미세먼지뿐 아니라 산성비의 원인이 되기도 한다. 1990년 개정된 청정대기법은 이산화황 배출을 대폭 감소하는 것을 의무화했으며, 그 결과 오늘날 미국의 이산화황은 90퍼센트 이상 감소했다.[42] 더불어 산성비 발생률 역시 급격히 줄어들었다.

물론 과거에 좋은 일이 일어났다고 해서 미래에도 반드시 그러리라는 보장은 없다. 그러나 나는 부분적일지라도 승리를 기뻐하고 싶다. 어린 시절 산성비를 걱정하며, 왜 어른들이 산성비 문제 해결에 도움을 주지 않는지 의아해했던 기억이 난다. 그런데 지금은 안다. 어른들이 분명히 도움을 보탰다는 사실을. 또 헌신적인 과학자, 규제 담당자, 법무 보좌관, 캠페인 활동가, 변호사를 비롯한 다양한 사람들로 이루어진 얼굴 없는 군대가 나를 지켜주었다는 사실을 안다. 그리고 이제는 내가 불가능해 보이는 문제에 맞서는 한 사람의 어른이 될 차례다. 내 아이들을 위해, 더 안전한 세상을 만들고자 싸울 차례다. 나는 이 싸움에서 이기겠다는 희망을 품는 것이 아니다. 반드시 이겨야 한다는 사실을 알 뿐이다.

유연휘발유를 퇴출시킨 한 명의 과학자

오래전, 오하이오주 콜럼버스의 어느 고요한 교외 언덕에 대저택이 한 채 있었다.[43] 운 좋은 방문객들은 집 안으로 안내받아 콜로니얼 양식의 고상한 복도를 지나 널찍한 휴게실로 들어갈 수 있었다. 집주인이 묵직한 문을 활짝 열면, 그 안에 돌로 둘러싸인 좁다란 복도가 나왔다. 벽에는 음흉하게 생긴 해골들이 붙어 있었고, 해골 위에서 밀랍 초가 일렁거리며 타고 있었다. 복도는 계속 또 다른 복도로 이어지며 올렌탱지강 근처 완만한 절벽 아래에 만들어둔 지하 미궁으로 연결되었다. 이 터널을 만든 집주인은 바로 산업과학자 토머스 미즐리 주니어Thomas Midgley Jr.였다. 어린 시절 동굴을 좋아했던 미즐리는 오랜 세월 과학자로서 풍요로운 결실을 맛본 뒤 은퇴해 오하이오로 돌아왔고, 여태까지 번 돈과 대공황기의 값싼 노동력을 이용해 우아한 저택 지하에 아주 특별한 무언가를 만들었다. 바로 카타콤catacomb이었다. 이 불길한 지하실을 채운 건 가짜 해골들이었지만, 이곳을 만든 돈과 노동은 진짜 죽음을 담보로 한 것이었다.

미즐리는 자동차 사업으로 큰돈을 벌었다. 20세기 초반에 자동차 운전은 그리 유쾌하지 않은 경험이었다. 휘발유가 연소하면서 엔진이 심하게 덜컹거리는 '노킹knocking' 현상이 일어나는 바람에 승객들이 자리에서 튕겨나갈 정도였다. 게다가 여행객들은 덜컹거리더라도 더 저렴하고 익숙한 마차를 선호했기에, 노킹은 자동차 보급을 위협하는 요소였다. 그 문제 해결을 맡은 것이 미즐리였다.

그는 휘발유에 에탄올(알코올의 일종)을 섞은 혼합물이 노킹을 효과적으로 방지하는 연료라는 사실을 알아냈다. 그러나 자동차 회사도, 석유 회사도 에탄올을 싫어했다. 알코올은 특허를 낼 수 없었으며, 누구나 집에서 만들 수 있다는 인식이 있었기 때문이다(특히 금주법 시대엔 거의 모든 사람이 집에서 알코올을 만들었으니까). 그래서 미즐리는 다시 구상 단계로 돌아가 좀 더 나은 아이디어를 떠올렸다. 그리하여 마침내 산업계에서는 최고의 아이디어가, 전 인류에게는 최악의 아이디어가 탄생하고 말았다. 바로 휘발유에 납을 첨가한, 유연휘발유가 등장한 것이다.

특허와 수익 둘 다 낼 수 있는 방법을 발견한 토머스 미즐리는 대중과 과학계를 상대로 엔진 노킹을 막을 수 있는 건 오로지 납뿐이라고 주장했다.[44] 또 납이 완벽하게 안전하다고 단언하며, 자신이 납 중독 치료를 받았다는 사실을 숨겼다. 그렇게 1923년 오하이오주 데이턴에서 최초로 유연휘발유 판매가 시작되었다.[45] 이후 1930년대가 되자, 미국에서 판매되는 거의 모든 휘발유에는 독성이 조금씩 섞여 있게 되었다.

유연휘발유가 엔진 노킹 문제를 해결하자 자동차는 빠른 속도로 말을 대체했으며, 모터를 이용한 교통수단이 전 세계를 지배하게 되었다. 현재 대부분의 교통수단은 화석연료에 의존하고 있으며, 이는 곧 우리가 지구 곳곳을 이동할 때마다 지구에 해를 입히고 있다는 뜻이다. 전 세계 온실가스 배출량의 14퍼센트가 교통 부문에서 나온다.[46] 자동차 의존도가 매우 높은 미국에서는 국가 전체 온실가스 배출량의 3분의 1가량이 교통 부문에서 발생한다.[47] 자동차와 비행기는 휘발유를 마시고 이산화탄소를 토해낸다. 그 끝없는 수요를 충족시키기 위해 우리는 녹지를 도로로 바꾸고, 공원을 주차장으로 바꾸고, 세계 경제를 역사상 가장 역겨운 정권에 의존하게 했다. 말을 타던 시절이 그리워질 지경이다.

　그러면 이 문제를 어떻게 해결하면 좋을까? 명백한 해결책은 전기차다. 생산 공정과 리튬 채굴을 고려하더라도, 배터리로 작동하는 전기차는 내연기관 자동차보다 훨씬 적은 온실가스를 배출한다.[48] 전기차는 더 조용하고 깨끗하며, 사람들 말에 따르면 운전하기도 더 재미있다고들 한다. 그러나 도로의 휘발유 차량을 전부 전기차로 대체하는 것만으로는 충분하지 않다. 현재 자동차에 주어진 공공 공간 일부를 되찾아 인간에게 돌려주어야 한다. 좋은 대중교통, 걷기 좋고 자전거 타기 좋은 도시, 그리고 밀도 높은 주거지 역시 해결책 중 일부다. 그렇다고 해도 세상에는 약 15억 대에 달하는 자동차가 있으며, 그중 대부분이 휘발유나 경유를 연소한다. 세계가 움직이는 방식을 바꾸는 건 불가능해 보인다. 그러나 자동차를 움직이는 연료는 이전에도 바뀐 적이 있다. 그러니 또 한 번 바꾸지 못할 이유는 없다.

　미즐리가 납을 처음 사용한 사람은 아니다. 인류는 납이라는 성분과 아주 오래전부터 관계를 맺으며 살아왔다. 고대 이집트인은 도자기의 유약으로 납을 사용했다. 로마인은 백랍으로 그릇을 만들었고 수도관에도 납을 사용했다. 많은 사회에서 동전이나 보물로 사용된 은은 납이 포함된 광산에서 채굴한 것이다. 남극과 그린란드의 얼음에 갇힌 오래된 공기 방울은 인류의 역사와 함께 변화해온 대기 중 납의 농도를 기록하고 있다.[49] 빙하 코어의 상부층에서는 산업혁명과 함께 급증한 대기 중 납 농도를 확인할 수 있다. 하부층에는 근대 초기와 중세의 납 농도 변화가 기록되어 있다. 17세기 유럽에서 벌어진 30년 전쟁 시기와 맞물려 납 농도가 감소했고, 흑사병이라는 대재앙이 닥쳤을 때는 더 큰 폭으로 감소했다. 전염병, 전쟁, 위대한 제국의 탄생부터 멸망까지 80만 년의 역사가 깊은 얼음 속에 기록되어 있다. 더 깊이 파고들면 유스티니아누스의 역병, 로마의 흥망성쇠, 카르타고Carthage(오늘날 튀니지 해안에 위치했던 고대 도시국가—옮긴이)의 건설과 지중해를 건너 서쪽으로 영토를 확장했던 페니키아인의 역사가 이어진다. 우리가 채굴하고 건설하는 모든 일들을 대기가 알고 얼음이 기억한다.

지구는 인류보다 훨씬 나이가 많지만, 지구의 역사도 납으로 측정된다. 1950년대 이전에는 사물의 연대를 측정할 때 탄소 연대 측정법을 썼지만, 이 방법으로는 아주 오래된 것까지는 측정할 수 없다. 수만 년이 지나면 탄소 동위원소가 완전히 붕괴해 측정할 것이 전혀 남지 않기 때문이다. 고대 암석의 연대를 알아내기 위해서는 반감기가 더 긴 물질을 찾아내야 했다.

2차 세계대전 후 맨해튼 프로젝트에 참여했던 과학자 클레어 패터슨Clair Patterson이 착수한 일이 바로 그 물질을 찾는 것이었다.[50] 패터슨은 전쟁 중 원자력을 연구하며 반감기가 무척 긴 우라늄이라는 원소에 대해 잘 알게 되었다. 우라늄의 가장 일반적인 동위원소는 매우 긴 시간 동안 수명을 유지하지만, 그럼에도 언젠가는 붕괴된다. 약 1억 년마다 동위원소는 1.5퍼센트씩 붕괴하다가 결국에는 납으로 변한다. 패터슨은 암석에 포함된 납의 양으로 그 암석의 연대를 측정할 수 있다는 것을 알았다. 그리고 지구의 나이는 지구에서 가장 오래된 암석의 나이와 같을 거라고 추정했다.

패터슨과 연구팀은 암석을 분석하다 충격적인 사실을 알아냈다. 그들의 측정 결과가 대기 중에 포함된 납에 의해 심하게 오염되어 있었던 것이다. 때문에 암석의 연대를 정확히 측정하기 위해서는 특수한 밀폐 실험실, 곧 세계 최초의 청정실이 꼭 필요했다. 연구팀이 내린 결론은 두 가지였다. 첫째, 지구의 나이는 45억 년 이상으로, 이전에 추정했던 연대보다도 최소 10억 년 더 오래되었다.[51] 둘째, 대기는 납으로 가득 차 있다. 이어진 연구를 통해 바다에도, 산꼭대기에도, 오염된 도시 위로 낮게 깔린 공기에도 납이 포함되어 있음이 밝혀졌다. 대기의 납 농도는 인류 역사상 그 어느 때보다도 1,000배 이상 높았다.[52] 그리고 이 납의 출처는 분명했다. 자동차와 유연휘발유가 전례 없는 방식으로 대기를 바꾸고 있었다.

그것이 인류에게 어떤 의미인지 점점 더 분명해졌다. 1970년대 초까지 미국 어린이 대부분이 납 중독을 겪었다.[53] 5세 이하 어린이의 평균 혈중 납 농도는 오늘날 안전하다고 보는 수준보다 4배 이상 높았다. 납은 성장하는 신체와 두뇌를 파괴하고, 두통, 과잉 행동, 발달 지연을 일으킨다. 어린이에게 치명적인 납이 성인에게도 좋을 리는 없다. 성인의 경우에는 기억력 감퇴에서 정자 수 감소에 이르기까지 다양한 증상을 유발한다. 놀라운 일은 아니었다. 납 중독의 위험성은 오래전부터 잘 알려져 있었기 때문이다. 로마의 수도 기술자들도 납으로 만든 수도관에서 나오는 물이 유해하다고 주장했었다.

패터슨이 대기 중 납 농도에 대해 우려를 표하자, 산업계 독성학자들은 곧장 그에게 광신도라거나 선동가라는 딱지를 붙였다. 미국의 연료첨가제 기업 에틸 코퍼레이션Ethyl Corporation의 독성학자이자 최고 의료 자문관이던 로버트 키호Robert Kehoe는 유연휘발유의 안전성을 증명하기 위해 자신의 평생을 바쳤고, 상당한 액수의 기업 자금도 투자했다. 키호는 휘발유에서 납을 제거하는 데 반대하지는 않지만, 경제적 타격을 입히는 그런 조치는 의견이 아닌 증거에 기반해 시행해야 한다고 주장했다.[54] 나아가 키호는 그 증거란 클레어 패터슨 같은 독립적으로 활동하는 과학자에게서 얻는 것이 아닌, 업계의 자금 지원을 받는 실험실에서 나온 것이어야 한다고 주장했다.

키호는 혈액, 물, 토양에서 측정된 납 농도를 '정상'이라고 부르기를 고집했다. 그러나 패터슨은 '정상'이라거나 '보통'이라는 말이 '자연적이다', '안전하다', 또는 '좋다'는 뜻이 아니라고 반박했다. 키호가 말하는 '정상' 수치는 유연휘발유가 만든 '새로운 정상'에 바탕을 둔 것이기 때문이었다. 이 말뜻은 곧 이미 모든 사람이 납에 중독되고 있으니 괜찮다는 거나 다름없었다. 키호는 인간의 몸은 대기 중 더 높은 납 농도에도 쉽게 적응할 수 있다는, 오늘날에도 익숙하게 들리는 주장을 펼쳤다. 그러나 패터슨은 진화란 그런 식으로 이루어지는 것이 아니라고 반박했다.

패터슨은 캘리포니아 주지사와 미국 의회에 서한을 보내며 끈질기게 경고를 이어갔다. 업계는 크게 반발했고, 패터슨이 납 연구 분야에서 세계 일인자임에도 국립연구위원회의 납 연구에서 제외했다.[55] 그럼에도 굴하지 않았던 패터슨은 순전히 끈기만으로 서서히 승리하기 시작했다. 1970년의 청정대기법은 환경보호청에 납을 제한하는 대기질 기준을 세우도록 요구했다.[56] 1975년에는 새로 제조되는 모든 차량은 납이 함유되지 않은 무연휘발유를 사용해야 한다는 규제가 생겼다. 1986년, 일본이 세계 최초로 유연휘발유를 금지했다.[57] 미국에서는 이미 판매량이 급감한 뒤였던 1996년에야 판매 금지가 시행되었다. 그리고 2021년 알제리가 세계에서 마지막으로 유연휘발유를 금지했다.

그 수십 년 사이에 납 중독은 극적으로 감소했다. 미국인의 평균 혈중 납 농도는 1970년대 이래로 95퍼센트 감소했다.[58] 그러나 플린트 수질 위기(2014년부터 2019년까지 미국 미시간주 플린트라는 도시 전체가 납 수도관으로 인해 오염된 식수에 노출된 사건)가 보여주듯, 인류와 납의 전쟁은 아직 끝나지 않았다. 특히 소득수준이 낮은 국가에서는 페인트와 수도관 등에서 여전히 납이 검출되고 있다. 그럼에도 유연휘발유의 판매 금지 조치는 중요한 변화를 일으켰다. 매년 100만 명이 넘는 이들이 목숨을 구하게 되었고, 수백만 명의 아이들이 성장을 저해하는 독성에 노출되지 않게 됐다. 우주의 머나먼 곳, 화성과 목성 사이 소행성대에는 태양을 공전하는 작은 별이 있다. 너무 작아서 행성이 될 수는 없지만, 잊힐 정도로 작지만은 않은 소행성이다. 보이지는 않지만, 나는 그 별이 그곳에 있다는 걸 알고 있다. 영감의 원천이자 희망을 일깨워주는 그 별은 클레어 패터슨의 이름을 따서 명명되

었다.[59]

한편 20세기 최악의 단면을 상징하는 토머스 미즐리는 결국 소아마비에 걸렸고, 자신이 발명한 호흡 장치에 의해 질식사했다. 그가 올렌탱지강 근처에 지었던, 지하 터널과 카타콤이 있던 그 저택은 불도저로 밀려 콜럼버스 외곽순환도로 부지가 되었다. 한때 그의 저택이었던 폐허 위를 매일 수천 대의 차량이 지나간다. 그리고 그중 유연휘발유를 쓰는 차량은 한 대도 없다.

우리는 오존층을 지켜냈다

우리가 만드는 것들, 그것을 만들기 위해 우리가 사용하는 에너지, 주택 난방 방식, 이동하는 방식, 이 모든 것이 세상에 발자국을 남긴다. 그러나 인간의 모든 활동 중 가장 크게 지구를 바꾸는 것은 식생활이다. 지구상 얼음이 없는 육지의 40퍼센트가 농경지로 쓰이는데, 그 면적은 아프리카와 남아메리카를 합친 것과 맞먹는다.[60] 이 농경지의 4분의 3이 가축이 풀을 뜯는 목초지 또는 가축 사료로 쓸 농작물을 기르는 데 쓰인다.[61] 그 사실이 지구의 야생동물, 토양, 수자원에 미치는 영향은 막대하다.

한편 농업은 대기에도 영향을 미친다. 오늘날 온실가스 배출량 4분의 1가량이 식량, 경작, 토지 이용에서 발생한다. 또 가장 강력한 두 가지 온실가스 중 상당량이 농업에서 발생한다.[62] 풀을 뜯는 가축의 트림에서 발생하는 메탄,[63] 그리고 비료 사용에서 발생하는 아산화질소다.[64] 그러나 벌목에서 발생하는 이산화탄소 배출량이야말로 가장 크다. 목초지나 경작지를 만들기 위해 숲을 파괴할 때 나오는 온실가스 배출량은 지구상 모든 건물에서 사용하는 전기를 다 합친 것보다, 도로 위 모든 차량이 배출하는 이산화탄소를 다 합친 것보다 크다. 또 오늘날 산림 파괴는 열대 지역에 집중되어 있는데,[65] 1분마다 축구장 11개 면적의 열대우림이 사라지고 있다.[66] 열대 국가가 다른 지역보다 무책임하거나 환경에 무관심해서 벌어지는 일은 아니다. 세계 식량 체계는 복잡하고 서로 연결되어 있기 때문이다. 예를 들면 브라질에서 생산한 소고기가 중국, 유럽, 미국으로 수출되는 식이다. 숲은 아무리 큰 환경적 가치를 갖고 있다고 해도 목초지나 경작지보다는 돈이 덜 된다.

따라서 온실가스 배출량을 줄이기 위해서는 식생활과 농업 관행 둘 다 바뀌어야 한다. 관개시설과 비료 사용 관행을 바꾸면 온실가스 배출을 줄일 수 있으며, 반드시 그렇게 해야 한다. 그러나 아직은 수요를 줄이는 것만큼 온실가스 배출을 크게 줄일 수 있는 방법은 없다. 수요가 감소할 때 가장 큰 배출량 감축이 일어날 것이다. 육류, 특히 소고기에 대한 세계의 충족되지 않는 수요가 숲과 초지를 파괴하고 있다. 식물 기반 식생활로의 전환은 훼손을 늦추거나 나아가 바로잡을 수도 있다. 육류와 유제품 섭취를 완전히 중단하지 않더라도 줄이는 것만으로도 장기적으로는 농업이 발생시키는 온실가스 배출을 줄이는 데 도움이 된다. 또한 음식물쓰레기를 줄이는 것도 마찬가지로 중요하다. 현재 전 세계에서 생산되는 식품의 3분의 1은 소비되지 않고 버려진다.

그러나 이런 식생활 변화는 숲과 초지를 비롯한 생태계가 다른 부문의 개발로부터 보호받지 못한다면 아무 힘도 발휘하지 못한다. 토지의 온실가스 배출량을 줄이려면 국경을 뛰어넘는 협력과 정책이 필요하다. 부유한 국가들의 수요가 늘어나면 빈곤한 국가의 환경은 악화한다. 브라질이나 나이지리아에서 나무 한 그루를 베면 그 여파는 전 세계로 퍼진다. 우리 모두가 공유하는 땅을 잘 관리하려면 다 함께 행동해야 한다. 불가능해 보이는 일일 수도 있다. 인류가 공유하는 선을 위해 모든 국가가 한마음이 된 적이 있었나? 국가 또는 기업이 사익 대신 더 고귀한 가치를 추구한 적이 있었나? UN은 2차 세계대전을 막지 못했고, UN 역시 더는 실효성이 없다고 주장하는 이들도 많다. 그러나 다가오는 재앙 앞에서 전 세계가 협력한 사례는 있었다. 아득할지라도, 희망을 품을 이유를 만들어주는 이야기다.

우리 머리 위에는 놀라운 물질이 얇은 층을 이루고 있다. 대기 하부층에서는 위험한 오염물질인 오존은 성층권에서는 기적의 물질로 변한다. 다양한 자외선을 흡수하는 오존 분자는 자연의 강력한 자외선 차단막이다. 오존 농도는 화산 폭발, 기상 패턴, 태양의 에너지 출력 변화에 따라 자연히 달라진다.[67] 이런 미미한 변화들은 대체로 걱정할 필요가 없다. 그런데 1970년대에 과학자들은 실제로 무척이나 심각한 현상을 발견했다. 오존층이 사라지고 있었던 것이다.[68] 자외선 차단막을 잃은 지구는 우리를 암을 유발하는 자외선에 노출시키고, 우리의 존재 자체를 위협하고 있었다.

이 성층권의 위기는 지상에서 탄생한 기적의 기술이 일으킨 직접적 결과였다. 19세기 말에서 20세기 초, 전기냉장고가 등장해 얼음을 채워 사용하던 아이스박스를 대체했다. 냉장고는 내부에 있는 냉매라는 화학물질을 액체에서 기체로 변화시키는 과정에서 물체를 차갑게 만든다. 이는 땀이 우리 몸을 식히거나 지표면이 증발을 통해 열을 방출하는 원리와 동일하다. 초기의 냉장고는 독성이 매우 강하고, 누출의 위험성도 큰 화학물질을 사용했다. 그렇기에 대체재를 반드시 찾아야 했다. 그리고 이 임무를 맡은 사람은 20세기 최악의 아이디어들을 내놓은 장본인, 토머스 미즐리였다.

그렇다, 유연휘발유를 만들었던 그 화학자 토머스 미즐리는 초기 냉장고에 들어간 독성 화학물질의 대체재인 염화불화탄소, 즉 CFC도 개발했다.[69] CFC는 '프레온Freon'이라는 미래 지향적인 이름으로 시장에 소개되었다. 프레온은 안정적이고, 무독성이며, 하부 대기를 오염시키지도 않았다. 불이 붙지도 않았다. 프레온 덕분에 가정용·차량용 에어컨 판매가 폭발적으로 늘어났다. 결국 프레온은 유용하고 수익성 높은 것을 넘어 필수재가 되었다. 수많은 공중 보건 규제에서 자유로운 단 한 가지 냉각제였기 때문이다. 알고 보니 CFC는 에어컨, 소화기, 분무제, 스티로폼 같은 물질에도 유용했다.[70] 그 결과 수백만 톤의 CFC가 생산되고, 사용되고, 공기 중으로 배출되었다. 끊임없는 대기의 움직임은 마치 밀가루 반죽에 설탕을 섞듯이 이 화학물질을 공기와 뒤

섞었다. 따뜻한 공기는 오염물을 싣고 상승했다. 그렇게 성층권에 도달한 CFC는 위험한 물질로 돌변했다.

1974년, 화학자 F. 셔우드 롤런드F. Sherwood Rowland와 마리오 몰리나Mario Molina는 CFC가 성층권에서 자외선의 가차 없는 공격에 노출되면 염소 원자들로 분해된다는 연구 결과를 발표했다.[71] 염소는 오존층에 치명적이다. 단 하나의 염소 원자가 오존 입자 10만 개 이상을 파괴할 수 있다. 같은 해, 기상학자 파울 크뤼천Paul Crutzen은 지구에서 가장 추운 곳의 환경이 오존층 파괴를 더 악화할 수 있음을 밝혀냈다.[72] 1985년 남극 상공의 대기를 측정한 결과, 오존 수치가 충격적으로 감소해 있었다.[73] 성층권에 상처가 생겼고, 이 오존 구멍은 시간이 지나며 점점 커질 것이었다.

크뤼천, 롤런드, 몰리나는 이 발견으로 1995년 노벨 화학상을 받았다.[74] 오존 구멍을 설명하는 데 이바지한 대기과학자 수전 솔로몬Susan Solomon 역시 노벨상을 받아 마땅했다. CFC가 위험하다는 사실이 명백히 드러났다. 그렇지만 CFC의 쓸모는 여전했다. 화학 산업계에서는 이 물질을 시장에서 퇴출하면 경제가 무너질 것이라고 외쳐댔다. 오존층을 파괴하는 이 물질의 사용에 1350억 달러 이상의 자산이 달려 있다고 주장했다.[75] 또 대체재 개발은 사실상 불가능하며, 인플레이션과 일자리에 재앙에 가까운 영향을 불러올 것이므로 규제해서는 안 된다고 강조했다. 나아가 화학 기업들은 함께 '책임 있는 CFC 정책을 위한 연합Alliance for Responsible CFC Policy'을 결성해 책임 없는 CFC 정책을 옹호하고자 했다.[76]

정부 내에도 이 연합의 협력자가 존재했다. 미국 내무부 장관은 미국인이 자외선 차단제나 모자를 사서 각자 자외선으로부터 스스로를 지켜야 한다고 주장했다.[77] 1995년에는 이름마저도 말도 안 되게 완벽한 공화당 하원의원 존 둘리틀John Doolittle이 조처에 나서기에는 CFC가 오존층 파괴에 미치는 영향에 있어 불확실한 점이 지나치게 많다고 주장했다.[78] 또 다른 의원은 자신이 "어느 쪽이 많은 지지를 받는가가 아니라, 어느 관점이 옳은지에 관심이 있다"라고 했다. 또 다른 의원은 이렇게 덧붙였다. "오존층을 복원하는 대자연의 능력을 우리가 과소평가하는 것 같다는 생각이 듭니다."

CFC 금지를 놓고 벌어진 논쟁은 지금에 와서는 어쩐지 미적지근하게 보이기도 한다. 기업과 그 협력자들이 반발하기는 했어도, 그리 절박하게 저항하지는 않았다. 대체재가 이미 존재했고, CFC 금지는 불편하지만 사활이 걸린 조치는 아니었기 때문이다. 또 보수 정치인들은 경제와 일자리에 악영향을 줄 것이라 우려했지만, 그들을 이끄는 지도자들은 오존층 문제를 심각하게 받아들였다. 비록 세계 지도자로서 결함이 많기는 했어도, 마거릿 대처Margaret Thatcher는 화학 전공자 출신이었고, 로널드 레이건Ronald Reagan은 피부암에 걸린 병력이 있었다.

물론 일부 제품에 쓰이며 유용하지만 대체할 수 있는 성분을 시장에서 퇴출하는 것과 세계 경제 전반을 재편하는 것은 다르다. 오존층 위기와 오늘날 우리가 마주한 전 지구적 기후 위기 사이에 평행선을 긋는 건 섣부른 일이 될 것이다. 은유란 정확하지 않은 법이므로. 그럼에도 오존층 파괴 문제는 간단하게 한 문장으로 요약해도 될 것 같다. 우리는 그 문제를 해결했다. 1987년, 오존층을 파괴하는 화학물질의 제조와 사용을 규제하는 몬트리올 의정서가 채택되었다.[79] 그리고 지구상 모든 국가가 이 의정서를 비준했다. 즉각적으로 해결된 것도, 원활하기만 한 것도 아니었지만, 방향은 분명했다. 상황은 더 나아지고 있다. 오존층은 회복되고 있으며,[80] 경제가 무너지고 대공황이 올 거라는 예측은 이루어지지 않았다.

시간의 흐름 덕분에 갖게 된 혜안과 발전된 과학적 이해 덕분에, 우리는 오늘에 와서야 우리가 또 다른 재앙을 향해 얼마나 가까이 다가갔는지 알 수 있다. CFC와 오존층에 대한 정당한 두려움 때문에 이 물질의 또 다른 속성을 간과하기 쉬웠다. 그것은 바로 CFC가 온실가스라는 사실이다. 몬트리올 의정서는 대기 중 CFC 농도를 줄임으로써 섭씨 1도의 지구 기온 상승 역시 막았다.[81] 게다가 또 하나의 위협 역시 간신히 피한 것 같다. 오존층이 더 커졌다면 그 결과로 발생한 자외선의 폭격에 어마어마한 양의 식물이 죽었을 것이다.[82] 숲이 말라 죽고, 작물 수확량이 급감하며, 대기 중 이산화탄소 농도는 치솟았을 것이다. 불타고 굶주린 지구 위로 태양은 암을 유발하는 자외선을 비처럼 쏟아냈을 것이다.

다행히 그런 일은 일어나지 않았다. 종말론의 시나리오를 피해 간 세계는 오늘날 우리가 쓰고 있는 기묘한 이야기로 접어들었다. 그리고 이번에는 입에 담지도 못할 공포로부터 지구를 구할 수 있다는 사실을 우리는 알고 있다. 과거에 이미 해본 일이니까.

좀 더 나은 결말을 위하여

영웅 서사는 17단계로 이루어진다. 누가 설명하는가에 따라 12단계이기도 하고, 3단계이기도 하다. 이야기는 일상의 세계를 무너뜨리는 모험의 부름으로 시작한다. 그다음에는 영웅의 결단력을 시험하는 여러 사건이 닥치고, 마지막에 궁극적 승리와 보상으로 끝을 맺는다. 구원받은 세계로 돌아온 영웅은 모험을 통해, 또 모험에서 얻은 교훈으로 인해 변한 모습이다. 어떤 이야기에는 초자연적 안내자가 등장하고, 때로는 우스꽝스러운 조력자가 등장한다. 그러나 모든 영웅 서사에는 한 가지 공통된 사건이 존재한다. 영웅이 모험을 떠나기로 결심하는 사건이다.

지금 우리 모두는 내키지 않지만 등장하게 된, 흥미진진한 이야기 속 인물들이다. 너무 위험하고, 앞은 캄캄하고, 보상을 받을 희망 역시 아득히 멀다. 만약 우리가 모든 과제를 해낸다 해도, 즉 10년 내로 이산화탄소 배출량을 반으로 줄이고, 2050년까지 탄소중립(인간 활동으로 배출되는 온실가스를 최대한 줄이고, 남은 배출량을 흡수·제거해 순배출량을 0으로 만드는 것─옮긴이)에 도달한다 해도 우리가 바랄 수 있는 가장 나은 결과는 기온 상승이 1.5도에 그치는 것이다. 아마 울적한 전망이라고, 영웅 서사시보다는 비극처럼 보인다고 생각할 수도 있다. 그러나 이 여정 속에는 희망이 있다. 좋은 일이 일어났으면 하는 소망이 아닌, 반드시 일어날 것이라는 확신이다.

석탄을 쓰는 화력 발전소를 없애면 지구온난화를 유발하는 온실가스 배출 역시 반드시 대폭 감소할 것이며, 우리 삶은 장기적으로 나아질 것이다. 발전소가 사라지자마자 공기 질도 부쩍 개선될 것이다. 내연기관 차량을 없애면 기후에 미치는 영향을 깨닫기도 전에 우선 깨끗해진 공기를 곧바로 들이마시게 될 것이다. 대중교통을 개선하고, 걷기 좋고 더 밀집된 도시를 만들면 사람들이 활기찬 도시 공동체 속에서 살 수 있게 된다. 숲을 보호하면 그 속에 살아가는 섬세하고 아름다운 생태계를 지킬 수 있다. 우리는 과학 연구로부터 철, 플라스틱, 시멘트를 탈탄소화하는 법을, 다른 시급한 문제들을 해결하는 데 도움이 될 지식을 얻게 될 것이다. 쉽지는 않을 것이다. 해피엔딩이라는 보장은 없다. 그러나 더 나은 결말은 가능하다.

많은 이들이 지적한 대로, 우리를 구원하러 올 사람은 없다. 만약 결말에서 우리가 구원받는다면, 그건 결점 많고 한계도 있지만 각자 최선을 다하는 수많은 사람들이 힘을 합쳐 해낸 공동의 노력 덕분일 것이다. 과거에 환경을 성공적으로 지켜낸 사례 중 지금 우리의 상황과 완벽히 들어맞는 건 하나도 없지만, 그럼에도 과거의 이야기는 우리에게 희망을 준다. 그 이야기들은 우리가 살고 싶은 세계를 스스로 만들어야 한다는 걸 알려준다. 과학은 한계를 정한다. 우리는 이야기를 쓴다. 그 이야기에는 희망이 담길 수 있다.

그리고 모두 행복하게 살았답니다

2023년의 어느 맑은 여름날, 바람의 방향이 바뀌어 캐나다 산불이 실어 온 연기가 뉴욕의 하늘에서 걷혔을 때, 나는 가족과 함께 해변을 찾았다. 당시 일곱 살이던 큰아들은 무슨 알 수 없는 모래 프로젝트에 몰입해서는 두 살짜리 남동생에게 구멍과 터널을 파도록 지시했다. 구멍 속에 뛰어들지 말라고 엄중한 경고를 날리기도 했다. 물론 경고는 소용없었지만 말이다. 나는 수평선을 바라보며, 내 아들이 일렁이는 파도 속에 해양 생물들이나 해저 화산이 있다는 거짓말을 믿던 시절을 떠올렸다. 그러면서 잠깐이지만 햇살에 편안하게 취한 채로 아련한 감정에 잠겼다.

해변가 반짝이는 물속에서, 문득 고래 지느러미를 본 것 같다는 착각이 들었다. 그런데 지느러미가 하나 더 보였다. 그리고 또 하나. 돌고래 떼였다. 다섯 마리, 아니면 여섯 마리쯤 되는 진짜 돌고래였다. 나는 옆에 있던 가족들을 큰 소리로 외쳐 불렀다. 두 살짜리 아들을 번쩍 안아 들어 어깨에 태우자, 모래 범벅이 된 통통한 두 다리가 신이 나서 파닥거리는 게 느껴졌다. "돌고래들이 큰 도시까지 우릴 만나러 왔네." 나는 아이에게 말했다. "내가 너만 할 땐 이런 일은 상상조차 할 수 없었단다. 그런데 이제는 흔히 볼 수 있는 광경이 됐어. 뉴욕항에는 고래가 있고, 브롱크스강에는 돌고래가 있단다. 허드슨강에는 굴이 자라고, 롱아일랜드 인근 바다에는 상어가 있지. 다시 번성하게 된 물개, 물고기, 되살아난 해양 생물들 덕분에 일어난 일이란다."

아이는 잠시 내 말을 곰곰이 생각하는 것 같더니 꺅 소리를 지르며 통통한 두 팔을 나풀거렸다. 큰아들은 마치 하나도 신나지 않는다는 듯, 돌고래를 보고 흥분하는 건 어린아이들이나 하는 짓이라는 듯, 다른 할 일이 있다는 듯 계속 모래에 구멍을 팠다. 그러다가 결국 아이도 더는 참을 수 없었는지 벌떡 일어났다. 우리는 모두 탁 트인 모래 해변에 작디작은 존재들로 나란히 서서, 오염되지 않은 공기를 한껏 들이마시며 퀸스 앞바다 맑은 물속에서 노는 돌고래들을 바라보았다.

9장

사랑

: 기후 모델이 말해주지 못하는 것

우리처럼 작은 존재들이 이 광활함을 견뎌낼 방법은
오로지 사랑뿐이다.

칼 세이건, 『콘택트』

    내 남편은 영국에서 어린 시절을 보내며 집, 학교, 진흙으로 질퍽거리는 놀이터 사이를 터덜터덜 돌아다녔다. 우리가 캘리포니아에 살던 시절 남편은 이곳이 어쩐지 자연스럽지 않다는 의심을 줄곧 떨치지 못했다. 이곳의 날씨도, 음식도, 늘 웃고 있는 사람들도 어쩐지 찜찜했다. 모두가 "멋진 하루 보내세요!" 하고 인사했지만, 남편은 그 말이 진심이 아니라며 괘씸해했다. 나는 그게 당신의 하루를 멋지게 만들어주겠다는 제안이 아니라고 설명해주었다. 사람들은 그저 오늘 하루가 멋진 날이 될 거라는 믿음을 이야기하는 것이라고. 내 추측은 타당하다. 캘리포니아에는 멋진 하루가 넘쳐나니까.

    나는 캘리포니아를, 미국 서부 전체를 사랑했다. 그곳에서는 내가 자연의 일부로 느껴졌기 때문이다. 주말은 대개 시에라네바다산맥에서 보냈다. 이곳은 알래스카산맥에서 시작해 로키산맥, 시에라네바다산맥을 지나 중앙아메리카에서 기세가 잠시 꺾였다가 다시 안데스산맥 최남단을 향해 행진을 재개하는 거대한 아메리카 산계American Cordillera의 작은 가지다. 대자연 그 자체인 시에라네바다산맥에 있을 때면, 나는 집에 온 것처럼 편안했다. 고지대는 마치 광활한 인간 세계에 물들기 전의 힘 넘치는 아이들처럼 거칠고, 원초적이고, 신선했다. 이곳의 풍경은 강렬한 아름다움을 고함처럼 쏟아내며 보는 이로 하여금 경외심을 갖게 했다. 이곳은 고독을 안겨주기도 하지만, 곧이어 내면을 자연으로 가득 채워주기도 했다. 산에 있을 때면 나를 둘러싼 환경 말고는 아무 생각도 할 수 없었다.

그러다 혼자 야생 속에 있는 게 지겨워졌다. 누군가와 그 경험을 나누고 싶었다. 내 남편이 나처럼 이곳을 사랑해주었으면 하는 마음이 간절했다. 남해안을 따라 몬터레이 베이로, 북쪽 멘도시노로 그를 데려갔다. 차에 올라 콜로라도, 애리조나, 오리건에도 갔다. 요세미티 계곡에 갔을 때 나는 웅장한 자연과 내가 이곳에 대해 느끼는 영적 연결감에 취해 야단법석을 떨었다. 남편은 "바위가 멋지네" 하고 점잖게 한마디 할 뿐이었다.

남편은 나와 긴 하이킹을 하기도 했고, 계획 없이 먼 길을 돌아가는 일이 잦아도 견뎠다. 나는 방향감각이 없고, 지도를 마치 판타지 소설 맨 앞장에 실린 가상의 지도처럼 대하는 경향이 있었다. 약간 재미는 있지만, 소설을 즐기는 데는 딱히 필요하지 않은 지도 말이다. 나는 길을 잃어도 즐거워하는 법을 알고 있었다. 반면 남편은 계획형 인간으로, 짜임새 있고 신중하게 도시 환경을 탐험하는 데 익숙했다. 남편은 산에 올라갈 마음 같은 건 한 번도 먹어본 적이 없었다. 심지어 나를 만나기 전까지는 텐트에서 자본 적도 없었다.

그런데도 그는 나와 결혼했다. 남편은 신혼여행으로 해변에 가거나, 박물관과 멋진 식당, 최소한 실내 화장실을 이용할 수 있는 곳에 가는 게 어떠냐고 했다. 절대 안 된다고 나는 대답했다. 나에게는 요세미티 계곡, 해 지기 전의 마법 같은 빛 속에서 사랑의 서약을 나누겠다는 환상이 있었다. 그러나 결국 우리는 런던의 등기소에 갔고, 그다음에는 펍에 갔다. 뉴욕으로 이사한다는 계획에 동의한 직후여서, 애석한 데다가 풀이 죽어 있던 때였다. 도시로 가기 전 대자연에 작별 인사를 하고 싶었다. "알래스카에 캠핑을 가자." 남편에게 말했다. 보복할 속셈은 아니었다. 그 정도로는 안 죽으니까.

알래스카에 간 게 처음이었는데도, 나는 마치 내가 이곳을 만들어내기라도 한 것처럼 남편에게 알래스카를 자랑해댔다. 빙하를 녹인 뒤 끓여 마셨고, 석회질 많은 흙탕물로 조리한 면 요리를 먹었다. 순록과 땅다람쥐를 보았고, 회색곰도 멀찍이서 보았다. 곰이 우리를 향해 달려오는 몇 초 동안 숨이 멎을 것 같았지만, 곰은 곧 우리에게 관심을 잃었다. 알래스카에 온 게 너무나도 행복한 나머지 나는 따뜻해지는 비탈 위로 자라기 시작한 나무들을, 녹아내린 빙하가 산꼭대기에서 똑똑 흘러내리는 모습을, 전에 없이 높은 기온을 기꺼이 못 본 척했다. 모든 것이 취약해져 있다는 것을 머리로는 알았다. 기후 모델의 예측을 통해 이미 보았으니까.[1] 그러나 그런 예측은 이곳과 동떨어진 인위적인 것, 그저 거대한 컴퓨터 드라이브 속 0과 1로만 느껴졌다. 산악 지형은 순전히 그 거대함 때문에 외부의 어떤 힘도 건드릴 수 없는 난공

불락의 요새로 보였다. 우리보다 훨씬 더 거대한 이곳이 위험에 처할 수 있다는 사실은 상상조차 하기 어려웠다.

일주일이 지나자 날씨는 서늘해지고 안개가 자욱해졌다. 머리가 몽롱한 것도, 기침이 떨어지지 않는 것도 이런 날씨 때문이라 생각했다. 나침반을 보는데 방향 파악이 잘 되지 않았다. 심지어 헛것이 보였다. 의식이 혼미한 채로 나는 남편을 이끌고 잘못된 방향으로 두 시간이나 걸어갔고, 인간 세상으로 돌아갈 수 있는 유일한 도로에서 점점 멀어졌다.

천장 선풍기가 돌아가는 소리에 정신을 차려보니, 남편은 걱정과 노여움, 인내심이 뒤섞인 익숙한 표정으로 침대 곁에 앉아 있었다. 내가 크게 앓았다고 했다. 남편이 어떻게든 길을 찾아내서 지나가는 버스를 잡아탄 다음 가장 가까운 마을의 싸구려 모텔까지 나를 데려왔다고 했다. 그리고 나는 이곳에서 24시간 넘게 깨어나지 않았다고 했다. 힘이 없고 어질어질했고, 폐에는 물이 차 있었다. 분통이 터졌다. 이렇게 아픈 건 처음이었다. 그러나 하루이틀 만에 심술이 가라앉았다. 그 시절의 나는 비정상적일 만큼 건강했다. 무시무시할 정도로 통증 역치가 높았고, 회복력은 꼬리가 잘려도 다시 자라나는 도마뱀 수준이었다. 이 또한 세상의 자연스러운 법칙인 양 당연하게 받아들이던 일이었다. 내가 신경 쓴 건 주로 실질적인 것들이었고, 다시 야생으로 돌아가지 못할까 봐 걱정됐다. "걱정하지 마. 내가 어떻게든 해결할게." 남편이 말했다. 때로 계획형 인간이 곁에 있는 게 큰 도움이 된다.

며칠 뒤, 나와 남편은 가파른 초록빛 비탈로 둘러싸인 거친 바위 해변에 단둘이 있었다. 북쪽 먼 곳까지 왔으므로 늦은 시간까지 햇빛이 있었고, 눈에 보이는 세상은 전부 은은한 금빛으로 빛나고 있었다. 우리는 평평한 바위에 앉아 맑은 바닷물에 돌을 던져 물수제비를 떴다. 다시 건강을 되찾은 나는 살아 있어서, 그와 함께 있어서 행복했다. "사랑해." 내가 말했다. "나도 사랑해." 그가 대답했다. "하지만 만약 곰이 날 죽인다면, 나도 당신을 죽일 거야."

마법 같은 시간이 몇 시간이나 이어졌고, 북쪽의 태양은 마치 영화 촬영장의 인공조명처럼 부드럽고 꾸준했다. 작은 빙산 하나가 해변에 밀려와 있었는데, 한가운데에 완벽한 원 모양 구멍이 뚫려 있었다. 더 많은 얼음이 밀려왔다. 어떤 것은 지저분한 흰색이었고, 어떤 것은 맑디맑은 푸른색이었다. 남편은 머뭇거리는 경탄이 담긴 눈길로 얼음들을 바라보았다. 나는 이 순간이 추억이 되리라는 걸, 훗날 함께 늙고 병들었을 때 끄집어내 감탄할 소중한 기억이 되리라는 걸 알 수 있었다.

우리가 텅 빈 곳에 침입해 젊은 시절의 가장 행복한 이야기를 무심한 허공에 들려주었던 시절이다. 그때 우린 자연과 하나였을까, 아니면 분리된 상태였을까? 알 수 없었다. 꼭 깨어 있는 상태에서 꾸는 꿈처럼 비현실적이면서도, 동시에 세상의 어느 한구석이 그 풍요로운 충만함을 드러내는 것처럼 어쩐지 **진실하게** 느껴졌다. 다음 날 아침, 우리는 캠핑을 정리하고 떠났다. 선한 마음가짐으로 자연을 방문하는 이들이 모두 그렇듯, 우리도 아무 흔적을 남기지 않았다.

처음 물리학 공부를 시작할 때는 우주의 광활함에 말을 잃었다. 말도 안 되는 숫자들. 셉틸리언septillion(10의 24제곱—옮긴이)의 별들.[2] 모든 방향으로 뻗은 40 몇억 광년의 우주.[3] 숫자를 세고, 그 숫자를 등식에 넣어서 억지로 계산할 수는 있다. 그러나 그렇게 나온 대답은 이해의 범위를 벗어난 것이다. 우리가 사는 세계, 우리 하나하나를 들여다보기 시작하자 그런 기분은 더 심해졌다. 내 몸속 10의 27제곱에 해당하는 수의 원자들,[4] 바다를 채운 10의 21제곱리터의 물,[5] 대기 중 수조 톤의 이산화탄소.[6] 야생의 자연 속에서 때때로 공허함과 무심함, 무관함 같은 기분들을 느끼고는 했다. 거대한 숫자들은 허무주의에 힘을 보탠다. 그것들은 너무 많은 공간을 차지해 의미가 깃들 곳을 남겨두지 않으므로. 그렇게 우리는 중요한 건 아무것도 없다고 생각하게 된다. 그러나 실은 너무도 많다.

칼 세이건Carl Sagan은 말했다. 광활함은 오로지 사랑으로만 견딜 수 있다고. 알래스카산맥 꼭대기에서 영원한 저녁의 마법 같은 노을을 보면서 나는 마침내 그 말을 이해하기 시작했다. 중요한 것은 **우리**였다. 중요한 것은 우리의 기억, 우리의 이야기, 우리를 둘러싼 세계에 우리를 묶어두는 보이지 않는 실이다. 이기적이고 거만한 생각이겠지만, 그건 이 광활하고 무정한 세계에 살아가는 그 어떤 존재나 마찬가지다. 나는 행복감으로 빛날 때도 있었다. 엄청나게 아프기도 했다. 남편은 불편해하기도, 두려워하기도, 용감하기도, 자신감 있기도 했다. 우리는 이 행성에서 우리의 자리를, 서로와 맺는 우리의 관계를, 남은 평생 우리가 해나갈 선택을 하나씩 찾아나가는 중이었다. 우리는 사랑하는 법을, 또 사랑할 무언가를 배우는 중이었다. 그 의미를 이해하기까지는 오래 걸렸다.

미국 서부 산맥에서 영국의 바다까지

사랑하는 야생의 공간을 떠난 건, 더 사랑하는 사람이 생겨서였다. 남편은 런던을 떠나고 싶어 하지 않았고, 나는 산맥으로 가고 싶었다. 그래서 그 절충안으로 함께 그 사이 어디쯤의 도시에 가서 살았다. "나중에 또 오자." 남편은 약속했다. 그러나 곧 아이들이 생겼고, 돈도 시간도 이에 따라 한정되었으며, 매번 우리가 그 돈과 시간을 써서 가는 곳은 영국이었다.

영국은 내게는 전혀 자연처럼 느껴지지 않았다. 부드럽고 낮게 굽이치는 작은 언덕들 사이에 있을 때면, 생각의 메아리가 들리는 것만 같았다. 이곳은 수천 년 동안 잘 정돈된 농지와 깔끔한 산울타리로 둘러싸인 섬이었고, 비공식 영국 국가國歌에서 '산뜻하다pleasant'라는 찬사를 보내는 땅이었다(영국 시인 블레이크의 시에 곡을 붙인 것으로, 스포츠 경기 등에서 흔히 불리는 노래인 〈예루살렘〉을 가리킨다—옮긴이). 근대성과 그 끝없는 목재, 연료, 인간 삶을 향한 채워지지 않는 요구는 이곳을 황폐하게 만들었지만, 영국인들은 제임스 와트가 최초의 증기기관을 발명하기 훨씬 전부터 알게 모르게 지형을 바꿔놓았다. 영국 나무의 절반은 아마 로마인들이 도착하기도 전에 잘려나갔을 것이다.[7] 세상에는 진짜 야생도 존재한다. 그러나 선주민을 기억에서 지워버리려는 시도의 하나로 야생으로 분류된 장소가 훨씬 더 많다. 영국은 최소한 남부 대부분 지역만큼은 야생으로 보이려는 시도조차도 한 적이 없었다.

오랫동안 나는 표류하는 기분이었고, 화가 났다. 더러운 콘크리트 집에 갇혀 있거나, 매년 여름 조금도 가만히 있지 못하는 어린아이들과 함께 바이러스 가득한 기내 공기를 들이마시며 비행기를 탈 때마다 그랬다. 뉴욕에서 런던으로, 아스팔트와 벽돌 사이를 자꾸만 오가면서, 항공권 값이 아깝다는 생각이나 우리가 대서양을 건너는 동안 이산화탄소가 뿜어져 나온다는 생각을 애써 밀어내면서 말이다.

팬데믹 이전 여름, 난 이제 콘크리트, 아스팔트, 인산인해에는 질릴 대로 질렸다는 결론을 내렸다. 세 살인 우리 아들은 뉴욕과 뉴욕 사람들, 나로서는 매력적이지만 낯설기만 한 뉴욕 지하철을 너무 좋아했다. 부모가 되는 일을 놓고 나는 양가적인 감정에 시달렸지만, 아들이 태어나자 그 애를 향한 사랑이 낯설고도 아찔한 방식으로, 꼭 참을 도리 없는 구역감처럼 내 안을 가득 채웠다. 이 낯설고 작은 존재가 대자연에 흠뻑 빠졌으면, 나와 같은 감정, 모험, 지형을 사랑하며 자라났으면 했다. 그렇기에 가족이 원하든 원치 않든 무조건 산으로 돌아가겠다고 마음먹었다.

로키산맥은 기억 그대로 근사했다. 야외에서는 아이들이 아무리 시끄럽게 굴어도 상관없었다. 도시에서는 빛에 가려 사라졌던 별들을 보기 위해 밤늦게까지 깨어 있어도 좋았다. 이곳에는 간헐천과 다채로운 연못, 방귀처럼 진흙이 퐁퐁 끓어오르는 거대한 구덩이가 있다. 위험에 처할 방법도 여러 가지다. 낯익고도 기이한 야생동물도 있다. 아들이 땅다람쥐를 가리키며 말했다. "쥐다." 말코손바닥사슴도 보았다. "쥐다." 안전한 길 위에서 먼 곳에 있는 곰을 언뜻 보기도 했다. "쥐야?" 아들은 늑대처럼 소리를 지르며 야영지 주위를 뛰어다녔다. 해가 지고, 검은 하늘에 은하수가 번지는 모습을 함께 바라보았다. 이 공허 속에서 우리는 다 같이 야생의 존재가 된 기분이었다.

그 여름 덕분에 나는 마치 일종의 균형 감각을 되찾은 것처럼 나아졌다. 산은 살아 있다는 사실을 새삼 떠올리게 해주는, 내가 젊고 건강하다고 느끼고 언제나 그럴 것이라고 믿게 만드는 그런 공간이다. 길 위를 제외하면 로키산맥에는 사람이 거의 없다. 카메라를 든 취재진이 헤엄치는 들소나 사냥하는 늑대를 촬영하는 곳이다. 데이비드 애튼버러David Attenborough(영국의 동물학자이자 방송인으로, 여러 BBC 자연 다큐멘터리의 해설을 담당했다—옮긴이)의 듣기 좋은 내레이션이 깔리는 그런 영상 말이다. 이곳은 깊고 잘 변하지 않는 바다의 온화함이 닿지 않는 혹독한 대륙성 기후를 가졌다. 영국과는 정반대인, 그 축축한 작은 섬에서 대륙 하나와 대양 하나만큼 떨어진 완전히 다른 우주를 점유한 것 같은 곳이다. 그러나 적어도 우리가 아는 영국은 이곳 없이는 존재할 수 없었다.

영국 어린이들은 학교에서 영국의 날씨는 따스한 멕시코만류에 실려 전적으로 바다에서 오는 것이라고 배운다. 어쩌면 그건 쇠락한 해양 강국에게 위안이 되는 이야기일지도 모른다. 따뜻한 이국에서부터 무언가가 이곳의 자갈투성이 해안으로 전해진다는 것 말이다. 멕시코만류가 북동쪽으로 흐르며 유럽으로 따뜻한 물을 실어 나르며 기후를 온화하게 해준다는 건 사실이다. 그러나 시애틀과 밴쿠버의 겨울도 습하고 온화하다. 그런데 그 지역 해안으로 열대의 물을 실어다 주는 해류는 없다(이 지역의 태평양 표층수는 일본에서부터 곧장 동쪽으로 흐른다).

영국의 온화한 기후를 설명하는 데는, 태평양 북서부 지역과 마찬가지로, 바다의 존재 자체가 하나의 요인이다. 바다는 잘 변하지 않는다. 바다의 열용량heat capacity(어떤 물체의 온도를 1도 높이는 데에 필요한 열량―옮긴이)은 매우 커서, 육지보다 기온이 올라가거나 내려가기 어렵다. 그렇기에 바다 위 공기는 극심한 기온 변화로부터 보호를 받으며, 따라서 이 공기가 해안으로 불어가면 그곳의 기후 역시 온화한 경향을 보인다. 시애틀은 주된 바람이 바다 쪽에서 불어오기 때문에 해양성 기후를 가지고 있다. 북아메리카 동부 해안의 바람은 육지에서 대서양을 향해 불어가기에, 이곳은 더 추운 대륙성 기후다. 더 북쪽에 있는 런던의 겨울이 뉴욕의 겨울보다 훨씬 따뜻한 이유도 이 때문이다.

그러나 한 가지 요소가 더 있다. 이 축축하고 푸른 영국 땅을 유지하는 것 중 하나는 바로 아주 멀리 떨어진 미국 서부의 산맥들이다. 산맥들은 그 자리에 있는 것만으로도 영국을 따뜻하게 해준다.⁸ 서쪽에서 흘러오는 공기는 산맥에 부딪쳐 위로 상승한다. 그러면서 대류권과 성층권 사이 경계에 도달한다. 공기는 바람의 반대편으로 내려오고, 그 아래로 지구가 자전한다. 이에 따라 공기의 흐름은 남쪽으로 휘어지며, 열을 흡수한 뒤 다시 동쪽으로 방향을 튼다. 그저 자전하는 지구에 존재한다는 것만으로 로키산맥은 유럽으로 따뜻한 공기를 흘려보낸다. 영국의 공기는 다른 대륙에서 유입된 열기로 데워진다. 산맥과 바다가 없었더라면 이 섬은 시베리아나 허드슨만만큼 추웠을 것이다. 그러나 산맥과 바다가 있기에 영국의 날씨는 온화하며 산뜻하다.

이 점은 기후 모델에서 산을 없애고 유럽이 변화하는 모습을 관찰하면서 확인할 수 있다. 기후과학자들이 만든 디지털 세계들은 이런 연관 관계를 찾는 데 능하다. 지구에는 수많은 것들이 존재한다. 바위, 공기, 얼음, 물, 소금, 생물들. 그 모두가 실제 세계에 존재하고, 방정식을 이용해 설명할 수 있다. 그리고 이 모든 방정식은 서로 대화를 나눈다. 그중 하나를 떼어놓으면 쉬운 답변을 들려줄 것이다. 가만히 두면 방정식은 다시 나머지에게로 돌아가 서로 미묘한 신호를 주고받고 그 반응으로 변할 것이다. 기후 모델과 물리 법칙의 관계는 수많은 찌르레기 떼와 가만히 앉아 있는 한 마리 새의 관계와 같다. 모든 것이 거칠게 엮인 수학이라는 직물로 연결되어 있으며, 희미한 진실이라는 하나하나의 실이 엮여 복잡성이라는 단단한 매듭을 짓는다.

로키산맥이 없었더라면, 이 산맥이 남북으로 나 있지 않았더라면, 지구의 자전 방향이 반대였다면, 북극이 더 따뜻했더라면,

중력이 더 강하거나 약했더라면, 대기 중에 수증기가 가득하지 않았더라면, 이 중 어떤 일도 일어나지 않았을 것이다. **모든 것은 연결되어 있다.** 이 말은 하도 여러 번 되풀이된 바람에 진부하고 성의 없는 소리처럼 들릴 수도 있다. 그러나 이 말은 여전히 진실이다. 북아메리카 서부의 산맥들이 유럽의 기후를 온화하게 유지한다. 열대 태평양에서 형성된 엘니뇨가 수천 킬로미터 먼 곳의 날씨를 바꾼다. 뉴욕에서 나는 한때 열대우림이 내뱉은 산소를 들이마신다. 우리가 세상에 대해 아는 모든 것이, 전체에서 부분을 분리해내려는 시도에 경고를 보낸다.

이 말은 지구가 변하는 시대에 더욱 진실이다. 어디선가 배출한 온실가스 때문에 온 세상이 더워진다. 북극의 얼음이 사라지고, 제트기류가 불안정해지거나 휘고, 그러다가 먼 곳의 날씨가 변한다. 캐나다 동부에서 산불이 나면 뉴욕이 독성을 띤 연기로 뒤덮인다. 한 장소가 그곳이 속한 세계의 나머지와 어떻게 떨어질 수 있을까? 외딴곳은 아무 데도 없다. 그 어디도 안전하지 않다. **모든 것은 연결되어 있다.**

그러나 때로는, 그렇지 않을 때도 있다.

기나긴 팬데믹의 겨울을 지나며

우리 가족이 사는 브루클린의 아파트 옆에는 생활 지원 시설이 있다. 팬데믹이 시작되고 첫 몇 달간은 집 앞에 앰뷸런스가 서 있는 모습을 매일 보다시피 했다. 한밤중에 시설에서 지내던 사람들을 싣고 가는 사이렌 소리가 들렸다. 환자가 가득 찬 병원에서 비닐 방호복을 입은 의사들이 그들이 죽어가는 모습을 바라봤다. 잠이 잘 오지 않았다. 그 시절 우리는 이 바이러스에 대해 아는 바가 없었다. 아주 가끔 집 밖으로 나가면 다른 사람들과 마주치지 않으려고 길을 건넜고, 병에 걸렸을지 모르는 이웃과 그의 아이들과 개들을 수상한 눈으로 흘끗거렸다. 일을 해야 하건, 먹을 것을 구해야 하건, 한 공간에 1분이라도 더 있으면 서로 죽고 죽일 것 같아서건, 반드시 나가야 할 때가 아니면 아무도 바깥에 나가지 않았다.

우리는 서로를 죽이지 않았지만, 다른 방에서 개가 짖자 남편이 혼을 내는 소리가 들렸다. 남편은 그 진지한 런던 억양으로 개에게 말했다. "네 이기적인 행동이 모두의 이야기 시간을 망쳐 버렸어." 이야기 시간이 망쳐진 당사자인 네 살짜리 아이는 유치원 수업 중인 줌 화면의 정지 버튼을 누른 다음 개 밥그릇 속 사료를 한 줌 훔쳐 먹었다. 아이와 개는 창살 달린 반지하 창밖, 텅 빈 거리를 바라보다가 함께 짖기 시작했다.

이 외로운 첫 몇 달을 버티게 해준 건 자연이었다. TV 화면만 켜면 그 존재만으로도 감사한 데이비드 애튼버러가 말을 잃게 할 만큼 아름다운 무언가를 우리에게 보여주었다. 우리는 은빛 물고기들과 함께 헤엄쳤고, 흠뻑 젖은 정글의 바닥에서부터 원숭이와 무르익은 과일이 잔뜩 매달린 나무우듬지 위로 기어 올라갔다. 데이비드 애튼버러는 뛰어오르는 상어의 속도를 늦추어

팽팽하게 번들거리는 근육 하나하나를 모조리 보여주었고, 꽃이 피어나는 속도를 앞당겨 잔뜩 부푼 꽃봉오리로부터 여드름을 짜면 나오는 고름처럼 꽃잎이 튀어나오는 모습을 보여주었다. 그리고 매 에피소드에서 이 놀라운 장면들이 어떻게 촬영된 것인지 5분간의 설명이 등장했다. 데이비드 애튼버러의 세계에서는 카메라맨이 숲이나 산속 작은 은신처에 들어가 희귀한 딱정벌레나 춤추는 새를 필름에 담을 때까지 그대로 기다렸다. 팬데믹 발생 이전, 우리는 어느 가여운 남자가 아프가니스탄 국경 근처 어느 눈 내리는 곳에 파견되어 그대로 몇 년간 기다리는 장면을 보았다. 눈표범을 딱 한 번 언뜻 보기 위한, 고독하고도 생산적인 밤샘 기도인 셈이었다. 우리는 데이비드 애튼버러의 제단에 바쳐진 비극적이지만 꼭 필요한 제물이었던 그가 안타까웠다. 그런데 이제는 부러웠다. 우리도 외로웠지만, 브루클린에는 눈표범이 없었으니까.

우리는 매일 저녁 화면 속 자연의 세계를 보았고, 나는 매일 아침 딱히 다를 바 없는 일을 했다. 북아메리카 서부가 바싹 말라 타버리는 모습을 보았다. 산에 남은 얼마 안 되는 눈더미 위로 폭우가 쏟아지는 모습을 보았다. 너무 빨리 찾아온 봄에 하얗던 땅이 갑작스레 갈색이 되고 다시 녹색이 되더니, 채 여물지 않은 꽃송이가 흙에 남은 수분을 전부 가져가 버리는 바람에 여름에는 베이지색으로 변해 쩍쩍 갈라지는 모습을 보았다. 이곳이 내가 가장 사랑하는 곳이었다. 그리고 그곳은 죽어가고 있었다. 나는 이곳을 보살피려 했다. 내가 연구하는 기후 모델이 미래를 보여준다는 걸 알았지만, 집 안에 갇혀 있자니 기후 모델이 내놓는 결과 역시 그저 비트와 픽셀 조각처럼 공허하고 무의미해 보였다. 나는 기후 모델이 보여주는 것에 관한 글을 썼고, 멀리 있는 사람들과 인터넷으로 이야기를 나누었고, 내가 한 일에 관해 설명하려 애썼다. 그러나 그럴수록 싸구려 플라스틱으로 만든 자연 다큐멘터리 진행자, 텅 빈 디지털 행성을 향해 손짓하는 열화된 애튼버러가 된 기분이었다. 내 아들의 태블릿은 생명과 활력, 사바나의 피와 살, 바닷새들이 떼로 모인 절벽으로 가득했다. 내 기후 모델은 애초부터 죽은 것이었는데, 100년 후 시뮬레이션이 끝났을 때도 죽어 있었다. 그 세계가 사라졌을 때 아무도 그리워하지 않았다.

어느 날 나는 컴퓨터 앞을 떠나 책을 한 권 들고 소파에 앉았다. 무슨 책인지는 잘 기억나지 않는다. 아마도 존 뮤어John Muir(영국의 환경운동가이자 작가—옮긴이), 아니면 『월든』이었거나, 아니면 낭만주의 시집이었을 것이다. 허전한 머릿속을 채우고, 황폐한 디지털 세계와 진짜 세계를 비옥하고 풍부한 자연으로 가득 채울 만한 책. 그런데 이제는 이 모든 자연에 관한 책들, 내가 오래전부터 좋아하던 책들마저도 다른 사람들이 전부 문제라고 말하는 것만 같았다. 세상의 가장 멋진 점은 광활함이라고, 이 광활함의 가장 멋진 점은 그 공허함이라고 그들은 말했다, 집 안에 갇혀 외로운 나에게는 잘난 척으로, 인간 혐오로 느껴졌다. 이 작가들이라면 팬데믹을 정말 좋아했을지도 모른다. "**자연에는 치유력이 있어요!**" 트위터에 이렇게 썼을지도 모른다. "**바이러스는**

다름 아닌 인간이라고요!" 분명 그들은 인간이 빼앗은 공간들을 자연이 되찾으러 돌아온 장면을 보여주는, 저화질 버전의 사진을 올렸을 것이다. 거리에 서 있는 산양들, 센강을 헤엄치는 돌고래, 보도블록 깔린 거리가 쪼개지며 소생하듯 솟아나는 푸르른 풀들.

나는 늘 자연이 인간 세계로부터의 탈출구라고 믿었다. 그런데 이제는 인간 세계를 탈출하기 싫어졌다. 인간을 향해, 모두를 향해, 온 힘을 다해 달려가서 또다시 그들을 끌어안고, 악수하고, 환기가 안 되는 지하 노래방에서 함께 노래하고 싶었다. 물론 나는 여전히 야생의 장소들을 사랑했다. 데이비드 애튼버러도, 그가 보여주는 것들도 여전히 좋았다. 구름처럼 입김을 내뿜는 습한 열대우림, 썰물이 지나간 차디찬 웅덩이 바닥에 달라붙은 통통한 불가사리, 해초로 몸을 휘감은 해달 가족. 그러나 나는 내가 가장 사랑하는 것은 인간이라는 사실을 깨달았다. 실외 공간이 다시금 행복한 아이들과 마음 놓은 부모들로 가득 차기 시작하자, 나는 도시를 사랑하기 시작했다.

다음 해 겨울은 예상대로 지독했지만, 4월이 오자 튤립들이 온통 만발했다. 믿기지 않을 만큼 많은 튤립이었다. 어쩌면 자연에는 정말 치유력이 있었는지도 모르겠다. 어쩌면 외로운 사람들이 기나긴 팬데믹의 겨울 동안 튤립을 심어놓았는지도 모르겠다. 어쩌면 언제나 그곳에 피어 있던 튤립을 이제야 보게 된 것인지도 모르겠다.

모든 것은 연결되어 있다

팬데믹의 가장 심각한 시기를 넘긴 뒤 우리는 영국으로 돌아갔다. 우리는 이제 둘이 된 아이들과 도시를 걸었다. 템스강의 다리를 건너며 다리 아래로 흐르는 걸쭉한 갈색 물이 강의 진흙투성이 기슭을 드러내며 밀려 나가는 모습을 보았다. 큰아들은 런던 타워에 갇힌 죄수들 이야기를 해달라고 했다. 작은아들은 다리 건너편 군밤 장수에게 정신을 홀딱 빼앗겼다. 콘크리트를 무심하게 밟으며 성큼성큼 앞장서는 남편은 부산한 도시가 완벽히 편안한 게 분명했다. 이곳을 사랑하는구나, 나는 생각했다.

그러면서 깨달았다. 나 역시 이곳을 사랑한다고. 산이 가진 텅 빈 공허를 사랑하는 것만큼, 이 복잡한 도시가 지닌 충만함 역시 사랑하고 있었다. 우리가 걷고 있는, 수천 년간 다른 이들의 발자국으로 다져진 이 땅이 마치 우리를 위해 준비된 것처럼 느껴졌다. 바위들은 이 행성의 깊은 시간에 담긴 역사를 이야기한다. 과거의 세계들이 그보다 더 오래된 세계 위에 겹겹이 쌓이고, 지금 이곳엔 또다시 현대라는 아스팔트가 그 위를 덮고 있다. 런던은 다른 도시들의 흔적 위에서 북적인다. 로마의 성벽, 고대의 돌, 재와 숯과 뼈로 이루어진 층들. 템스 강변에서 보물 사냥꾼들은 차갑고 축축한 진흙 속에 오래 잠자는 사이 무뎌졌을 화살촉이나 검을 찾아 침적토를 뒤진다. 안개 속에는 유령이, 황야에는 마녀가, 숲속에는 요정의 왕국이 있다. 따뜻한 곳에서 바람이 불어오고, 이곳을 둘러싼 바다가 극심한 기온 변화를 완화하고, 사람들은 자신의 이야기를 한다. **모든 것은 연결되어 있다.**

내가 연구하는 컴퓨터화된 세계들은 다양한 방면에서 무척 유용하다. 그러나 이런 인간들 사이의 연결을 포착하는 데는 무참하게 실패했다. 기후 모델은 오로지 우리가 가진 최악의 면들만 보여준다. 디지털 지구에서 인간들은 오로지 대규모의 파괴로만 그 존재감을 알린다. 어마어마한 면적의 숲을 베어내거나 대기에 오염 물질을 토해내면 모델 속 지구도 이에 따라 반응한다. 코드만 몇 줄 바꿔도 대기 중 이산화탄소량이 증가하면서 산업화 이전의 지구가 순식간에 오늘날의 지구로 변한다. 200년 가까운 역사가 하늘의 화학적 구성으로만 환원되는 것이다. 기후 모델 속에는 예술도, 음악도, 언어도, 평범하기 짝이 없는 친절한 행동도 없다. 사랑도 없다. 물리학과 코드로만 만들어진 기후 모델은 수많은 아름다운 것들을 보지 못한다.

기후 모델은 그들이 예측해야 하는 미래를 보여준다. 선택의 여지는 없다. 대기 중 온실가스양을 늘리면 세상은 뜨거워진다. 이런 면에서 물리 법칙은 가차 없다. 이렇게 예측된 미래의 세계는 침울하고 칙칙하다. 최악의 시나리오에서는 바다가 해안 도시들을 모조리 삼켜버리고, 숲은 불타 사라지고, 해류가 재난에 가깝게 바뀐다. 알래스카의 빙하가 녹아 작게 쪼개지며 바닷속으로 사라진다. 미래의 데이비드 애튼버러가 보여줄 것이라고는 우리가 남긴 쓰레기를 먹고 사는 쥐와 비둘기처럼 가장 척박한 환경에서도 살아가는 생물들뿐일 것이다.

가능한 세계 중 가장 나은 것에서조차 기온은 우리가 정해놓은 한계선을 순식간에 넘어서 버린다. 사람들이 지금까지 저지른 일을 후회하면서 어떻게든 대기의 이산화탄소를 모조리 제거할 방법을 찾아 버둥거리는 사이 지구는 새로운, 그리고 우울한 표준에 적응해나갈 것이다. 그러나 아무리 유용하다 한들, 기후 모델은 이 부서진 세계에 살아가며 그 끔찍한 흠결에도 불구하고 여전히 이곳을 사랑하는 사람들이 망가진 것을 조금씩 고쳐나가는 일에 관해서는 아무것도 말해주지 못한다.

　기후 모델 속에서는 기후 변화가 영국에 찾아오는 모습을 관찰할 수 있다. 프랑스와 이탈리아에 있던 와인 산지는 이제 조금 더 쾌적한 북쪽 켄트나 에식스로 이동한다.[9] 여름은 전례 없이 덥고,[10] 강우량이 적은 시기에는 건조하다 못해 땅이 갈라진다. 진짜 세계에서는 더 심각하다. 2022년 여름 런던의 기온은 40도를 넘어섰고, 이는 사하라나 데스밸리보다 높은 기온이었다.[11] 가뭄이 들고 산불이 났다. 뜨거운 런던의 여름은 더 이상 초록빛도 아니고, 산뜻하지도 않았다. 그 여름 런던은 그저 짜증나는 곳, 낡고 지쳐 땀범벅이 된 일촉즉발의 작은 섬이었다. 기후 모델이 경고한 대로였다. 우리가 예상한 것보다도 나빴다. **자신에게** 벌어지는 일은 늘 예상보다 나쁜 법이다.

미치에 대하여

2022년 어머니의 날, 나는 40도의 고열과 격렬한 오한에 시달리며 자리에 누웠다. 열이 내리자 현기증과 혼란이 찾아왔고, 그다음에는 마치 성난 어린아이가 나무망치로 머리를 사정없이 때리는 것 같은 극심한 두통이 이어졌다. 난생처음 가본 응급실은 대강 내 예상과 비슷했다. 나는 비타민 C를 복용하고 물을 많이 마시고 휴식을 취하라는 권고를 듣고 집으로 왔다. 두 번째 응급실을 찾았을 때는 혈액 검사에서 비정상 수치가 나온 바람에 좀 더 오래 걸렸지만 결과는 똑같았다. 폐 CT 촬영을 했더니 한쪽 폐에서 거의 틀림없이 양성인 혹이 발견되었고, 흡연이 주는 해악에 관한 일장 연설과 (나는 비흡연자다) 이 상상의 아픔이 가라앉을 때까지 잘 쉬고 물을 많이 마시라는 조언을 들었다.

다음 날, 나는 CT 촬영 기기 위로 올라가 누웠다. 알 수 없는 화학물질이 내 가슴과 다리 사이에 뜨듯한 웅덩이를 만드는 것 같은 불쾌한 기분에 비명을 지를 뻔했다. 소리를 지른다면 두려움을 가라앉힐 좋은 약을 줄지도 모른다. 하지만 주지 않을지도 모르고, 그렇다면 스캐너 속에서 보내는 시간만 더 길어질 뿐이었다. 나는 비명을 애써 참았고, 잠시 후 컨베이어벨트에 실려 스캐너 밖으로 밀려 나왔을 때는 드디어 끝났다는 기쁨과 어쩐지 우쭐한 기분에 차 있었다. "괜찮으시죠?" 촬영기사가 묻더니, 대답을 기다리지 않고 나를 다시 스캐너 속으로 밀어 넣었다. 스캐너가 윙, 딸각딸각 소리를 내더니 자기장 속에서 양성자를 변환해 내 뇌의 흐릿하고 복잡한 이미지를 만들었다. CT 사진 속 좌뇌에 뭔가 흥미로운 것이 보였지만, 굳이 자세히 들여다보지 않았다.

9장 사랑

의사가 내 뇌에 혈전이 있다고 말하자 나는 짜증이 났다. 또? 그런 생각이 들었다. 또 할 일이 늘었네. 돈도 들고, 추적 검사도 여러 번 받아야 할 터였다. 혈액 응고 방지제 먹는 것도 잊지 말아야 할 것이다. 게다가 보험회사에 연락도 해야 했다. 나는 친구 몇 명에게 앞으로 내 성격이 가진 결함을 혈전 탓으로 돌릴 수 있다는 게 기대된다는 문자 메시지를 보냈다. 그리고 혈전에 '미치'라는 이름을 붙여주기로 했다. 친구들은 전혀 재미있어하지 않았다. 부모님이 급히 달려오셨다. 내 침대 옆에 앉아 있던 남편은 초조한 나머지 모두에게 화를 냈다. 내가 죽을지도 모른다는 생각은 하지 않았다. 그러나 나를 뺀 모두가 그 가능성을 생각했다. 추적 검사에서 어느 간호사가 말하길, 내가 가진 이런 종류의 혈전은 보통 부검할 때 발견된다고 했다. 멀쩡하다가 갑자기 죽는다고.

이 이야기는 기후 변화에 관한 은유라고 생각해서 한 것이 아니다. 우리는 기후 변화의 원인을 알고 있다. 그러나 내 뇌에 왜 혈전이 생겼는지는 아무도 몰랐다. 어쩌면 나는 이 혈전을, 문제가 있는 걸 알면서 오래 방치하면 어떻게 되는지에 대한 교훈적 이야기로 써먹을 수도 있을 것이다. 혹은 인간이 발전시킨 기적 같은 기술적 해결책에 대한 찬가로 만들 수도 있을 것이다. 그러나 내가 이 이야기를 하는 이유는 그런 것 때문이 아니다. 나는 이 이야기를 통해 나 자신에 대하여 무언가 설명하고자 한다.

요즘 나는 과분하게 넘치는 은총에 휩싸여 도시를 걸어 다니고 있다. 여기, 이 행성에서 살아 있다는 것이 꼭 다시 태어난 것만 같은 기분이다. 부디 내가 느끼는 이 감정을 다른 많은 사람도 느껴보았으면 하는 간절함으로 이렇게 이야기를 전한다. 그러니까 내가 하고 싶은 말은, 나는 이 지구와 끝없이 낙관적이고도 약간은 짜증 나는 이상한 관계를 맺고 있다는 것이다. (아마도 짜증이 나는 것은 미치 때문일 것이다.)

미치를 만난 뒤 맞은 여름에 우리는 또 한 번 영국을 찾았다. 아이들을 시어머니에게 맡겨두고 기차에 올라 시골로 갔다. 스투어강을 따라, 강물이 바다에서 넘쳐흐른 짠물과 만나는 늪지대를 지나 걸었다. 너무 흐릿해서 보이지 않는 길은 빈둥거리는 소 떼로 가득한 진흙투성이 들판으로, 축축하게 젖은 부드러운 풀이 기다란 부들이 되어 자라난 강둑으로 이어졌다. 신선하고, 눅눅하고, 짭짤한 냄새가 났다. 시골의 평온한 공기와 바다에서 밀려온 거친 공기가 만나 이곳에 멈춘 것 같은 냄새였다.

땅은 밟을 때마다 찌걱찌걱 소리를 내며 내 부츠 바닥에 굴복했다가 다시 제자리로 튕기듯 돌아갔다. 다른 부츠 자국들이 잔뜩 찍혀 있었다. 줄지어 산뜻한 나라를 지나간 단정하며 오래된 발자국들. 나는 이곳에 살았을 생물들을 상상해보았다. 물쥐, 두더지, 오소리, 수달. 아이들에게 읽어주던 이야기에서처럼, 그 동물들이 옷을 입고 걸어가며 서로 대화를 나누는 모습을 상상했다. 북쪽의 희미한 햇빛이 구름을 뚫고 나른하게 내리쬐자, 나는 다른 이야기 혹은 다른 시대 속에서 이 길을 걸었을 사람들을 생각했다. 그들 모두와 연결된 것만 같은 아찔한 감각이 찾아왔다. 이 세계의 광활함과 복잡성에 삼켜질 것만 같은 두려움이 밀려왔다.

그러다 아이들과 부모님, 남편, 친구들을 생각하자 애도, 두려움, 분노, 희망, 슬픔이 온통 뒤섞인 감정이 찾아왔다. 나는 그들을 사랑했고, 이 세상을 사랑했다. 그리고 살아 있다는 것에 충만한 행복을 느꼈다.

진심으로 무언가를 사랑한다면

해마다 기온이나 해류가 변화해 연어들을 알래스카로 불러들이고, 그들은 그곳에서 죽는다. 연어들은 태어난 강을 찾아 물살을 거슬러 헤엄치고, 쏟아지는 폭포 위로 힘차게 몸부림치며 튀어 오른다. 폭포 위에서는 스스로 학살당하기 위해 뛰어오르는 연어를 잡으려는 살찐 곰들이 입을 딱 벌린 채 진을 치고 있다. 곰이 낚아챈 연어는 순식간에 분홍 살과 빨간 피로 해체되고, 암컷들은 온 힘을 다해 몸을 퍼덕이며 산호색 진주 같은 알들을 뿌린다. 수백 킬로미터 상류에서 살아남은 연어들은 산란 준비를 마친다. 보석 같은 분홍빛으로 변한 이들은 공격성을 띤다. 짧은 광란의 시간 끝에 수정된 알이 산란되면 이제 연어들은 서서히 굶어 죽을 수 있게 된다. 연어 떼의 절박한 여정에는 목적이 있으나, 그들 자신을 위한 것은 아니다. 산란을 위한 여정은 흩뿌려진 알, 포식자의 부른 배로 끝을 맺는다.

나는 과학자로서 훈련된 덕분에 이 장관 뒤에 숨겨진 보이지 않는 힘을 어느 정도 볼 수 있다. 나는 날씨와 해류를 설명하는 수학을 알고, 더워지는 지구가 바다의 수온을 높여 봄에 눈 녹은 물이 강을 채우는 시기가 더 빨라지고 있다는 것도 알고 있다. 자연 속에서 살아가는 물고기와 동물과 사람은 깊고 보편적인 무언가로 연결되어 있다. 우리는 모두 알게 모르게 같은 법칙을 따른다. 우리는 물리 법칙이 만든 장엄한 감옥에 함께 갇힌 사이다. 태양이 빛나면 우리는 따뜻해진다. 중력이 우리를 당기면 아래로 떨어지지 않을 도리가 없다. 우리는 단지 더 많은 물리 법칙들로 저항할 뿐이다. 우주의 나머지로부터 아주 잠깐 빌려 온 에너지와 운동량, 질량을 다른 용도로 돌려씀으로써.

남편과 나는 알래스카에서 연어의 이동을 본 적이 없다. 그러나 나는 아들과 함께 코로나19 봉쇄 초기의 괴로운 몇 달간 텔레비전 화면 속 연어들을 끝없이 보았다. 팬데믹에 휩싸인 회색 도시의 공포 속에서 야생을 바라보자니, 비록 카메라와 드론이라는 매개를 거친 것이라 해도 기분이 좋았다. 카메라가 포착한 짧은 몇 분간 소용돌이치는 물이 살아나 아름다우면서 잔혹한 무언가가 되는 그 광경은 숨이 멎을 정도로 근사했다. 아이와 그 장면을 보면서 이토록 아름답고, 기적 같고, 고집스레 풍요로운 행성에 존재한다는 사실이 행복했다. 어쩌면 지구에서 남은 시간 동안 실제로 그 장면을 볼 수 없을지도 모른다는 생각이 문득 들었다. 바깥에서 울리는 사이렌 소리를 들으며, 내가 영원히 살 수는 없다는 깨달음이 찾아왔다. 머리로는 알지만 진짜로는 모르는 또 한 가지 사실이었다. 여태까지는 한 번도 진정으로 느껴본 적 없는 감정이었다.

지난 9월, 추적 검사를 받으러 가면서 미치가 죽어 없어졌기를 기대했다. 몇 달간 동고동락했던 그리 사랑스럽진 않은 친구를 떠나보낸 기념으로 축하 외출을 할 계획이었다. 검사 결과는 예상과 달랐다. 내 좌뇌에는 아직도 무언가가 남아 있었다. 미치가 아직 여기 있는 거야. 아니, 애초에 있었던 게 맞나? 어쩌면 처음부터 미치는 존재하지 않았던 건지도 모른다고 의사는 말했다. 어쩌면 미치보다 더 사악한 것이 이 자리에 있는지도 모르겠다고. 이런 일은 종종 있다고 의사는 말하더니 종양이 내리누르는 힘이 혈류에 영향을 끼칠 수도 있다고 설명하기 시작했다. "저도 알아요." 나는 말했다. 나도 유체역학에 대해선 아는 바가 꽤 있다.

내 뇌에 정확히 무슨 문제가 있는지 아는 사람은 없다. 그저 무언가가 있다는 것만 안다. 지난해 몸 왼쪽의 감각이 완전히 사라지고, 왼뺨이 뜨거운 열기에 녹아내리기라도 한 듯 축 처지는 일이 몇 번 있었다. 한번은 정신을 차려보니 계단 아래에 발목을 심하게 삔 채 웅크려 쓰러져 있었고, 방금 있었던 일이 전혀 기억나지 않았다. 점점 더 많은 것들을 잊어버리고, 때로 미치인지 그 친척인지가 신이 날 때면 몇 분간 텅 빈 눈으로 허공을 노려보게 되는 부끄러운 순간도 생긴다.

무언가를 고치지 않으면 직성이 풀리지 않는 성미인 남편은 나더러 얼른 문제의 원인을 찾아 뭐라도 해보라고 한다. 나는 내키지 않지만 의사들을 찾는다. 다들 서로 다른 끔찍한 진단을 내린다. 내가 그중에서 어느 신경과 의사를 선택한 건 그 사람의 태도가 마음에 들어서도, 딱히 그 사람의 진단이 정확하다고 믿어서도 아니었고, 그저 그가 내린 진단이 개중 가장 온건하고 감당할 만해서였다. 값비싼 기계 속으로 들어가기 위해 원하는 것보다 많은 돈을 쓴다. 해피엔딩을 기다린다. 그러다 해피엔딩이 찾아오지 않는다면 새드엔딩에 굴복하는 연습을 한다. 하루하루 말을, 언어를, 얼굴을, 사람을 잊으며 조금씩 잃는 상상을 한다. 어쩌면 다음번 혈전은 부검할 때 발견될지도 모른다. 어쩌면 끝은 빨리 찾아올지도 모른다. 그러나 끝은 없다. 나는 계속해서 존재할 뿐이다. 그 방법을 나는 지금 찾아가는 중이다.

내가 자연의 일부인가 아닌가는 더 이상 내게 그리 흥미로운 주제가 아니다. 우리 모두가 우리 주변 생명체들과 같은 행성에 의지해 살아간다는 것은 분명해 보인다. 또 탈출할 방법이 없다는 것 역시 분명하다. 만약 우리가 어떻게 해서든 지구와의 연결을 끊고 다른 행성으로 이주한다 해도, 물리 법칙은 여전히 따라와 우리를 그 황량하고 열등한 새로운 고향에 단단히 묶어둘 것이다. 그곳에 존재하는 모든 생명체는 효율적 생태계를 형성할 것이다. 모두에게 역할이 있고, 낭비되는 것은 아무것도 없으리라. 그럴 수밖에 없다. 연어가 강을 거슬러 올라가지 않는다면 포식자는 굶어 죽을 것이다. 곰이 연어를 잡아먹지 않는다면 연어의 수가 기하급수로 늘어 먹이가 부족해 죽을 것이다. 자연은 아무것도 낭비하지 않고 균형을 찾는다. 그리 친절한 균형은 아니다.

나는 이 균형을 깨뜨렸다. 이제 존재하는 것 자체가 완전히 부자연스러운 일이 되었다. 인간이 만들어낸 것들이 으레 그렇듯, 나 역시 쉽게 없앨 수가 없다. 운, 그리고 현대 의학이 없었더라면 내 이야기는 진작에 끝났을 것이다. 운이 더 좋았더라면 확실한 진단과 쉬운 치료법을 얻었을 테고. 지금의 나는 갑작스러운 재앙을 대비해야 할지, 그저 지금보다 더 나쁜 상황으로 서서히 악화해가는 과정을 기다려야 할지조차 모르는 작고 낯선 연옥에 살고 있다. 그건 내가 기후과학자로 살아온 덕에 잘 대비해온 감정이다.

그러나 나는 다른 감정들도 느낀다. 내일 나는 오늘도 무언가를 모면했다는 기분 좋은 깨달음과 함께 잠에서 깰 것이다. 내가 사라지길 바라는 세계를 보기 좋게 속여 넘겼다는 짓궂은 기쁨을 느낄 것이다. 그래도 되는 것 이상으로 자주 나 자신이 안타까울 것이다. 미국의 산맥과 영국의 부드러운 언덕들을 생각할 것이다. 텔레비전으로, 컴퓨터 화면으로, 세상의 아름다움과 두려움을 남김없이 지켜볼 것이다. 내 아이들을 위해 이 세계를 더 낫게, 공정하게, 친절하게 만들기 위해 최선을 다할 것이다. 아이들을 산으로 데려가고, 함께 도시를 거닐 것이다. 세계에서 우리가 차지하는 자리를, 우리를 모든 자연에 단단히 묶어놓는 물리학에 관해 이야기할 것이다. 우리 인간들은 끊임없이 그 연결을 돌보아야 한다고 말해줄 것이다. 관계를 지속시키기 위해서는 생각하고 변화해야 한다고. 무언가를 사랑한다면 그것을 진심으로 느껴야 한다고 말해줄 것이다. 나는 그렇게 한다. 그럴 것이다.

인간에 대한 믿음

이토록 오랜 연구 끝에, 세상에서 내가 조금이라도 안다고 할 만한 것은 오로지 그 하나뿐인데도, 기후 변화를 다룬 책을 쓰는 과정은 쉽지 않았다. 문제는 어조였다. 때로 나는 정당한 분노를 느꼈고, 때로는 내가 이 책에 담을 수밖에 없던 사실들이 너무 두려워서 잠을 설치기도 했다. 그럼에도 때로는 기쁨을 느꼈고, 다음 순간에는 기쁨을 느낀다는 데 대한 두려움을 느꼈다. 어딘가 내가 느끼는 이 혼란스러운 감정들을 정확히 담아낼 수 있는 단어가 있다면 좋으련만. 변화하는 행성에 대한 과학적 발견이 가져오는 짜릿함과 공포, 이미 체념한 암담함 속에 존재하는 아주 엷은 희망이 주는 울렁임, 불완전한 승리에서 느끼는 수치심 뒤섞인 행복, 그리고 데이비드 애튼버러가 보여주지 않았더라면 전혀 몰랐을 자연의 어떤 것들에 대한 상실감, 산호초나 언어의 회귀 같은 것들을 머지않아 영영 볼 수 없게 되리라는 기이한 슬픔들을.

말로 표현할 수 없는 다른 감정들도 있다. 아주 작은 내 아들이 요람 속에서 기분 좋게 자는 모습, 그리고 몇 년 후 갓 태어난 그 애의 동생이 자는 모습을 바라보던 순간, 그 기분을 표현하기에는 내 안의 언어가 너무도 부족해서 차마 입 밖에 꺼낼 수 없었던 감정들. 나는 내 아이들이 잃어버리고 있는 이 세계에 대한 아름답고 비극적인 애가哀歌를 쓰고 싶었던 걸까? 아니면 이 세계의 존재 자체를 열정적으로 예찬하는 글을 쓰고 싶었던 걸까?

이 세상은 바뀌어야만 한다고 간절히 호소하던 내가, 그런 세상에 아이를 낳았으니 나를 이기적이라고 탓하는 사람들도 있을 것이다. 내 아이들이 존재하지 않기를 바라는 사람들에게는 미안한 일이다. 그러나 세상이 내게 준 최고의 선물이 없는 그 세계가 지금보다 더 나을 거라고는 믿을 수가 없다. 아이를 낳는다는 것은 미래에 헌신하겠다는 선언이자, 인간이 본질적으로 선하다는, 적어도 인간을 더 많이 만들어도 될 만큼은 구제할 수 있는 존재라는 희망의 표현이다.

나는 우리가 선해질 수 있다고 믿는다. 그러기로 선택한다면. '인간의 본성' 같은 건 존재하지 않는다. 그런 말을 입에 담는 사람은 인간에 대해 잘 모르고, 자연에 대해서는 더더욱 모른다. 우리 모두는 내면에 서로 충돌하는 모순들을 몇 가지씩은 가지고 있다. 우리는 탐욕과 증오로 차 있는 동시에 너그럽고 자애로우며, 끝을 모르고 어리석은 동시에 별안간 지혜롭다. 우리 중 누구도 등식에 맞지 않고, 우리의 미래 중 어떤 것도 이미 쓰여 있지 않다. 별에도, 손금에도, 수학의 불가피한 언어 속에도. 그리고 심지어 우리가 물리학과 정확히 발맞추어 걸었다 한들, 지하 동굴 속 마녀들이 우리의 운명을 이미 엮어두었다 한들, 우리가 서로와 나누는 상호작용은 이 뚜렷한 궤도를 금세 바꾸었을 것이다. 아무리 단단하게 꼬인 실타래라 해도 서로 합쳐져 새로운 천을 짤 수 있다.

나의 작은아들은 한 번도 산에 가 본 적 없다. 내 부자연스러운 운이 다 떨어지지 않는다면, 언젠가는 아이들을 그곳에 데려

갈 것이다. 뉴욕을 떠나 펜실베이니아의 굽이치는 언덕들을 달리고, 오대호의 남쪽을 향해 미국 중부의 널따란 평지를 건너갈 것이다. 네브래스카에서 우리는 평원 위로 펼쳐지는 뇌운을 볼 것이다. 모루처럼 평평하고, 전류를 잔뜩 머금어 불꽃을 튀기듯 번쩍이는 구름을. 그다음에는 로키산맥을 넘어가면서, 우리가 탄 작은 차를 흔드는 이 바람은 영국에 있는 우리 가족을 위한 날씨를 만들러 가는 길이라고 알려줄 것이다. 큰아들에게 너는 지금까지 이 산을 여러 번 보았다고 일깨워주며 세 살 때가 기억나느냐고 물어볼 것이다. 그 애가 다시는 작은 꼬마가 될 수 없다는 사실을 당연히 알면서도, 내 아이들이 자랄 수밖에 없다고 생각하면 목이 메어온다. 시간이 얼마 남지 않았다. 내 아이들의 영원한, 그리고 너무 짧은 어린 시절이 끝을 향해 다가가고 있다.

진짜 세계에만 있는 것

시간이 얼마 남지 않은 건 다른 것들에게도 마찬가지다. 이미 산속의 여름은 뜨겁고, 매캐하고, 위험하다. 강설량이 많은 겨울이 지나고 눈 녹은 물로 불어난 폭포가 포효하는 해가 찾아왔다가도, 또 어느 해에는 건조한 겨울을 지나며 폭포 물줄기가 가늘어지는 때도 올 것이다. 그러다 어느 해에는 겨울에 눈이 아예 내리지 않기도 할 것이다. 나는 우리가 다 함께 힘든 노력을 해내면 최악의 시나리오를 막을 수 있을 거라고 믿지만, 이런 기만적인 낙관주의는 미치한테서 온 것일지도 모른다. 그럼에도 불구하고 우리의 세계에 끔찍한 일들이 일어나리라는 걸 부인할 수는 없다.

하지만 산은 여전히 그곳에 있을 것이고, 언젠가 우리는 요세미티의 반짝이는 화강암 절벽 아래 함께 서 있을 것이다. 아이들의 조그만 손이 매끄러운 바위에서 틈을 찾아내고, 작디작은 바위 턱에 발을 디딜 것이다. 그렇게 우리는 절벽 꼭대기까지 올라가 숨겨진 폭포가 뿜어내는 물안개를 느끼면서, 끈적이는 만자니타 나무의 희미한 그늘에서 휴식을 취할 것이다. 하늘은 먼 곳에서 날아온 연기로 뿌옇고, 한낮에 달구어진 화강암은 우리 손을 뜨겁게 데울 것이다. 우리는 골짜기 바닥으로 내려가 다시 다른 이들과 섞일 것이다. 지친 등산객들, 머데스토나 프레즈노에서 하루를 보내기 위해 온 아이들과 그 가족들. 나는 잠시 고독과 정적이 아쉽다가도, 이내 행복한 인파의 경탄과 웃음소리에 마음을 빼앗길 것이다. 이곳은 내가 기억하는 곳과는 다를 것이다. 내 아이들은 변하고 손상되고 상처받은 새로운 풍경을 마주할 것이다. 아마 아이들은 그곳을 좋아할 것이다. 그 순간, 나에게 그보다 더 중요한 건 없으리라.

데이비드 애튼버러의 프로그램에는 카메라가 멀어지면서 음악이 점점 고조되는 부분이 늘 있다. 그러나 기후 모델에는 음악이 없다. 새들이 지저귀는 소리, 고래의 노래, 풀밭에 빗방울이 떨어지는 기분 좋은 갈색의 소리 같은 자연의 나직한 소리들도 없다. 드릴 소리, 경적, 고성, 폭발음 같은 우리가 더한 불협화음도 없다. 그리고 우리가 만들어내는 음악도, 우리가 서로에게 건네는 다정한 말도, 우리가 들려주는 이야기도 없다. 기후 모델에는 **이 모든 것들이 없다.** 우리의 지혜, 어리석음, 선택과 실수, 우리가 함께 살아가는 방식, 우리가 감정을 느끼는 방식, 사랑하는 방식이 빠져 있다. 내가 연구하는 디지털 행성은 악몽을, 꿈을, 뜨겁고 참담한 미래를, 그리고 내가 언젠가 잘 살아갈 수 있으리라 상상해보는 더 온화한 장소를 보여준다. 기후 모델은 시간을 보내기에 유용한 곳이다. 나는 이 모델로부터 많은 것을 배운다. 그러나 그것은 그저 진짜를 열악하게 복제한 모조품일 뿐, 세상에서 내가 가장 사랑하는 것들이 전부 빠져 있는 세계다.

우리는 차갑고 고요한 디지털 행성에서 살아갈 수는 없다. 우리는 오로지 이곳에서, 함께여야만 살 수 있다. 여기, 우리가 이토록 크게 바꿔놓은 이 세계에서. 여기, 미지근한 별 주위를 도는 조그맣고 축축한 흙투성이 돌 위에서. 여기, 어둠이 아닌 우리가 볼 수 없는 빛으로 가득한 차가운 우주 속에 빛을 뿜어내면서.

감사의 글

가장 먼저 마크Mark에게 고맙습니다. 누군가 과거로 돌아가 10대 시절의 내게 너는 결국 개와 아이들과 잘 지내는 잘생기고 똑똑한 영국 남자와 결혼할 거라고 알려준다면, 그때의 난 기절했을지도 몰라요. 사랑해요.

이 책이 완성되기까지 함께해준 분들에게 감사합니다. 탁월한 에이전트 레이철 보걸Rachel Vogel, 그리고 편집자 세라 머피Sarah Murphy, 윌 보기스Will Boggess. 정리되지 않은 원고를 한 권의 책으로 만들 수 있게 도와줘서 고맙습니다. 출판사 에코Ecco 팀에도 감사의 마음을 전합니다. 코델리아 캘버트Cordelia Calvert, 메건 딘스Meghan Deans, 미리엄 파커Miriam Parker, 헬렌 아츠마Helen Atsma, 레이철 사전트Rachel Sargent, 앨리슨 블루머Alison Bloomer. 프로덕션 편집자로서 세심한 배려와 노력을 기울여준 프리다 더건Frieda Duggan에게 감사드립니다. 꼼꼼하게 교정 작업을 도와준 잉그리드 스터너Ingrid Sterner에게 감사드리며, 표지 디자인에 아름다운 예술 작품을 제공해준 질 펠토Jill Pelto와 멋지게 디자인해준 앨리 솔츠만Allison Saltzman에게 감사드립니다.

영리하고 헌신적이며, 유머 감각과 친절함까지 갖춘 과학자들이 내 동료라 행운입니다. 저를 고용한다는 의문스러운 결정을 내려준 분들에게 큰 감사를 전합니다. 켄 칼데이라Ken Caldeira, 칼 테일러Karl Taylor, 그리고 특히 아무도 저를 믿어주지 않는 것 같던 시절부터 절 믿어준 개빈 슈밋Gavin Schmidt에게 고맙습니다. 지구 시스템 모델 글로벌 연구 프로젝트PCMDI의 동료들인 피터 콜드웰Peter Caldwell, 폴 듀락Paul Durac, 벤 샌터Ben Santer, 마크 젤린카Mark Zelinka, 그리고 너무 멋진 셀린 봉피스Céline Bonfils는 제게 기후과학자가 되는 법을 알려주었습니다.

훌륭한 과학자 여러분께 배울 수 있어서 행복했습니다. 미켈라 비아수티Michela Biasutti, 벤 쿡Ben Cook, 필 더피Phil Duffy, 에드 호킨스Ed Hawkins, 캐서린 헤이호Katharine Hayhoe, 가비 허걸Gabi Hegerl, 디애나 헨스Deanna Hence, 데이비드 호David Ho, 소날리 맥더미드Sonali McDermid, 앤지 펜더그래스Angie Pendergrass, 로버트 핑커스Robert Pincus, 디프티 싱Deepti Singh, 밍팡 팅Mingfang Ting, 마크 웹Mark Webb, 로라 윌콕스Laura Wilcox, 파크 윌리엄스Park Williams 감사합니다.

프로젝트 드로다운Project Drawdown을 함께하는 영민하고 친절한 동료들이 매일 제게 영감을 줍니다. 특히 초기 원고를 읽어준 존 폴리Jon Foley, 엘리자베스 배글리Elizabeth Bagley, 제임스 거버James Gerber에게 고맙습니다.

피드백과 조언을 주고 응원해준 글쓰기 모임 동료들에게도 고맙습니다. 브레어 트렘블레이Brea Tremblay, 라켈 다피스Raquel D'Apice, 리즈 디그레고리오Liz DeGregorio, 비드야 미스라Vidya Misra,

켐 우쿠Kem Ukwu, 다린 패터슨Darin Patterson이 없었더라면 이 책은 지금의 모습을 갖추지 못했을 것입니다. 감정에 관한 글을 쓸 때 유명한 심리학자 친구들이 있어 큰 도움이 되었습니다. 그런 면에서 가이 윈치Guy Winch에게 무척 고맙습니다.

아이를 기르는 친구 모임, 특히 제이크 슬러츠키Jake Slutsky, 치 셴Chi Shen, 알렉스 리버스Alex Rivers, 셈라 에르진Semra Ercin, 키스 게신Keith Gessen, 에밀리 굴드Emily Gould, 발렌티나 카나베시오Valentina Canavesio, 오마르 물릭Omar Mullick, 맷 야마사키Matt Yamasaki, 세라 작스Sarah Sachs, 아드리아나 다로키Adriana Daroqui, 마우로 레스투치아Mauro Restuccia, 스테퍼니 래빈스Stephanie Rabins, 마이클 해거티Michael Haggerty, 사샤 헤로이Sasha Heroy, 밥 허조그Bob Herzog에게 고맙습니다.

정정당당한 세상이었다면 하루에 약 10억 달러를 받으셨을 내 아이들의 유치원 선생님들, 방과 후 선생님들 모두에게 감사합니다. 또 야생이나 다름없는 제 아이들을 돌봐주고, 제 책 몇 장을 읽어준 매티 타운슨Mattie Townson에게 고맙습니다.

리아 스토크스Leah Stokes, 아야나 엘리자베스 존슨Ayana Elizabeth Johnson, 캐서린 윌킨슨Katharine Wilkinson, 세라 캡닉Sarah Kapnick, 제인 셀리코바Jane Zelikova, 애나 제인 조이너Anna Jane Joyner, 비나 벤카타라만Bina Venkataraman의 기후 연구는 제게 영감을 주었습니다. 아름다운 글을 써준 메리 애나이즈 헤글러Mary Annaise Heglar, 세상 전부를 드려도 모자랄 신시아 톰슨Cynthia Thomson에게 고맙습니다.

먼 곳에서 지내는 보고 싶은 친구들에게도 큰 감사를 보냅니다. 재나 그르체비치Jana Grcevich, 마리암 자링할람Maryam

Zaringhalam, 브렌다 투오히Brenda Tuohy, 에이드리엔 리Adrienne Lee, 클로드 워닉Claude Warnick, 크리스 테일러Chris Taylor, 케이티 벌리Katie Birley, 맥신 본 아이Maxine von Eye, 잭 니썬Jack Nissan. 특히, 비행기로 16시간 떨어진 곳보다 가까이 살았더라면 좋았을 자매 리비Libby에게 고맙습니다. 그리고 내 아이들에게 사촌이자 최고의 놀이상대가 되어준 엘런 솔로몬Ellen Solomon, 새미 마르완Sammi Marwan, 케이트 로진Kate Rosin, 고마워.

많은 사람이 자신의 부모님이 최고라고들 하지만, 나의 부모님은 정말 최고입니다. 엄마, 아빠는 저를 영리하고 강인하게 길러주셨고, 징글징글한 사춘기도 참아주셨고, 언제나 무한한 사랑과 지지를 보내주셨습니다. 고맙습니다, 고맙습니다, 고맙습니다.

그리고 마지막으로, 우주 최고의 아이들, EB와 슈림프에게. 너희들에게 책 읽어주는 게, 함께 모험하고, 춤추고, 놀고, 너희들이 자라는 모습을 바라보는 게 정말 행복해. 참 근사한 삶이었다.

주

1장 경이

1. "Star Basics," NASA Science, accessed Sept. 28, 2024, science.nasa.gov/universe/stars/.
2. L. B. Larsen, B. M. Vinther, K. R. Briffa, T. M. Melvin, H. B. Clausen, P. D. Jones, M.-L. Siggaard-Andersen, et al., "New Ice Core Evidence for a Volcanic Cause of the A.D. 536 Dust Veil," *Geophysical Research Letters* 35, no. 4 (2008), doi.org/10.1029/2007GL032450.
3. R. Mitalas and K. R. Sills, "On the Photon Diffusion Time Scale for the Sun," *Astrophysical Journal* 401, no. 2 (1992): 759-60.
4. "Goldilocks Zone," NASA Science, accessed Sept. 28, 2024, science.nasa.gov/resource/goldilocks-zone/.
5. 이 장을 쓰면서 오래된 책들을 다시 펼쳐 보았다. 대부분의 입문 교재는 대기가 없을 때의 지구 온도(블랙 바디black body 온도)와 단순한 대기가 있다고 가정했을 때의 온도(그레이바디gray body 온도)를 계산하는 법을 알려준다. 예를 들면 다음 책을 참고할 것. Lee R. Kump, James F. Kasting, and Robert G. Crane, *The Earth System*, 3rd ed. (San Francisco: Prentice Hall, 2010).
6. Syukuro Manabe and Richard T. Wetherald, "Thermal Equilibrium of the Atmosphere with a Given Distribution of Relative Humidity," *Journal of the Atmospheric Sciences* 24, no. 3 (May 1967): 241-59, doi.org/10.1175/1520-0469.
7. 열역학, 수분, 대기의 수직 기둥에 대한 다음 책의 설명도 인상 깊다. Edmond A. Mathez and Jason E. Smerdon, *Climate Change: The Science of Global Warming and Our Energy Future*, 2nd ed. (New York: Columbia University Press, 2018).
8. "The Nobel Prize in Physics 2021," NobelPrize.org, accessed Sept. 28, 2024, www.nobelprize.org/prizes/physics/2021/manabe/facts/.
9. Kate Marvel, Ben Kravitz, and Ken Caldeira, "Geophysical Limits to Global Wind

Power," *Nature Climate Change* 3, no. 2 (Feb. 2013): 118-21, doi.org/10.1038/nclimate1683.

10 코리올리 효과를 이해할 수 있는 시연은 다음 영상에서 볼 수 있다. MIT OpenCourseWare: www.youtube.com/watch?v=RrWKSOvqV-0.

11 다음 책에는 코리올리 효과와 기압경도력, 바람에 관한 설명이 꽤 훌륭하게 (그러나 매우 전문적으로) 설명되어 있다. Warren M. Washington and Claire L. Parkinson, *An Introduction to Three-Dimensional Climate Modeling*, 2nd ed. (Sausalito, Calif.: University Science Books, 2005).

12 공기가 상승하고 하강하는 것을 해들리 순환이라고 하며, 다음 영상에서 볼 수 있다. www.youtube.com/watch?v=7BcDOuJRUoo.

13 영국 기상청에서 제공하는 전 지구 바람 패턴 시연 자료도 꽤 유용하다. www.metoffice.gov.uk/weather/learn-about/weather/atmosphere/global-circulation-patterns.

14 A. Morbidelli, J. Chambers, J. I. Lunine, J. M. Petit, F. Robert, G. B. Valsecchi, and K. E. Cyr, "Source Regions and Timescales for the Delivery of Water to the Earth," *Meteoritics and Planetary Science* 35, no. 6 (Nov. 2000): 1309-20, doi.org/10.1111/j.1945-5100.2000.tb01518.x.

15 해양물리학에 대한 이해하기 쉬운 (그리고 잘 쓰인) 개요는 다음 책을 참고할 것. Helen Czerski, *The Blue Machine: How the Ocean Works* (New York: W. W. Norton, 2023). [국내 번역본: 『블루 머신』, 쌤앤파커스, 2024.]

2장 분노

1 내가 의회에서 한 증언은 미국 하원 세입세출위원회에서 확인할 수 있다. "The Economic and Health Consequences of Climate Change," May 8, 2019.

2 "A Primer on Global Warming: Dispelling CO2 Myths," Heartland Institute, July 1, 2009, heartland.org/opinion/a-primer-on-global-warming-dispelling-co2-myths/.

3 유니스 푸트에 대해서는 다음 자료들을 참고하라. Raymond P. Sorenson, "Eunice Foote's Pioneering Research on CO2 and Climate Warming," Search and Discovery article 70092, AAPG, Jan. 31, 2011; Maura Shapiro, "Eunice Newton Foote's Nearly Forgotten Discovery," *Physics Today*, Aug. 23, 2021, doi.org/10.1063/PT.6.4.20210823a; "Scientific Ladies—Experiments with Condensed Gases," *Scientific American* 12, no. 1 (1856): 5.

4 John Tyndall, "XXVII. On Radiation Through the Earth's Atmosphere," *London, Edinburgh, and Dublin Philosophical Magazine and Journal of Science* 25, no. 167 (March 1863): 200-206, doi.org/10.1080/14786446308643443.

5   Roland Jackson, *The Ascent of John Tyndall: Victorian Scientist, Mountaineer, and Public Intellectual* (New York: Oxford University Press, 2018), 349.
6   위의 책, 452.
7   역사적 맥락을 알기 위해 다음의 두 가지 자료에 크게 의지했고, 둘 다 아주 훌륭하다. Spencer R. Weart, *The Discovery of Global Warming*, rev. ed. (Cambridge, Mass.: Harvard University Press, 2008). [국내 번역본: 『지구온난화를 둘러싼 대논쟁』, 동녘사이언스, 2012.]; and David Archer and Raymond Pierrehumbert, *The Warming Papers: The Scientific Foundation for the Climate Change Forecast* (Hoboken, N.J.: Wiley-Blackwell, 2011).
8   루이자 틴들은 절대 연쇄살인범이 아니다. 그 부분은 내가 지어낸 것이다.
9   "A Saturated Gassy Argument," Real-Climate, June 26, 2007, www.realclimate.org/index.php/archives/2007/06/a-saturated-gassy-argument/.
10 B. D. Santer, M. F. Wehner, T. M. L. Wigley, R. Sausen, G. A. Meehl, K. E. Taylor, C. Ammann, et al., "Contributions of Anthropogenic and Natural Forcing to Recent Tropopause Height Changes," *Science* 301, no. 5632 (2003): 479-83, doi.org/10.1126/science.1084123.
11 Lingyun Meng, Jane Liu, David W. Tarasick, William J. Randel, Andrea K. Steiner, Hallgeir Wilhelmsen, Lei Wang, and Leopold Haimberger, "Continuous Rise of the Tropopause in the Northern Hemisphere over 1980-2020," *Science Advances* 7, no. 45 (2021): eabi8065, doi.org/10.1126/sciadv.abi8065.
12 Steve Mirsky, "Climate Skeptic Senator Burned After Snowball Stunt," *Scientific American*, March 2, 2015, www.scientificamerican.com/podcast/episode/climate-skeptic-senator-burned-after-snowball-stunt/.
13 Ed Hawkins and Phil D. Jones, "On Increasing Global Temperatures: 75 Years After Callendar," *Quarterly Journal of the Royal Meteorological Society* 139, no. 677 (Oct. 2013): 1961-63, doi.org/10.1002/qj.2178.
14 Nathan J. L. Lenssen, Gavin A. Schmidt, James E. Hansen, Matthew J. Menne, Avraham Persin, Reto Ruedy, and Daniel Zyss, "Improvements in the GISTEMP Uncertainty Model," *Journal of Geophysical Research: Atmospheres* 124, no. 12 (2019): 6307-26, doi.org/10.1029/2018JD029522; C. P. Morice, J. J. Kennedy, N. A. Rayner, J. P. Winn, E. Hogan, R. E. Killick, R. J. H. Dunn, T. J. Osborn, P. D. Jones, and I. R. Simpson, "An Updated Assessment of Near-Surface Temperature Change from 1850: The HadCRUT5 Data Set," *Journal of Geophysical Research: Atmospheres* 126, no. 3 (2021), agupubs.onlinelibrary.wiley.com/doi/full/10.1029/2019JD032361; Robert A. Rohde and Zeke Hausfather, "The Berkeley Earth Land/Ocean Temperature Record," *Earth System Science Data* 12, no. 4 (2020): 3469-79, doi.org/10.5194/essd-12-3469-2020; H. M. Zhang,

B. Huang, J. Lawrimore, M. Menne, and T. M. Smith, "NOAA Global Surface Temperature Dataset (NOAAGlobalTemp), Version 4.0," NOAA National Centers for Environmental Information, 2019.

15 David P. Schneider, Clara Deser, John Fasullo, and Kevin E. Trenberth, "Climate Data Guide Spurs Discovery and Understanding," *Eos, Transactions American Geophysical Union* 94, no. 13 (2013): 121-22, doi.org/10.1002/2013EO130001.

16 "Fact Sheet: Operation Wigwam," Defense Threat Reduction Agency, n.d., www.dtra.mil/Portals/125/Documents/NTPR/newDocs/11-WIGWAM%20-%202021.pdf.

17 "Roger Revelle's Discovery," in "The Discovery of Global Warming," accessed Sept. 28, 2024, history.aip.org/climate/index.htm.

18 Roger Revelle and Hans E. Suess, "Carbon Dioxide Exchange Between Atmosphere and Ocean and the Question of an Increase of Atmospheric CO2 During the Past Decades," *Tellus* 9, no. 1 (1957): 18-27, doi.org/10.3402/tellusa.v9i1.9075.

19 Robert Monroe, "The Keeling Curve," UC San Diego, accessed Sept. 28, 2024, keelingcurve.ucsd.edu.

20 "Exxon Sowed Doubt About Climate Science for Decades by Stressing Uncertainty," *Inside Climate News* (blog), Oct. 22, 2015, insideclimatenews.org/news/22102015/exxon-sowed-doubt-about-climate-science-for-decades-by-stressing-uncertainty/.

21 "Exxon Believed Deep Dive into Climate Research Would Protect Its Business," *Inside Climate News* (blog), Sept. 17, 2015, insideclimatenews.org/news/17092015/exxon-believed-deep-dive-into-climate-research-would-protect-its-business/.

22 Geoffrey Supran and Naomi Oreskes, "Assessing ExxonMobil's Climate Change Communications (1977-2014)," *Environmental Research Letters* 12, no. 8 (Aug. 2017): 084019, doi.org/10.1088/1748-9326/aa815f.

23 Union of Concerned Scientists, "ExxonMobil's Disinformation Campaign," *Smoke, Mirrors, and Hot Air: How ExxonMobil Uses Big Tobacco's Tactics to Manufacture Uncertainty on Climate Science,* Union of Concerned Scientists, Jan. 1, 2007, 9-24, www.jstor.org/stable/resrep00046.7.

24 "Rex Tillerson Questions Human Role in Halting Climate Change," *Bloomberg*, Feb. 4, 2020, www.bloomberg.com/news/articles/2020-02-04/rex-tillerson-questions-human-role-in-battling-climate-change.

25 Jason Samenow, "Trump Thinks Weather and Climate Are Unpredictable. He's Wrong and Overdue for a Briefing," *Washington Post,* June 5, 2017, www.washingtonpost.com/news/capital-weather-gang/wp/2017/06/05/trump-thinks-

weather-and-climate-are-unpredictable-hes-wrong-and-overdue-for-a-briefing/.
26 Philip Shabecoff, "Global Warming Has Begun, Expert Tells Senate," *New York Times,* June 24, 1988, www.nytimes.com/1988/06/24/us/global-warming-has-begun-expert-tells-senate.html.
27 Zeke Hausfather, Henri F. Drake, Tristan Abbott, and Gavin A. Schmidt, "Evaluating the Performance of Past Climate Model Projections," *Geophysical Research Letters* 47, no. 1 (2020), agupubs.onlinelibrary.wiley.com/doi/full/10.1029/2019GL085378.
28 G. Supran, S. Rahmstorf, and N. Oreskes, "Assessing ExxonMobil's Global Warming Projections," *Science* 379, no. 6628 (2023): eabk0063, doi.org/10.1126/science.abk0063.

3장 죄책감

1 John Lanchester, "How the Little Ice Age Changed History," *New Yorker,* March 25, 2019, www.newyorker.com/magazine/2019/04/01/how-the-little-ice-age-changed-history.
2 Wolfgang Behringer, "Climatic Change and Witch-Hunting: The Impact of the Little Ice Age on Mentalities," *Climatic Change* 43, no. 1 (1999): 335-51, doi.org/10.1023/A:1005554519604.
3 Mary Ellen Snodgrass, *Witch Trials: A Worldwide Chronology* (Jefferson, N.C.: McFarland, 2024).
4 Emily Oster, "Witchcraft, Weather, and Economic Growth in Renaissance Europe," *Journal of Economic Perspectives* 18, no. 1 (2004): 215-28, doi.org/10.1257/089533004773563502.
5 Lizanne Henderson, *Witchcraft and Folk Belief in the Age of Enlightenment: Scotland, 1670-1740* (Basingstoke, Hampshire: Palgrave Macmillan, 2016).
6 Michael E. Mann et al., "Little Ice Age," *Encyclopedia of Global Environmental Change* 1, no. 504 (2002): e509.
7 C. Waelbroeck, A. Paul, M. Kucera, A. Rosell-Mele, M. Weinelt, R. Schneider, A. C. Mix, et al., "Constraints on the Magnitude and Patterns of Ocean Cooling at the Last Glacial Maximum," *Nature Geoscience* 2, no. 2 (Feb. 2009): 127-32, doi.org/10.1038/ngeo411.
8 Michael E. Mann, Zhihua Zhang, Scott Rutherford, Raymond S. Bradley, Malcolm K. Hughes, Drew Shindell, Caspar Ammann, Greg Faluvegi, and Fenbiao Ni, "Global Signatures and Dynamical Origins of the Little Ice Age and Medieval

    Climate Anomaly," *Science* 326, no. 5957 (2009): 1256-60, doi.org/10.1126/science.1177303.

9 NASA Global Climate, "Global Surface Temperature | NASA Global Climate Change," Climate Change: Vital Signs of the Planet, accessed Sept. 28, 2024, climate.nasa.gov/vital-signs/global-temperature?intent=121.

10 엘니뇨와 엘니뇨의 원격 연결, 원거리 날씨 영향은 다음 자료에 잘 설명되어 있다. https://www.climate.gov/enso.

11 "El Nino: Pacific Wind and Current Changes Bring Warm, Wild Weather," NASA Earth Observatory, Feb. 14, 2017, earthobservatory.nasa.gov/features/ElNino/page3.php.

12 Deepti Singh, Richard Seager, Benjamin I. Cook, Mark Cane, Mingfang Ting, Edward Cook, and Michael Davis, "Climate and the Global Famine of 1876-78," *Journal of Climate* 31, no. 23 (2018): 9445-67, doi.org/10.1175/JCLI-D-18-0159.1.

13 Mike Davis, *Late Victorian Holocausts: El Nino Famines and the Making of the Third World* (London: Verso, 2007). [국내 번역본: 『엘니뇨와 제국주의로 본 빈곤의 역사』, 이후, 2008.]

14 최근의 지구온난화가 내부 변동성 때문이라는 가능성은 방대한 추적과 귀인 연구 결과 배제되었다. 이 분야 선구자 중 하나인 클라우스 하셀만Klaus Hasselmann 은 마나베 슈쿠로와 함께 2021년 노벨 물리학상을 받았다. 다음을 참고하라. G. C. Hegerl, K. Hasselmann, U. Cubasch, J. F. B. Mitchell, E. Roeckner, R. Voss, and J. Waszkewitz, "Multi-fingerprint Detection and Attribution Analysis of Greenhouse Gas, Greenhouse Gas-plus-Aerosol, and Solar Forced Climate Change," *Climate Dynamics* 13, no. 9 (1997): 613-34, doi.org/10.1007/s003820050186; Gabriele C. Hegerl, Hans Von Storch, Klaus Hasselmann, Benjamin D. Santer, Ulrich Cubasch, and Philip D. Jones, "Detecting Greenhouse-Gas-Induced Climate Change with an Optimal Fingerprint Method," *Journal of Climate* 9, no. 10 (Oct. 1996): 2281-306, doi.org/10.1175/1520-0442(1996); B. D. Santer, K. E. Taylor, T. M. L. Wigley, T. C. Johns, P. D. Jones, D. J. Karoly, J. F. B. Mitchell, et al., "A Search for Human Influences on the Thermal Structure of the Atmosphere," *Nature* 382, no. 6586 (July 1996): 39-46, doi.org/10.1038/382039a0; K. Hasselmann, "Optimal Fingerprints for the Detection of Time-Dependent Climate Change," *Journal of Climate* 6, no. 10 (Oct. 1993): 1957-71, doi.org/10.1175/1520-0442(1993).

15 Ilya G. Usoskin, Rainer Arlt, Eleanna Asvestari, Ed Hawkins, Maarit Kapyla, Gennady A. Kovaltsov, Natalie Krivova, et al., "The Maunder Minimum (1645-1715) Was Indeed a Grand Minimum: A Reassessment of Multiple Datasets," *Astronomy and Astrophysics* 581 (Sept. 2015): A95, doi.org/10.1051/0004-6361/201526652.

16 뉴잉글랜드의 마녀사냥에 관한 자료들은 다음을 참고하라. Stacy Schiff, *The Witches: Suspicion, Betrayal, and Hysteria in 1692 Salem* (New York: Back Bay Books, 2016).
17 Andrew P. Schurer, Simon F. B. Tett, and Gabriele C. Hegerl, "Small Influence of Solar Variability on Climate over the Past Millennium," *Nature Geoscience* 7, no. 2 (Feb. 2014): 104-8, doi.org/10.1038/ngeo2040.
18 Martin W. Miles, Camilla S. Andresen, and Christian V. Dylmer, "Evidence for Extreme Export of Arctic Sea Ice Leading the Abrupt Onset of the Little Ice Age," *Science Advances* 6, no. 38 (2020): eaba4320, doi.org/10.1126/sciadv.aba4320.
19 Katja Matthes, Bernd Funke, Tim Kruschke, and Sebastian Wahl, "input4MIPs. SOLARIS-HEPPA.Solar.CMIP.SOLARIS-HEPPA-3-23-2," Earth System Grid Federation, 2017, doi.org/10.22033/ESGF/input4MIPs.1122.
20 "Milankovitch (Orbital) Cycles and Their Role in Earth's Climate," NASA Science, accessed Sept. 28, 2024, science.nasa.gov/science-research/earth-science/milankovitch-orbital-cycles-and-their-role-in-earths-climate/.
21 "Cave of Swimmers, Egypt," British Museum, accessed Sept. 28, 2024, africanrockart.britishmuseum.org/country/egypt/cave-of-swimmers/.
22 J. E. Kutzbach and B. L. Otto-Bliesner, "The Sensitivity of the African-Asian Monsoonal Climate to Orbital Parameter Changes for 9000 Years B.P. in a Low-Resolution General Circulation Model," *Journal of the Atmospheric Sciences* 39, no. 6 (June 1982): 1177-88, doi.org/10.1175/1520-0469(1982)039<1177:TSOTAA>2.0.CO;2.
23 Jessica E. Tierney and Peter B. deMenocal, "Abrupt Shifts in Horn of Africa Hydroclimate Since the Last Glacial Maximum," *Science* 342, no. 6160 (2013): 843-46, doi.org/10.1126/science.1240411.
24 Nick Brooks, Isabelle Chiapello, Savino Di Lernia, Nick Drake, Michel Legrand, Cyril Moulin, and Joseph Prospero, "The Climate-Environment-Society Nexus in the Sahara from Prehistoric Times to the Present Day," in *The Sahara: Past, Present, and Future*, ed. Jeremy Keenan (London: Routledge, 2007).
25 Andre L. Berger, "Long-Term Variations of Daily Insolation and Quaternary Climatic Changes," *Journal of the Atmospheric Sciences* 35, no. 12 (Dec. 1978): 2362-67, doi.org/10.1175/1520-0469.
26 Richard B. Stothers, "The Great Tambora Eruption in 1815 and Its Aftermath," *Science* 224, no. 4654 (1984): 1191-98, doi.org/10.1126/science.224.4654.1191.
27 Jill Lepore, "The Strange and Twisted Life of 'Frankenstein,'" *New Yorker*, Feb. 5, 2018, www.newyorker.com/magazine/2018/02/12/the-strange-and-twisted-life-of-frankenstein.

28 『프랑켄슈타인』을 꼭 읽어보았으면 한다. 끝내주는 책이다. Mary Shelley, *Frankenstein: The 1818 Text* (New York: Penguin Books, 2018). [국내 번역본: 『프랑켄슈타인』, 문학동네, 2012. 등]

29 M. R. Schoeberl, Y. Wang, R. Ueyama, A. Dessler, G. Taha, and W. Yu, "The Estimated Climate Impact of the Hunga Tonga-Hunga Ha'apai Eruption Plume," *Geophysical Research Letters* 50, no. 18 (2023): e2023GL104634, doi.org/10.1029/2023GL104634.

30 M. G. Flanner, A. S. Gardner, S. Eckhardt, A. Stohl, and J. Perket, "Aerosol Radiative Forcing from the 2010 Eyjafjallajokull Volcanic Eruptions," *Journal of Geophysical Research: Atmospheres* 119, no. 15 (2014): 9481-91, doi.org/10.1002/2014JD021977.

31 M. Sigl, M. Winstrup, J. R. McConnell, K. C. Welten, G. Plunkett, F. Ludlow, U. Buntgen, et al., "Timing and Climate Forcing of Volcanic Eruptions for the Past 2,500 Years," *Nature* 523, no. 7562 (July 2015): 543-49, doi.org/10.1038/nature14565.

32 Gifford H. Miller, Aslaug Geirsdottir, Yafang Zhong, Darren J. Larsen, Bette L. Otto-Bliesner, Marika M. Holland, David A. Bailey, et al., "Abrupt Onset of the Little Ice Age Triggered by Volcanism and Sustained by Sea-Ice/Ocean Feedbacks," *Geophysical Research Letters* 39, no. 2 (Jan. 2012): 2011GL050168, doi.org/10.1029/2011GL050168.

33 Stefan Bronnimann, Jorg Franke, Samuel U. Nussbaumer, Heinz J. Zumbuhl, Daniel Steiner, Mathias Trachsel, Gabriele C. Hegerl, et al., "Last Phase of the Little Ice Age Forced by Volcanic Eruptions," *Nature Geoscience* 12, no. 8 (Aug. 2019): 650-56, doi.org/10.1038/s41561-019-0402-y.

34 Martin W. Miles, Camilla S. Andresen, and Christian V. Dylmer, "Evidence for Extreme Export of Arctic Sea Ice Leading the Abrupt Onset of the Little Ice Age," *Science Advances* 6, no. 38 (2020): eaba4320, doi.org/10.1126/sciadv.aba4320.

35 William F. Ruddiman, "The Anthropogenic Greenhouse Era Began Thousands of Years Ago," *Climatic Change* 61, no. 3 (2003): 261-93, doi.org/10.1023/B:CLIM.0000004577.17928.fa.

36 Robert A. Dull, Richard J. Nevle, William I. Woods, Dennis K. Bird, Shiri Avnery, and William M. Denevan, "The Columbian Encounter and the Little Ice Age: Abrupt Land Use Change, Fire, and Greenhouse Forcing," *Annals of the Association of American Geographers* 100, no. 4 (2010): 755-71, doi.org/10.1080/00045608.2010.502432.

37 James Hansen, Andrew Lacis, Reto Ruedy, and Makiko Sato, "Potential Climate Impact of Mount Pinatubo Eruption," *Geophysical Research Letters* 19, no. 2 (1992):

215-18, doi.org/10.1029/91GL02788.
38 Martin Wild, "Global Dimming and Brightening: A Review," *Journal of Geophysical Research: Atmospheres* 114, no. D10 (2009): 2008JD011470, doi.org/10.1029/2008JD011470.
39 S. Szopa, V. Naik, B. Adhikary, P. Artaxo, T. Berntsen, W. D. Collins, S. Fuzzi, L. Gallardo, A. Kiendler-Scharr, Z. Klimont, H. Liao, N. Unger, and P. Zanis, "Short-Lived Climate Forcers," in *Climate Change 2021: The Physical Science Basis*, ed. V. P. Masson-Delmotte, P. Zhai, A. Pirani, S. L. Connors, C. Pean, S. Berger, N. Caud, Y. Chen, L. Goldfarb, M. I. Gomis, M. Huang, K. Leitzell, E. Lonnoy, J. B. R. Matthews, T. K. Maycock, T. Waterfield, O. Yelekci, R. Yu, and B. Zhou (Cambridge, U.K.: Cambridge University Press, 2021), 817-922, doi:10.1017/9781009157896.008.
40 Susanne E. Bauer, Kostas Tsigaridis, Greg Faluvegi, Larissa Nazarenko, Ron L. Miller, Maxwell Kelley, and Gavin Schmidt, "The Turning Point of the Aerosol Era," *Journal of Advances in Modeling Earth Systems* 14, no. 12 (Dec. 2022): e2022MS003070, doi.org/10.1029/2022MS003070.
41 Piers M. Forster, Harriet I. Forster, Mat J. Evans, Matthew J. Gidden, Chris D. Jones, Christoph A. Keller, Robin D. Lamboll, et al., "Current and Future Global Climate Impacts Resulting from COVID-19," *Nature Climate Change* 10, no. 10 (Oct. 2020): 913-19, doi.org/10.1038/s41558-020-0883-0.
42 J. G. Charney, "Dynamics of Deserts and Drought in the Sahel," *Quarterly Journal of the Royal Meteorological Society* 101, no. 428 (April 1975): 193-202, doi.org/10.1002/qj.49710142802.
43 A. Giannini, R. Saravanan, and P. Chang, "Oceanic Forcing of Sahel Rainfall on Interannual to Interdecadal Time Scales," *Science* 302, no. 5647 (2003): 1027-30, doi.org/10.1126/science.1089357.
44 자연의 기후 강제력이 미치는 영향을 기후 모델로 연구한 결과들은 다음 자료들을 참고했다. Ron L. Miller, Gavin A. Schmidt, Larissa S. Nazarenko, Susanne E. Bauer, Maxwell Kelley, Reto Ruedy, Gary L. Russell, et al., "CMIP6 Historical Simulations (1850-2014) with GISS-E2.1," *Journal of Advances in Modeling Earth Systems* 13, no. 1 (2021): e2019MS002034, doi.org/10.1029/2019MS002034.
45 Michela Biasutti, "Rainfall Trends in the African Sahel: Characteristics, Processes, and Causes," *WIREs Climate Change* 10, no. 4 (July 2019): e591, doi.org/10.1002/wcc.591.
46 Barbara Freese, *Coal: A Human History*, rev. ed. (New York: Basic Books, 2016).
47 Marvel, Su, Delgado, Aarons, Chatterjee, Garcia, Hausfather, Hayhoe, Hence, Jewett, Robel, Singh, Tripati, and Vose, "Climate Trends."
48 Pierre Friedlingstein, Michael O'Sullivan, Matthew W. Jones, Robbie M.

Andrew, Dorothee C. E. Bakker, Judith Hauck, Peter Landschutzer, et al., "Global Carbon Budget 2023," *Earth System Science Data* 15, no. 12 (2023): 5301-69, doi.org/10.5194/essd-15-5301-2023.

49 Marvel, Su, Delgado, Aarons, Chatterjee, Garcia, Hausfather, Hayhoe, Hence, Jewett, Robel, Singh, Tripati, and Vose, "Climate Trends."

50 U.S. Department of Commerce, NOAA, "Carbon Cycle Greenhouse Gases," Global Monitoring Laboratory, accessed Sept. 28, 2024, gml.noaa.gov/ccgg/trends_n2o/.

51 Matthew W. Jones, Glen P. Peters, Thomas Gasser, Robbie M. Andrew, Clemens Schwingshackl, Johannes Gutschow, Richard A. Houghton, Pierre Friedlingstein, Julia Pongratz, and Corinne Le Quere, "National Contributions to Climate Change due to Historical Emissions of Carbon Dioxide, Methane, and Nitrous Oxide Since 1850," *Scientific Data* 10, no. 1 (2023): 155, doi.org/10.1038/s41597-023-02041-1.

52 Marvel, Su, Delgado, Aarons, Chatterjee, Garcia, Hausfather, Hayhoe, Hence, Jewett, Robel, Singh, Tripati, and Vose, "Climate Trends."

53 Jones, Peters, Gasser, Andrew, Schwingshackl, Gutschow, Houghton, Friedlingstein, Pongratz, and Quere, "National Contributions to Climate Change due to Historical Emissions of Carbon Dioxide, Methane, and Nitrous Oxide Since 1850."

54 Mika Rantanen, Alexey Yu Karpechko, Antti Lipponen, Kalle Nordling, Otto Hyvarinen, Kimmo Ruosteenoja, Timo Vihma, and Ari Laaksonen, "The Arctic Has Warmed Nearly Four Times Faster Than the Globe Since 1979," *Communications Earth and Environment* 3, no. 1 (2022): 1-10, doi.org/10.1038/s43247-022-00498-3.

55 Karen E. McNamara and Guy Jackson, "Loss and Damage: A Review of the Literature and Directions for Future Research," *WIREs Climate Change* 10, no. 2 (2019): doi.org/10.1002/wcc.564.

4장 두려움

1 Rachel H. White, Sam Anderson, James F. Booth, Ginni Braich, Christina Draeger, Cuiyi Fei, Christopher D. G. Harley, et al., "The Unprecedented Pacific Northwest Heatwave of June 2021," *Nature Communications* 14, no. 1 (2023): 727, doi.org/10.1038/s41467-023-36289-3.

2 Davide Faranda, Stella Bourdin, Mireia Ginesta, Meriem Krouma, Robin Noyelle, Flavio Pons, Pascal Yiou, and Gabriele Messori, "A Climate-Change Attribution

Retrospective of Some Impactful Weather Extremes of 2021," *Weather and Climate Dynamics* 3, no. 4 (2022): 1311-40, doi.org/10.5194/wcd-3-1311-2022.

3   A. Park Williams, Edward R. Cook, Jason E. Smerdon, Benjamin I. Cook, John T. Abatzoglou, Kasey Bolles, Seung H. Baek, Andrew M. Badger, and Ben Livneh, "Large Contribution from Anthropogenic Warming to an Emerging North American Megadrought," *Science* 368, no. 6488 (2020): 314-18, doi.org/10.1126/science.aaz9600.

4   Marvel, Su, Delgado, Aarons, Chatterjee, Garcia, Hausfather, Hayhoe, Hence, Jewett, Robel, Singh, Tripati, and Vose, "Climate Trends."

5   극단적 기후에 대한 전반적 논의는 최신 IPCC 보고서를 참고하라. S. I. Seneviratne, X. Zhang, M. Adnan, W. Badi, C. Dereczynski, A. Di Luca, S. Ghosh, I. Iskandar, J. Kossin, S. Lewis, F. Otto, I. Pinto, M. Satoh, S. M. Vicente-Serrano, M. Wehner, and B. Zhou, "Weather and Climate Extreme Events in a Changing Climate," in *Climate Change 2021: The Physical Science Basis. Contribution of Working Group I to the Sixth Assessment Report of the Intergovernmental Panel on Climate Change* [V. Masson-Delmotte, P. Zhai, A. Pirani, S. L. Connors, C. Pean, S. Berger, N. Caud, Y. Chen, L. Goldfarb, M. I. Gomis, M. Huang, K. Leitzell, E. Lonnoy, J. B. R. Matthews, T. K. Maycock, T. Waterfield, O. Yelekci, R. Yu, and B. Zhou (eds.)] (Cambridge, U.K., and New York, N.Y.: Cambridge University Press, 2021): 1513-1766, doi: 10.1017/9781009157896.013./.

6   P. Pirard, S. Vandentorren, M. Pascal, K. Laaidi, A. Le Tertre, S. Cassadou, and M. Ledrans, "Summary of the Mortality Impact Assessment of the 2003 Heat Wave in France," *Eurosurveillance* 10, no. 7 (2005): 7-8, doi.org/10.2807/esm.10.07.00554-en.

7   "The Human Cost of Disasters: An Overview of the Last 20 Years (2000-2019)," United Nations Office for Disaster Risk Reduction, Oct. 12, 2020, www.undrr.org/publication/human-cost-disasters-overview-last-20-years-2000-2019.

8   Peter A. Stott, D. A. Stone, and M. R. Allen, "Human Contribution to the European Heatwave of 2003," *Nature* 432, no. 7017 (Dec. 2004): 610-14, doi.org/10.1038/nature03089.

9   M. Rantanen, A. Y. Karpechko, A. Lipponen, K. Nordling, O. Hyvarinen, K. Ruosteenoja, and A. Laaksonen (2022). The Arctic has warmed nearly four times faster than the globe since 1979. *Communications earth & environment*, 31), 168.

10 Michael Previdi, Karen L. Smith, and Lorenzo M. Polvani, "Arctic Amplification of Climate Change: A Review of Underlying Mechanisms," *Environmental Research Letters* 16, no. 9 (Sept. 2021): 093003, doi.org/10.1088/1748-9326/ac1c29.

11 D. Coumou, G. Di Capua, S. Vavrus, L. Wang, and S. Wang, "The Influence

of Arctic Amplification on Mid-latitude Summer Circulation," *Nature Communications* 9, no. 1 (2018): 2959, doi.org/10.1038/s41467-018-05256-8.

12   Jeremy S. Hoffman, Vivek Shandas, and Nicholas Pendleton, "The Effects of Historical Housing Policies on Resident Exposure to Intra-urban Heat: A Study of 108 US Urban Areas," *Climate* 8, no. 1 (2020): 12, doi.org/10.3390/cli8010012.

13   Markus G. Donat, Andrew D. King, Jonathan T. Overpeck, Lisa V. Alexander, Imke Durre, and David J. Karoly, "Extraordinary Heat During the 1930s US Dust Bowl and Associated Large-Scale Conditions," *Climate Dynamics* 46, no. 1 (2016): 413-26, doi.org/10.1007/s00382-015-2590-5.

14   Diego G. Miralles, Pierre Gentine, Sonia I. Seneviratne, and Adriaan J. Teuling, "Land-Atmospheric Feedbacks During Droughts and Heatwaves: State of the Science and Current Challenges," *Annals of the New York Academy of Sciences* 1436, no. 1 (2019): 19-35, doi.org/10.1111/nyas.13912.

15   "DC Invaded by a Dust Storm from Midwest," *Washington Post,* March 22, 1935, mallhistory.org/items/show/274.

16   Jules Loh, "Okies—They Sank Roots and Changed the Heart of California: History: Unwanted and Shunned, the 1930s Refugees from the Dust Bowl Endured, Spawning New Generations. Their Legacy Can Be Found in Towns Scattered Throughout the San Joaquin Valley," *Los Angeles Times*, Oct. 18, 1992, www.latimes.com/archives/la-xpm-1992-10-18-me-622-story.html.

17   Benjamin I. Cook, Ron L. Miller, and Richard Seager, "Amplification of the North American 'Dust Bowl' Drought Through Human-Induced Land Degradation," *Proceedings of the National Academy of Sciences* 106, no. 13 (2009): 4997-5001, doi.org/10.1073/pnas.0810200106.

18   Donald A. Wilhite and Michael H. Glantz, "Understanding: The Drought Phenomenon: The Role of Definitions," *Water International* 10, no. 3 (1985): 111-20, doi.org/10.1080/02508068508686328.

19   Benjamin I. Cook, Jason E. Smerdon, Edward R. Cook, A. Park Williams, Kevin J. Anchukaitis, Justin S. Mankin, Kathryn Allen, et al., "Megadroughts in the Common Era and the Anthropocene," *Nature Reviews Earth and Environment* 3, no. 11 (Nov. 2022): 741-57, doi.org/10.1038/s43017-022-00329-1.

20   Benjamin I. Cook, *Drought: An Interdisciplinary Perspective* (New York: Columbia University Press, 2019).

21   A. L. Swann, F. M. Hoffman, C. D. Koven, and J. T. Randerson, "Plant responses to increasing CO2 reduce estimates of climate impacts on drought severity," *Proceedings of the National Academy of Sciences* 113, no. 36 (Sept. 2016):10019-24, https://doi.org/10.1073/pnas.1604581113.

22 Angeline G. Pendergrass, Gerald A. Meehl, Roger Pulwarty, Mike Hobbins, Andrew Hoell, Amir AghaKouchak, Celine J. W. Bonfils, et al., "Flash Droughts Present a New Challenge for Subseasonal-to-Seasonal Prediction," *Nature Climate Change* 10, no. 3 (March 2020): 191-99, doi.org/10.1038/s41558-020-0709-0.

23 Sabine Undorf, Tim Cowan, Gabi Hegerl, Luke Harrington, and Friederike Otto, "The Influence of Greenhouse Gases on the 1930s Dust Bowl Heat Waves Across Central United States," Copernicus Meetings, March 9, 2020, doi.org/10.5194/egusphere-egu2020-6177.

24 Tim Cowan, Sabine Undorf, Gabriele C. Hegerl, Luke J. Harrington, and Friederike E. L. Otto, "Present-Day Greenhouse Gases Could Cause More Frequent and Longer Dust Bowl Heatwaves," *Nature Climate Change* 10, no. 6 (June 2020): 505-10, doi.org/10.1038/s41558-020-0771-7.

25 Michon Scott, "National Climate Assessment: Great Plains' Ogallala Aquifer Drying Out," NOAA Climate.Gov," Feb. 19, 2019, www.climate.gov/news-features/featured-images/national-climate-assessment-great-plains%E2%80%99-ogallala-aquifer-drying-out.

26 Jesus Jimenez and Michael Levenson, "Ida's Wind-Driven Remnants Pummel the New York City Region," *New York Times*, Sept. 1, 2021, www.nytimes.com/2021/09/01/us/northeast-rain-ida-new-york.html.

27 Jessie Yeung, "Ten Countries and Territories Saw Severe Flooding in Just 12 Days. Is This the Future of Climate Change?," CNN, Sept. 17, 2023, https://www.cnn.com/2023/09/16/world/global-rain-flooding-climate-crisis-intl-hnk/index.html.

28 Morgan Winsor, Nadine El-Bawab, Zoe Magee, and Meredith Deliso, "Libya Flooding Deaths Top 11,000 as Thousands Reported Missing," ABC News, Sept. 16, 2023, abcnews.go.com/International/libya-flooding-death-toll-storm-daniel/story?id=103214362.

29 Kevin T. Smiley, Ilan Noy, Michael F. Wehner, Dave Frame, Christopher C. Sampson, and Oliver E. J. Wing, "Social Inequalities in Climate Change-Attributed Impacts of Hurricane Harvey," *Nature Communications* 13, no. 1 (2022): 3418, doi.org/10.1038/s41467-022-31056-2.

30 U.S. Department of Commerce, NOAA, "Hurricane Katrina—August 29, 2005," National Weather Service, accessed Sept. 27, 2024, www.weather.gov/bmx/event_katrina2005.

31 Kieran Bhatia, Alexander Baker, Wenchang Yang, Gabriel Vecchi, Thomas Knutson, Hiroyuki Murakami, James Kossin, et al., "A Potential Explanation for the Global Increase in Tropical Cyclone Rapid Intensification," *Nature Communications* 13, no. 1 (2022): 6626, doi.org/10.1038/s41467-022-34321-6.

32 Lin Li and Pinaki Chakraborty, "Slower Decay of Landfalling Hurricanes in a Warming World," *Nature* 587, no. 7833 (Nov. 2020): 230-34, doi.org/10.1038/s41586-020-2867-7.

33 Michael F. Wehner and James P. Kossin, "The Growing Inadequacy of an Open-Ended Saffir-Simpson Hurricane Wind Scale in a Warming World," *Proceedings of the National Academy of Sciences* 121, no. 7 (2024): e2308901121, doi.org/10.1073/pnas.2308901121.

34 Michael K. Tippett, Chiara Lepore, and Joel E. Cohen, "More Tornadoes in the Most Extreme U.S. Tornado Outbreaks," *Science* 354, no. 6318 (2016): 1419-23, doi.org/10.1126/science.aah7393.

35 James B. Elsner, Tyler Fricker, and Zoe Schroder, "Increasingly Powerful Tornadoes in the United States," *Geophysical Research Letters* 46, no. 1 (2019): 392-98, agupubs.onlinelibrary.wiley.com/doi/10.1029/2018GL080819.

36 Todd W. Moore, "Annual and Seasonal Tornado Trends in the Contiguous United States and Its Regions," *International Journal of Climatology* 38, no. 3 (2018): 1582-94, rmets.onlinelibrary.wiley.com/doi/10.1002/joc.5285.

37 Huancui Hu, L. Ruby Leung, and Zhe Feng, "Observed Warm-Season Characteristics of MCS and Non-MCS Rainfall and Their Recent Changes in the Central United States," *Geophysical Research Letters* 47, no. 6 (2020): e2019GL086783, doi.org/10.1029/2019GL086783.

38 Brian H. Tang, Vittorio A. Gensini, and Cameron R. Homeyer, "Trends in United States Large Hail Environments and Observations," *Npj Climate and Atmospheric Science* 2, no. 1 (2019): 1-7, doi.org/10.1038/s41612-019-0103-7.

39 Adam Sobel, *Storm Surge: Hurricane Sandy, Our Changing Climate, and Extreme Weather of the Past and Future* (New York: HarperCollins, 2014).

40 Benjamin H. Strauss, Philip M. Orton, Klaus Bittermann, Maya K. Buchanan, Daniel M. Gilford, Robert E. Kopp, Scott Kulp, Chris Massey, Hans de Moel, and Sergey Vinogradov, "Economic Damages from Hurricane Sandy Attributable to Sea Level Rise Caused by Anthropogenic Climate Change," *Nature Communications* 12, no. 1 (2021): 2720, doi.org/10.1038/s41467-021-22838-1.

41 "Ice Sheets," NASA Global Climate Change, Vital Signs of the Planet, accessed Sept. 28, 2024, climate.nasa.gov/vital-signs/ice-sheets?intent=121.

42 Tom Parsons, Pei-Chin Wu, Meng (Matt) Wei, and Steven D'Hondt, "The Weight of New York City: Possible Contributions to Subsidence from Anthropogenic Sources," *Earth's Future* 11, no. 5 (May 2023): e2022EF003465, doi.org/10.1029/2022EF003465.

43 Environmental Protection Agency, "Climate Change Indicators: Ocean Heat,"

Reports and Assessments, June 27, 2016, www.epa.gov/climate-indicators/climate-change-indicators-ocean-heat.

44 Sarah R. Cooley et al., "Oceans and Coastal Ecosystems and Their Services," in *Climate Change 2022: Impacts, Adaptation, and Vulnerability* (Cambridge, U.K.: Cambridge University Press, 2023), 379-550, doi.org/10.1017/9781009325844.005.

45 U.S. Sea Level Change, "Sea Level Rise," accessed Sept. 28, 2024, sealevel.globalchange.gov/.

46 Kaitlin A. Naughten, Paul R. Holland, and Jan De Rydt, "Unavoidable Future Increase in West Antarctic Ice-Shelf Melting over the Twenty-First Century," *Nature Climate Change* 13, no. 11 (Nov. 2023): 1222-28, doi.org/10.1038/s41558-023-01818-x.

47 Bobby Caina Calvan, "Superstorm Sandy Legacy: Recovery Far from Equal on NY Shore," *Independent*, Oct. 26, 2022, www.independent.co.uk/news/ap-new-york-recovery-communities-black-b2210632.html.

48 "In New York City, 'Managed Retreat' Has Become a Grim Reality," *Inside Climate News* (blog), July 4, 2020, insideclimatenews.org/news/04072020/new-york-city-managed-retreat-sea-level-rise/.

49 Marvel, Su, Delgado, Aarons, Chatterjee, Garcia, Hausfather, Hayhoe, Hence, Jewett, Robel, Singh, Tripati, and Vose, "Climate Trends."

50 Deepti Singh, Allison R. Crimmins, Justin M. Pflug, Patrick L. Barnard, Jennifer F. Helgeson, Andrew Hoell, Fayola H. Jacobs, Michael G. Jacox, Alessandra Jerolleman, and Michael F. Wehner, "Focus on Compound Events," in Crimmins, Avery, Easterling, Kunkel, Stewart, and Maycock, *Fifth National Climate Assessment*, doi.org/10.7930/NCA5.2023.F1.

51 P. E. Wheeler, "The Thermoregulatory Advantages of Hominid Bipedalism in Open Equatorial Environments: The Contribution of Increased Convective Heat Loss and Cutaneous Evaporative Cooling," *Journal of Human Evolution* 21, no. 2 (1991): 107-15, doi.org/10.1016/0047-2484(91)90002-D.

52 Roland Stull, "Wet-Bulb Temperature from Relative Humidity and Air Temperature," *Journal of Applied Meteorology and Climatology* 50, no. 11 (2011): 2267-69, doi.org/10.1175/JAMC-D-11-0143.1.

53 Colin Raymond, Tom Matthews, and Radley M. Horton, "The Emergence of Heat and Humidity Too Severe for Human Tolerance," *Science Advances* 6, no. 19 (2020): eaaw1838, doi.org/10.1126/sciadv.aaw1838.

54 Joseph R. McConnell, Michael Sigl, Gill Plunkett, Andrea Burke, Woon Mi Kim, Christoph C. Raible, Andrew I. Wilson, et al., "Extreme Climate After Massive Eruption of Alaska's Okmok Volcano in 43 BCE and Effects on the Late Roman

Republic and Ptolemaic Kingdom," *Proceedings of the National Academy of Sciences* 117, no. 27 (2020): 15443-49, doi.org/10.1073/pnas.2002722117.

55　Joseph G. Manning, Francis Ludlow, Alexander R. Stine, William R. Boos, Michael Sigl, and Jennifer R. Marlon, "Volcanic Suppression of Nile Summer Flooding Triggers Revolt and Constrains Interstate Conflict in Ancient Egypt," *Nature Communications* 8, no. 1 (2017): 900, doi.org/10.1038/s41467-017-00957-y.

56　L. B. Larsen, B. M. Vinther, K. R. Briffa, T. M. Melvin, H. B. Clausen, P. D. Jones, M.-L. Siggaard-Andersen, et al., "New Ice Core Evidence for a Volcanic Cause of the A.D. 536 Dust Veil," *Geophysical Research Letters* 35, no. 4 (2008), doi.org/10.1029/2007GL032450.

57　M. Sigl et al., "Timing and Climate Forcing of Volcanic Eruptions for the Past 2,500 Years," *Nature* 523 (2015): 543-49, www.nature.com/articles/nature14565.

58　Ulf Buntgen, Vladimir S. Myglan, Fredrik Charpentier Ljungqvist, Michael McCormick, Nicola Di Cosmo, Michael Sigl, Johann Jungclaus, et al., "Cooling and Societal Change During the Late Antique Little Ice Age from 536 to Around 660 AD," *Nature Geoscience* 9, no. 3 (March 2016): 231-36, doi.org/10.1038/ngeo2652.

59　로마에 관한 더 많은 정보는 다음을 참고하라. Karin A. F. Zonneveld, Kyle Harper, Andreas Klugel, Liang Chen, Gert De Lange, and Gerard J. M. Versteegh, "Climate Change, Society, and Pandemic Disease in Roman Italy Between 200 BCE and 600 CE," *Science Advances* 10, no. 4 (2024): doi.org/10.1126/sciadv.adk1033; and Kyle Harper, *The Fate of Rome: Climate, Disease, and the End of an Empire* (Princeton, N.J.: Princeton University Press, 2017). [국내 번역본: 『로마의 운명』, 더봄, 2021.]

60　Eric P. Hoberg and Daniel R. Brooks, "Evolution in Action: Climate Change, Biodiversity Dynamics, and Emerging Infectious Disease," *Philosophical Transactions of the Royal Society B: Biological Sciences* 370, no. 1665 (2015): 20130553, doi.org/10.1098/rstb.2013.0553.

61　Colin J. Carlson, Gregory F. Albery, Cory Merow, Christopher H. Trisos, Casey M. Zipfel, Evan A. Eskew, Kevin J. Olival, Noam Ross, and Shweta Bansal, "Climate Change Increases Cross-Species Viral Transmission Risk," *Nature* 607, no. 7919 (2022): 555-62, doi.org/10.1038/s41586-022-04788-w.

62　Celia McMichael, "Climate Change-Related Migration and Infectious Disease," *Virulence* 6, no. 6 (2015): 548-53, doi.org/10.1080/21505594.2015.1021539.

63　Kevin J. Anchukaitis, Rob Wilson, Keith R. Briffa, Ulf Buntgen, Edward R. Cook, Rosanne D'Arrigo, Nicole Davi, et al., "Last Millennium Northern

Hemisphere Summer Temperatures from Tree Rings: Part II, Spatially Resolved Reconstructions," *Quaternary Science Reviews* 163 (2017): 1-22, doi.org/10.1016/j.quascirev.2017.02.020.

64 Jack Weatherford, *Genghis Khan and the Making of the Modern World* (New York: Three Rivers Press, 2012). [국내 번역본: 『칭기스칸, 잠든 유럽을 깨우다』, 사계절, 2005.]

65 Neil Pederson, Amy E. Hessl, Nachin Baatarbileg, Kevin J. Anchukaitis, and Nicola Di Cosmo, "Pluvials, Droughts, the Mongol Empire, and Modern Mongolia," *Proceedings of the National Academy of Sciences* 111, no. 12 (2014): 4375-79, doi.org/10.1073/pnas.1318677111.

66 Marshall Burke, Solomon M. Hsiang, and Edward Miguel, "Climate and Conflict," *Annual Review of Economics* 7, no. 1 (2015): 577-617, doi.org/10.1146/annurev-economics-080614-115430.

67 Michael McCormick, Ulf Buntgen, Mark A. Cane, Edward R. Cook, Kyle Harper, Peter Huybers, Thomas Litt, et al., "Climate Change During and After the Roman Empire: Reconstructing the Past from Scientific and Historical Evidence," *Journal of Interdisciplinary History* 43, no. 2 (2012): 169-220, doi.org/10.1162/JINH_a_00379.

68 Peter B. deMenocal, "Cultural Responses to Climate Change During the Late Holocene," *Science* 292, no. 5517 (2001): 667-73, doi.org/10.1126/science.1059287.

69 H. Weiss et al., "The Genesis and Collapse of Third Millennium North Mesopotamian Civilization," *Science* 261, no. 5124 (1993): 995-1004, www.science.org/doi/abs/10.1126/science.261.5124.995.

70 Dagomar Degroot, Kevin J. Anchukaitis, Jessica E. Tierney, Felix Riede, Andrea Manica, Emma Moesswilde, and Nicolas Gauthier, "The History of Climate and Society: A Review of the Influence of Climate Change on the Human Past," *Environmental Research Letters* 17, no. 10 (Sept. 2022): 103001, doi.org/10.1088/1748-9326/ac8faa.

5장 애도

1 Claire Patterson, "Age of Meteorites and the Earth," *Geochimica et Cosmochimica Acta* 10, no. 4 (Oct. 1956): 230-37, doi.org/10.1016/0016-7037(56)90036-9.

2 Masa Kageyama, Pascale Braconnot, Sandy P. Harrison, Alan M. Haywood, Johann H. Jungclaus, Bette L. Otto-Bliesner, Jean-Yves Peterschmitt, et al., "The PMIP4 Contribution to CMIP6—Part 1: Overview and Over-arching Analysis Plan," *Geoscientific Model Development* 11, no. 3 (2018): 1033-57, doi.org/10.5194/

gmd-11-1033-2018.

3   Caitlin M. Schrein, "Lucy: A Marvelous Specimen," *Nature Education Knowledge* 6, no. 7 (2015): 2, www.nature.com/scitable/knowledge/library/lucy-a-marvelous-specimen-135716086/.

4   Cenozoic CO Proxy Integration Project (CenCOPIP) Consortium, "Toward a Cenozoic History of Atmospheric CO2," *Science* 382, no. 6675 (2023): eadi5177, doi.org/10.1126/science.adi5177.

5   Elwyn De La Vega, Thomas B. Chalk, Paul A. Wilson, Ratna Priya Bysani, and Gavin L. Foster, "Atmospheric CO2 During the Mid-Piacenzian Warm Period and the M2 Glaciation," *Scientific Reports* 10, no. 1 (2020): 11002, doi.org/10.1038/s41598-020-67154-8.

6   Richard A. Betts, Chris D. Jones, Jeff R. Knight, Ralph F. Keeling, and John J. Kennedy, "El Nino and a Record CO2 Rise," *Nature Climate Change* 6, no. 9 (Sept. 2016): 806-10, doi.org/10.1038/nclimate3063.

7   K. D. Burke, J. W. Williams, M. A. Chandler, A. M. Haywood, D. J. Lunt, and B. L. Otto-Bliesner, "Pliocene and Eocene Provide Best Analogs for Near-Future Climates," *Proceedings of the National Academy of Sciences* 115, no. 52 (2018): 13288-93, doi.org/10.1073/pnas.1809600115.

8   Jessica E. Tierney, Steven B. Malevich, William Gray, Lael Vetter, and Kaustubh Thirumalai, "Bayesian Calibration of the Mg/Ca Paleothermometer in Planktic Foraminifera," *Paleoceanography and Paleoclimatology* 34, no. 12 (Dec. 2019): 2005-30, doi.org/10.1029/2019PA003744.

9   Burke, Williams, Chandler, Haywood, Lunt, and Otto-Bliesner, "Pliocene and Eocene Provide Best Analogs for Near-Future Climates."

10 C. L. Powell II, "The Purisima Formation and Related Rocks (Upper Miocene-Pliocene), Greater San Francisco Bay Area, Central California; Review of Literature and USGS Collection Now Housed at the Museum of Paleontology, University of California, Berkeley," Open-File Report 98-594, USGS Publications Warehouse, 1998, doi.org/10.3133/ofr98594.

11 Lorraine E. Lisiecki and Maureen E. Raymo, "A Pliocene-Pleistocene Stack of 57 Globally Distributed Benthic δ 18O Records," *Paleoceanography* 20, no. 1 (2005), doi.org/10.1029/2004PA001071.

12 K. G. Miller et al., "Peak Sea Level During the Warm Pliocene: Errors, Limitations, and Constraints," *Past Global Changes Magazine* 27, no. 1 (May 2019), doi.org/10.22498/pages.27.1.4.

13 William V. Sweet, Benjamin D. Hamlington, Robert E. Kopp, Christopher P. Weaver, Patrick L. Barnard, David Bekaert, William Brooks, et al., "Global

and Regional Sea Level Rise Scenarios for the United States: Updated Mean Projections and Extreme Water Level Probabilities Along U.S. Coastlines," National Oceanic and Atmospheric Administration, 2022.

14   Soumya Karlamangla, "What Will Happen to West Cliff Drive in Santa Cruz?," *New York Times,* April 25, 2024, www.nytimes.com/2024/04/25/us/west-cliff-drive-santa-cruz.html.

15   Gary Griggs, "Rising Seas in California—an Update on Sea-Level Rise Science," in *World Scientific Encyclopedia of Climate Change* (Hackensack, N.J.: World Scientific, 2021), 3:105-11, doi.org/10.1142/9789811213960_0016.

16   Harry J. Dowsett and Thomas M. Cronin, "High Eustatic Sea Level During the Middle Pliocene: Evidence from the Southeastern US Atlantic Coastal Plain," *Geology* 18, no. 5 (1990): 435-38.

17   "Geology of Yosemite National Park," U.S. Geological Survey, accessed Aug. 28, 2024, www.usgs.gov/geology-and-ecology-of-national-parks/geology-yosemite-national-park.

18   Masa Kageyama, Sandy P. Harrison, Marie-L. Kapsch, Marcus Lofverstrom, Juan M. Lora, Uwe Mikolajewicz, Sam Sherriff-Tadano, et al., "The PMIP4 Last Glacial Maximum Experiments: Preliminary Results and Comparison with the PMIP3 Simulations," *Climate of the Past* 17, no. 3 (2021): 1065-89, doi.org/10.5194/cp-17-1065-2021.

19   Stephen Barker, Isabel Cacho, Heather Benway, and Kazuyo Tachikawa, "Planktonic Foraminiferal Mg/Ca as a Proxy for Past Oceanic Temperatures: A Methodological Overview and Data Compilation for the Last Glacial Maximum," *Quaternary Science Reviews* 24, no. 7-9 (2005): 821-34.

20   Marc Luetscher, Ronny Boch, Harald Sodemann, Christoph Spotl, Hai Cheng, Richard Lawrence Edwards, Silvia Frisia, Florian Hof, and Wolfgang Muller, "North Atlantic Storm Track Changes During the Last Glacial Maximum Recorded by Alpine Speleothems," *Nature Communications* 6, no. 1 (2015): 6344.

21   Laura E. Strickland, Robert S. Thompson, Sarah L. Shafer, Patrick J. Bartlein, Richard T. Pelltier, Katherine H. Anderson, R. Randall Schumann, and Andrew K. McFadden, "Plant Macrofossil Data for 48-0 Ka in the USGS North American Packrat Midden Database, Version 5.0," *Scientific Data* 11, no. 1 (2024): 68, doi.org/10.1038/s41597-023-02616-y.

22   James D. Annan, Julia C. Hargreaves, and Thorsten Mauritsen, "A New Global Surface Temperature Reconstruction for the Last Glacial Maximum," *Climate of the Past* 18, no. 8 (2022): 1883-96.

23   Jessica E. Tierney, Jiang Zhu, Jonathan King, Steven B. Malevich, Gregory J.

Hakim, and Christopher J. Poulsen, "Glacial Cooling and Climate Sensitivity Revisited," *Nature* 584, no. 7822 (2020): 569-73.

24 Bernhard Bereiter, Sarah Eggleston, Jochen Schmitt, Christoph Nehrbass-Ahles, Thomas F. Stocker, Hubertus Fischer, Sepp Kipfstuhl, and Jerome Chappellaz, "Revision of the EPICA Dome C CO_2 Record from 800 to 600 Kyr Before Present," *Geophysical Research Letters* 42, no. 2 (2015): 542-49.

25 S. Khatiwala, A. Schmittner, and J. Muglia, "Air-Sea Disequilibrium Enhances Ocean Carbon Storage During Glacial Periods," *Science Advances* 5, no. 6 (June 2019): eaaw4981, doi.org/10.1126/sciadv.aaw4981.

26 Regine Rothlisberger, Matthias Bigler, E. W. Wolff, Fortunat Joos, Eric Monnin, and M. A. Hutterli, "Ice Core Evidence for the Extent of Past Atmospheric CO_2 Change due to Iron Fertilisation," *Geophysical Research Letters* 31, no. 16 (2004).

27 Kageyama, Harrison, Kapsch, Lofverstrom, Lora, Mikolajewicz, Sherriff-Tadano, et al., "PMIP4 Last Glacial Maximum Experiments."

28 Richard P. Allan, Paola A. Arias, Sophie Berger, Josep G. Canadell, Christophe Cassou, Deliang Chen, Annalisa Cherchi, et al., "Intergovernmental Panel on Climate Change (IPCC): Summary for Policymakers," in *Climate Change 2021: The Physical Science Basis: Contribution of Working Group I to the Sixth Assessment Report of the Intergovernmental Panel on Climate Change* (Cambridge, U.K.: Cambridge University Press, 2023), 3-32.

29 Richard S. Dodd and Rainbow DeSilva, "Long-Term Demographic Decline and Late Glacial Divergence in a Californian Paleoendemic: *Sequoiadendron giganteum* (Giant Sequoia)," *Ecology and Evolution* 6, no. 10 (2016): 3342-55, doi.org/10.1002/ece3.2122.

30 위의 글.

31 Chris M. Brierley, Anni Zhao, Sandy P. Harrison, Pascale Braconnot, Charles J. R. Williams, David J. R. Thornalley, Xiaoxu Shi, et al., "Large-Scale Features and Evaluation of the PMIP4-CMIP6 midHolocene Simulations," *Climate of the Past* 16, no. 5 (2020): 1847-72.

32 Kathleen R. Johnson, "California's Volatile Hydroclimate: Lessons from the Paleoclimate Record," *Geophysical Research Letters* 48, no. 23 (2021): e2021GL095512, doi.org/10.1029/2021GL095512.

33 Thomas W. Swetnam, "Fire History and Climate Change in Giant Sequoia Groves," *Science* 262, no. 5135 (1993): 885-89, doi.org/10.1126/science.262.5135.885.

34 Edward R. Cook, Richard Seager, Richard R. Heim, Russell S. Vose, Celine Herweijer, and Connie Woodhouse, "Megadroughts in North America: Placing IPCC Projections of Hydroclimatic Change in a Long-Term Palaeoclimate

주   375

Context," *Journal of Quaternary Science* 25, no. 1 (Jan. 2010): 48-61, doi. org/10.1002/jqs.1303.

35 Johnson, "California's Volatile Hydroclimate."
36 Nathan J. Steiger, Jason E. Smerdon, Benjamin I. Cook, Richard Seager, A. Park Williams, and Edward R. Cook, "Oceanic and Radiative Forcing of Medieval Megadroughts in the American Southwest," *Science Advances* 5, no. 7 (2019): eaax0087.
37 Daniel R. Cayan, Tapash Das, David W. Pierce, Tim P. Barnett, Mary Tyree, and Alexander Gershunov, "Future Dryness in the Southwest US and the Hydrology of the Early 21st Century Drought," *Proceedings of the National Academy of Sciences* 107, no. 50 (2010): 21271-76, doi.org/10.1073/pnas.0912391107.
38 Christopher J. Fettig, Leif A. Mortenson, Beverly M. Bulaon, and Patra B. Foulk, "Tree Mortality Following Drought in the Central and Southern Sierra Nevada, California, US," *Forest Ecology and Management* 432 (2019): 164-78.
39 A. Park Williams, Benjamin I. Cook, and Jason E. Smerdon, "Rapid Intensification of the Emerging Southwestern North American Megadrought in 2020-2021," *Nature Climate Change* 12, no. 3 (March 2022): 232-34, doi.org/10.1038/s41558-022-01290-z.
40 U.S. Department of Commerce, NOAA, "CliPlot," National Weather Service, accessed Oct. 1, 2024, www.weather.gov/mtr/CliPlot.
41 "Giant Sequoias and Fire—Sequoia & Kings Canyon National Parks," U.S. National Park Service, accessed Oct. 1, 2024, www.nps.gov/seki/learn/nature/giant-sequoias-and-fire.htm.
42 H. Thomas Harvey, "Giant Sequoia Reproduction, Survival, and Growth," Giant Sequoia Ecology: Fire and Reproduction, National Park Service, accessed Oct. 1, 2024, www.nps.gov/parkhistory/online_books/science/12/chap5.htm.
43 Douglas J. Hallett and R. Scott Anderson, "Paleofire Reconstruction for High-Elevation Forests in the Sierra Nevada, California, with Implications for Wildfire Synchrony and Climate Variability in the Late Holocene," *Quaternary Research* 73, no. 2 (2010): 180-90, doi.org/10.1016/j.yqres.2009.11.008.
44 Kristen L. Shive, Amarina Wuenschel, Linnea J. Hardlund, Sonia Morris, Marc D. Meyer, and Sharon M. Hood, "Ancient Trees and Modern Wildfires: Declining Resilience to Wildfire in the Highly Fire-Adapted Giant Sequoia," *Forest Ecology and Management* 511 (May 2022): 120110, doi.org/10.1016/j.foreco.2022.120110.
45 Daniel L. Swain, Baird Langenbrunner, J. David Neelin, and Alex Hall, "Increasing Precipitation Volatility in Twenty-First-Century California," *Nature Climate Change* 8, no. 5 (2018): 427-33.

46 Julia Homann, Jessica L. Oster, Cameron B. de Wet, Sebastian F. M. Breitenbach, and Thorsten Hoffmann, "Linked Fire Activity and Climate Whiplash in California During the Early Holocene," *Nature Communications* 13, no. 1 (2022): 7175, doi.org/10.1038/s41467-022-34950-x.

47 Christine Eriksen and Don L. Hankins, "The Retention, Revival, and Subjugation of Indigenous Fire Knowledge Through Agency Fire Fighting in Eastern Australia and California," *Society and Natural Resources* 27, no. 12 (2014): 1288-303.

48 Stephen J. Pyne, *The Pyrocene: How We Created an Age of Fire, and What Happens Next* (Oakland: University of California Press, 2022). [국내 번역본: 『불의 시대』, 한국경제신문, 2025.]

49 David N. Soderberg, Adrian J. Das, Nathan L. Stephenson, Marc D. Meyer, Christy A. Brigham, and Joshua Flickinger, "Assessing Giant Sequoia Mortality and Regeneration Following High-Severity Wildfire," *Ecosphere* 15, no. 3 (March 2024): e4789, doi.org/10.1002/ecs2.4789.

50 Simon L. Lewis and Mark A. Maslin, "Defining the Anthropocene," *Nature* 519, no. 7542 (March 2015): 171-80, doi.org/10.1038/nature14258.

51 Alexandra Witze, "Geologists Reject the Anthropocene as Earth's New Epoch—After 15 Years of Debate," *Nature* 627, no. 8003 (2024): 249-50, doi.org/10.1038/d41586-024-00675-8.

52 Strauss, Orton, Bittermann, Buchanan, Gilford, Kopp, Kulp, Massey, de Moel, and Vinogradov, "Economic Damages from Hurricane Sandy Attributable to Sea Level Rise Caused by Anthropogenic Climate Change."

53 Jessica C. Whitehead, Ellen L. Mecray, Erin D. Lane, Lisa Kerr, Melissa L. Finucane, David R. Reidmiller, Mark C. Bove, et al., "Northeast," in Crimmins, Avery, Easterling, Kunkel, Stewart, and Maycock, *Fifth National Climate Assessment*, doi.org/10.7930/NCA5.2023.CH21.

54 Kai Chen, Yiqun Ma, Michelle L. Bell, and Wan Yang, "Canadian Wildfire Smoke and Asthma Syndrome Emergency Department Visits in New York City," *JAMA* 330, no. 14 (2023): 1385, doi.org/10.1001/jama.2023.18768.

55 Marvel, Su, Delgado, Aarons, Chatterjee, Garcia, Hausfather, Hayhoe, Hence, Jewett, Robel, Singh, Tripati, and Vose, "Climate Trends."

56 William J. Broad, "How the Ice Age Shaped New York," *New York Times*, June 5, 2018, www.nytimes.com/2018/06/05/science/how-the-ice-age-shaped-new-york.html.

57 Christopher G. Piecuch, Peter Huybers, Carling C. Hay, Andrew C. Kemp, Christopher M. Little, Jerry X. Mitrovica, Rui M. Ponte, and Martin P. Tingley, "Origin of Spatial Variation in US East Coast Sea-Level Trends During 1900-

2017," *Nature* 564, no. 7736 (Dec. 2018): 400-404, doi.org/10.1038/s41586-018-0787-6.

6장 놀라움

1   내가 생각한 역대 최악의 영화는 다음과 같다. 〈바이오돔Biodome〉, 메트로골드윈메이어픽처스, 1996. 〈더블 반담Double Impact〉, 콜럼비아픽처스, 1991.
2   S. C. Sherwood, M. J. Webb, J. D. Annan, K. C. Armour, P. M. Forster, J. C. Hargreaves, G. Hegerl, S. Klein, K. Marvel, E. J. Rohling, and M. Wanatabe, "An Assessment of Earth's Climate Sensitivity Using Multiple Lines of Evidence," *Reviews of Geophysics* 58, no. 4 (Dec. 2020): e2019RG000678, doi.org/10.1029/2019RG000678.
3   Pierre Friedlingstein, "Carbon Cycle Feedbacks and Future Climate Change," *Philosophical Transactions of the Royal Society A: Mathematical, Physical and Engineering Sciences* 373, no. 2054 (2015): 20140421, doi.org/10.1098/rsta.2014.0421.
4   David I. Armstrong McKay, Arie Staal, Jesse F. Abrams, Ricarda Winkelmann, Boris Sakschewski, Sina Loriani, Ingo Fetzer, Sarah E. Cornell, Johan Rockstrom, and Timothy M. Lenton, "Exceeding 1.5°C Global Warming Could Trigger Multiple Climate Tipping Points," *Science* 377, no. 6611 (2022): eabn7950.
5   Brian C. O'Neill, Claudia Tebaldi, Detlef P. Van Vuuren, Veronika Eyring, Pierre Friedlingstein, George Hurtt, Reto Knutti, et al., "The Scenario Model Intercomparison Project (ScenarioMIP) for CMIP6," *Geoscientific Model Development* 9, no. 9 (2016): 3461-82.
6   V. Eyring, S. Bony, G. A. Meehl, C. A. Senior, B. Stevens, R. J. Stouffer, and K. E. Taylor, "Overview of the Coupled Model Intercomparison Project Phase 6 (CMIP6) Experimental Design and Organization," *Geoscientific Model Development* 9, no. 5 (2016): 1937-58, doi.org/10.5194/gmd-9-1937-2016.
7   Maria Rugenstein, Jonah Bloch-Johnson, Ayako Abe-Ouchi, Timothy Andrews, Urs Beyerle, Long Cao, Tarun Chadha, et al., "LongRunMIP: Motivation and Design for a Large Collection of Millennial-Length AOGCM Simulations," *Bulletin of the American Meteorological Society* 100, no. 12 (2019): 2551-70.
8   Ad Hoc Study Group on Carbon Dioxide and Climate, Climate Research Board, Assembly of Mathematical and Physical Sciences, and National Research Council, *Carbon Dioxide and Climate: A Scientific Assessment* (Washington, D.C.: National Academies Press, 1979), doi.org/10.17226/12181.
9   P. J. Durack, *CMIP6_CVs*, v6.2.53.5, accessed Oct. 26, 2020, github.com/WCRP-

CMIP/CMIP6_CVs.

10   P. Forster, T. Storelvmo, K. Armour, W. Collins, J.-L. Dufresne, D. Frame, D. J. Lunt, T. Mauritsen, M. D. Palmer, M. Watanabe, M. Wild, and H. Zhang, "The Earth's Energy Budget, Climate Feedbacks, and Climate Sensitivity," in Masson-Delmotte, Zhai, Pirani, Connors, Pean, Berger, Caud, Chen, Goldfarb, Gomis, Huang, Leitzell, Lonnoy, Matthews, Maycock, Waterfield, Yelekci, Yu, and Zhou, *Climate Change 2021*, 923-1054, doi:10.1017/9781009157896.009.

11   S. C. Sherwood, M. J. Webb, J. D. Annan, K. C. Armour, P. M. Forster, J. C. Hargreaves, G. Hegerl, S. Klein, K. Marvel, E. J. Rohling, and M. Wanatabe, "An Assessment of Earth's Climate Sensitivity Using Multiple Lines of Evidence," *Reviews of Geophysics* 58, no. 4 (Dec. 2020): e2019RG000678, doi.org/10.1029/2019RG000678.

12   Alex Hall, "The Role of Surface Albedo Feedback in Climate," *Journal of Climate* 17, no. 7 (April 2004): 1550-68, doi.org/10.1175/1520-0442(2004)017<1550:TROSAF>2.0.CO;2.

13   Peter M. Caldwell, Mark D. Zelinka, Karl E. Taylor, and Kate Marvel, "Quantifying the Sources of Intermodel Spread in Equilibrium Climate Sensitivity," *Journal of Climate* 29, no. 2 (2016): 513-24.

14   Mark D. Zelinka, Timothy A. Myers, Daniel T. McCoy, Stephen Po-Chedley, Peter M. Caldwell, Paulo Ceppi, Stephen A. Klein, and Karl E. Taylor, "Causes of Higher Climate Sensitivity in CMIP6 Models," *Geophysical Research Letters* 47, no. 1 (2020): e2019GL085782, doi.org/10.1029/2019GL085782.

15   See figure 7.7 in O. Boucher, D. Randall, P. Artaxo, C. Bretherton, G. Feingold, P. Forster, V.-M. Kerminen, Y. Kondo, H. Liao, U. Lohmann, P. Rasch, S. K. Satheesh, S. Sherwood, B. Stevens, and X. Y. Zhang, "Clouds and Aerosols," in *Climate Change 2013: The Physical Science Basis: Contribution of Working Group I to the Fifth Assessment Report of the Intergovernmental Panel on Climate Change*, ed. T. F. Stocker, D. Qin, G.-K. Plattner, M. Tignor, S. K. Allen, J. Boschung, A. Nauels, Y. Xia, V. Bex, and P. M. Midgley (Cambridge, U.K.: Cambridge University Press, 2013).

16   Mark D. Zelinka, Chen Zhou, and Stephen A. Klein, "Insights from a Refined Decomposition of Cloud Feedbacks," *Geophysical Research Letters* 43, no. 17 (2016): 9259-69.

17   Mark D. Zelinka and Dennis L. Hartmann, "Why Is Longwave Cloud Feedback Positive?," *Journal of Geophysical Research: Atmospheres* 115, no. D16 (2010).

18   Ivy Tan, Trude Storelvmo, and Mark D. Zelinka, "Observational Constraints on Mixed-Phase Clouds Imply Higher Climate Sensitivity," *Science* 352, no. 6282

(2016): 224-27, doi.org/10.1126/science.aad5300.
19 Zelinka, Myers, McCoy, Po-Chedley, Caldwell, Ceppi, Klein, and Taylor, "Causes of Higher Climate Sensitivity in CMIP6 Models."
20 Sherwood, Webb, Annan, Armour, Forster, Hargreaves, Hegerl, et al., "Assessment of Earth's Climate Sensitivity Using Multiple Lines of Evidence."
21 Friedlingstein, O'Sullivan, Jones, Andrew, Bakker, Hauck, Landschutzer, et al., "Global Carbon Budget 2023."
22 위의 글.
23 Vanessa Haverd, Benjamin Smith, Josep G. Canadell, Matthias Cuntz, Sara Mikaloff-Fletcher, Graham Farquhar, William Woodgate, Peter R. Briggs, and Cathy M. Trudinger, "Higher Than Expected CO2 Fertilization Inferred from Leaf to Global Observations," *Global Change Biology* 26, no. 4 (April 2020): 2390-402, doi.org/10.1111/gcb.14950.
24 Todd M. Ellis, David M. J. S. Bowman, Piyush Jain, Mike D. Flannigan, and Grant J. Williamson, "Global Increase in Wildfire Risk due to Climate-Driven Declines in Fuel Moisture," *Global Change Biology* 28, no. 4 (2022): 1544-59.
25 Nicolas Gruber, Dorothee C. E. Bakker, Tim DeVries, Luke Gregor, Judith Hauck, Peter Landschutzer, Galen A. McKinley, and Jens Daniel Muller, "Trends and Variability in the Ocean Carbon Sink," *Nature Reviews Earth and Environment* 4, no. 2 (2023): 119-34, doi.org/10.1038/s43017-022-00381-x.
26 Edward A. G. Schuur, Benjamin W. Abbott, Roisin Commane, Jessica Ernakovich, Eugenie Euskirchen, Gustaf Hugelius, Guido Grosse, et al., "Permafrost and Climate Change: Carbon Cycle Feedbacks from the Warming Arctic," *Annual Review of Environment and Resources* 47, no. 1 (2022): 343-71, doi.org/10.1146/annurev-environ-012220-011847.
27 Edward A. G. Schuur, Rosvel Bracho, Gerardo Celis, E. Fay Belshe, Chris Ebert, Justin Ledman, Marguerite Mauritz, et al., "Tundra Underlain by Thawing Permafrost Persistently Emits Carbon to the Atmosphere over 15 Years of Measurements," *Journal of Geophysical Research: Biogeosciences* 126, no. 6 (June 2021): e2020JG006044, doi.org/10.1029/2020JG006044.
28 다섯 번의 대멸종에 대해서는 다음 책을 참고하라. Peter Brannen, *The Ends of the World: Volcanic Apocalypses, Lethal Oceans, and Our Quest to Understand Earth's Past Mass Extinctions* (New York: Ecco, 2017). [국내 번역본:『대멸종 연대기』, 흐름출판, 2019.]; and Elizabeth Kolbert, *The Sixth Extinction: An Unnatural History* (New York: Picador, 2015). [국내 번역본:『여섯 번째 대멸종』, 쌤앤파커스, 2022.]
29 William R. Boos and Trude Storelvmo, "Near-Linear Response of Mean Monsoon Strength to a Broad Range of Radiative Forcings," *Proceedings of the National*

Academy of Sciences 113, no. 6 (2016): 1510-15, doi.org/10.1073/pnas.1517143113.

30 Kerry H. Cook and Edward K. Vizy, "Coupled Model Simulations of the West African Monsoon System: Twentieth- and Twenty-First-Century Simulations," *Journal of Climate* 19, no. 15 (2006): 3681-703.

31 Schuur, Abbott, Commane, Ernakovich, Euskirchen, Hugelius, Grosse, et al., "Permafrost and Climate Change."

32 O. Hoegh-Guldberg, P. J. Mumby, A. J. Hooten, R. S. Steneck, P. Greenfield, E. Gomez, C. D. Harvell, et al., "Coral Reefs Under Rapid Climate Change and Ocean Acidification," *Science* 318, no. 5857 (2007): 1737-42, doi.org/10.1126/science.1152509.

33 Rupert Seidl, Dominik Thom, Markus Kautz, Dario Martin-Benito, Mikko Peltoniemi, Giorgio Vacchiano, Jan Wild, et al., "Forest Disturbances Under Climate Change," *Nature Climate Change* 7, no. 6 (June 2017): 395-402, doi.org/10.1038/nclimate3303.

34 Bernardo M. Flores, Encarni Montoya, Boris Sakschewski, Nathalia Nascimento, Arie Staal, Richard A. Betts, Carolina Levis, et al., "Critical Transitions in the Amazon Forest System," *Nature* 626, no. 7999 (2024): 555-64, doi.org/10.1038/s41586-023-06970-0.

35 Y. Chen, B. Langenbrunner, and J. T. Randerson, "Future Drying in Central America and Northern South America Linked with Atlantic Meridional Overturning Circulation," *Geophysical Research Letters* 45, no. 17 (2018): 9226-35, doi.org/10.1029/2018GL077953.

36 Lev Tarasov and W. R. Peltier, "Arctic Freshwater Forcing of the Younger Dryas Cold Reversal," *Nature* 435, no. 7042 (2005): 662-65.

37 L. D. Keigwin, G. A. Jones, S. J. Lehman, and E. A. Boyle, "Deglacial Meltwater Discharge, North Atlantic Deep Circulation, and Abrupt Climate Change," *Journal of Geophysical Research: Oceans* 96, no. C9 (1991): 16811-26.

38 Stefan Rahmstorf, Jason E. Box, Georg Feulner, Michael E. Mann, Alexander Robinson, Scott Rutherford, and Erik J Schaffernicht, "Exceptional Twentieth-Century Slowdown in Atlantic Ocean Overturning Circulation," *Nature Climate Change* 5, no. 5 (2015): 475-80.

39 Timothy M. Lenton, Hermann Held, Elmar Kriegler, Jim W. Hall, Wolfgang Lucht, Stefan Rahmstorf, and Hans Joachim Schellnhuber, "Tipping Elements in the Earth's Climate System," *Proceedings of the National Academy of Sciences* 105, no. 6 (2008): 1786-93.

40 Rene M. Van Westen, Michael Kliphuis, and Henk A. Dijkstra, "Physics-Based Early Warning Signal Shows That AMOC Is on Tipping Course," *Science Advances*

10, no. 6 (2024): eadk1189, doi.org/10.1126/sciadv.adk1189.
41 Naughten, Holland, and De Rydt, "Unavoidable Future Increase in West Antarctic Ice-Shelf Melting over the Twenty-First Century."
42 Yeon-Hee Kim, Seung-Ki Min, Nathan P. Gillett, Dirk Notz, and Elizaveta Malinina, "Observationally-Constrained Projections of an Ice-Free Arctic Even Under a Low Emission Scenario," *Nature Communications* 14, no. 1 (2023): 3139, doi.org/10.1038/s41467-023-38511-8.
43 Hoegh-Guldberg, Mumby, Hooten, Steneck, Greenfield, Gomez, Harvell, et al., "Coral Reefs Under Rapid Climate Change and Ocean Acidification."
44 Charles R. Marshall, Daniel V. Latorre, Connor J. Wilson, Tanner M. Frank, Katherine M. Magoulick, Joshua B. Zimmt, and Ashley W. Poust, "Absolute Abundance and Preservation Rate of *Tyrannosaurus rex*," *Science* 372, no. 6539 (2021): 284-87, doi.org/10.1126/science.abc8300.
45 Gavin A. Schmidt and Adam Frank, "The Silurian Hypothesis: Would It Be Possible to Detect an Industrial Civilization in the Geological Record?," *International Journal of Astrobiology* 18, no. 2 (2019): 142-50.
46 Richard E. Zeebe, Andy Ridgwell, and James C. Zachos, "Anthropogenic Carbon Release Rate Unprecedented During the Past 66 Million Years," *Nature Geoscience* 9, no. 4 (April 2016): 325-29, doi.org/10.1038/ngeo2681.
47 Paul N. Pearson, Bart E. Van Dongen, Christopher J. Nicholas, Richard D. Pancost, Stefan Schouten, Joyce M. Singano, and Bridget S. Wade, "Stable Warm Tropical Climate Through the Eocene Epoch," *Geology* 35, no. 3 (2007): 211, doi.org/10.1130/G23175A.1.
48 Daniela N. Schmidt, Ellen Thomas, Elisabeth Authier, David Saunders, and Andy Ridgwell, "Strategies in Times of Crisis—Insights into the Benthic Foraminiferal Record of the Palaeocene-Eocene Thermal Maximum," *Philosophical Transactions of the Royal Society A: Mathematical, Physical, and Engineering Sciences* 376, no. 2130 (2018): 20170328, doi.org/10.1098/rsta.2017.0328.
49 Ross Secord, Jonathan I. Bloch, Stephen G. B. Chester, Doug M. Boyer, Aaron R. Wood, Scott L. Wing, Mary J. Kraus, Francesca A. McInerney, and John Krigbaum, "Evolution of the Earliest Horses Driven by Climate Change in the Paleocene-Eocene Thermal Maximum," *Science* 335, no. 6071 (2012): 959-62, doi.org/10.1126/science.1213859.
50 Abigail R. D'Ambrosia, William C. Clyde, Henry C. Fricke, Philip D. Gingerich, and Hemmo A. Abels, "Repetitive Mammalian Dwarfing During Ancient Greenhouse Warming Events," *Science Advances* 3, no. 3 (2017): e1601430, doi.org/10.1126/sciadv.1601430.

51   Gavin L. Foster, Pincelli Hull, Daniel J. Lunt, and James C. Zachos, "Placing Our Current 'Hyperthermal' in the Context of Rapid Climate Change in Our Geological Past," *Philosophical Transactions of the Royal Society A: Mathematical, Physical, and Engineering Sciences* 376, no. 2130 (2018): 20170086, doi.org/10.1098/rsta.2017.0086.

52   Jason T. Wright, "Prior Indigenous Technological Species," *International Journal of Astrobiology* 17, no. 1 (2018): 96-100.

7장 자부심

1   "Caius Caesar Caligula," in Suetonius, *The Lives of the Twelve Caesars* para. XLVI, www.gutenberg.org/files/6400/6400-h/6400-h.htm#link2H_4_0005.

2   Hannah Ritchie and Max Roser, "Half of the World's Habitable Land Is Used for Agriculture," Our World in Data, 2019.

3   Roland Geyer, Jenna R. Jambeck, and Kara Lavender Law, "Production, Use, and Fate of All Plastics Ever Made," *Science Advances* 3, no. 7 (2017): e1700782, doi.org/10.1126/sciadv.1700782.

4   Yinon M. Bar-On, Rob Phillips, and Ron Milo, "The Biomass Distribution on Earth," *Proceedings of the National Academy of Sciences* 115, no. 25 (2018): 6506-11, doi.org/10.1073/pnas.1711842115.

5   National Academies of Sciences, Engineering, and Medicine, *Reflecting Sunlight: Recommendations for Solar Geoengineering Research and Research Governance* (Washington, D.C.: National Academies Press, 2021), doi.org/10.17226/25762.

6   National Academies of Sciences, Engineering, and Medicine, *Negative Emissions Technologies and Reliable Sequestration: A Research Agenda* (Washington, D.C.: National Academies Press, 2019), doi.org/10.17226/25259.

7   E. L. Jackson, "The Laki Eruption of 1783: Impacts on Population and Settlement in Iceland," *Geography* 67, no. 1 (1982): 42-50.

8   John Grattan and Mark Brayshay, "An Amazing and Portentous Summer: Environmental and Social Responses in Britain to the 1783 Eruption of an Iceland Volcano," *Geographical Journal* 161, no. 2 (July 1995): 125, doi.org/10.2307/3059970.

9   D. S. Stevenson, C. E. Johnson, E. J. Highwood, V. Gauci, W. J. Collins, and R. G. Derwent, "Atmospheric Impact of the 1783-1784 Laki Eruption: Part I Chemistry Modelling," *Atmospheric Chemistry and Physics* 3, no. 3 (2003): 487-507, doi.org/10.5194/acp-3-487-2003.

10 T. Thordarson and S. Self, "The Laki (Skaftar Fires) and Grimsvotn Eruptions

in 1783-1785," *Bulletin of Volcanology* 55, no. 4 (1993): 233-63, doi.org/10.1007/BF00624353.

11   Brian Zambri, Alan Robock, Michael J. Mills, and Anja Schmidt, "Modeling the 1783-1784 Laki Eruption in Iceland: 1. Aerosol Evolution and Global Stratospheric Circulation Impacts," *Journal of Geophysical Research: Atmospheres* 124, no. 13 (2019): 6750-69, doi.org/10.1029/2018JD029553.

12   Paul J. Crutzen, "Albedo Enhancement by Stratospheric Sulfur Injections: A Contribution to Resolve a Policy Dilemma?," *Climatic Change* 77, no. 3-4 (Aug. 2006): 211, doi.org/10.1007/s10584-006-9101-y.

13   Peter Manshausen, Duncan Watson-Parris, Matthew W. Christensen, Jukka-Pekka Jalkanen, and Philip Stier, "Invisible Ship Tracks Show Large Cloud Sensitivity to Aerosol," *Nature* 610, no. 7930 (2022): 101-6.

14   John Latham, "Amelioration of Global Warming by Controlled Enhancement of the Albedo and Longevity of Low-Level Maritime Clouds," *Atmospheric Science Letters* 3, no. 2-4 (2002): 52-58.

15   Daniele Visioni, Douglas G. MacMartin, Ben Kravitz, Olivier Boucher, Andy Jones, Thibaut Lurton, Michou Martine, et al., "Identifying the Sources of Uncertainty in Climate Model Simulations of Solar Radiation Modification with the G6sulfur and G6solar Geoengineering Model Intercomparison Project (GeoMIP) Simulations," *Atmospheric Chemistry and Physics* 21, no. 13 (2021): 10039-63, doi.org/10.5194/acp-21-10039-2021.

16   Zambri, Robock, Mills, and Schmidt, "Modeling the 1783-1784 Laki Eruption in Iceland: 1. Aerosol Evolution and Global Stratospheric Circulation Impacts."

17   Brian Zambri, Alan Robock, Michael J. Mills, and Anja Schmidt, "Modeling the 1783-1784 Laki Eruption in Iceland: 2. Climate Impacts," *Journal of Geophysical Research: Atmospheres* 124, no. 13 (2019): 6770-90, doi.org/10.1029/2018JD029554.

18   Mark Brayshay and John Grattan, "Environmental and Social Responses in Europe to the 1783 Eruption of the Laki Fissure Volcano in Iceland: A Consideration of Contemporary Documentary Evidence," *Geological Society, London, Special Publications* 161, no. 1 (Jan. 1999): 173-87, doi.org/10.1144/GSL.SP.1999.161.01.12.

19   Rosanne D'Arrigo, Richard Seager, Jason E. Smerdon, Allegra N. LeGrande, and Edward R. Cook, "The Anomalous Winter of 1783-1784: Was the Laki Eruption or an Analog of the 2009-2010 Winter to Blame?," *Geophysical Research Letters* 38, no. 5 (2011), doi.org/10.1029/2011GL046696.

20   Rudiger Glaser, Dirk Riemann, Johannes Schonbein, Mariano Barriendos, Rudolf

Brazdil, Chiara Bertolin, Dario Camuffo, et al., "The Variability of European Floods Since AD 1500," *Climatic Change* 101 (2010): 235-56.

21　Edward R. Cook, Richard Seager, Yochanan Kushnir, Keith R. Briffa, Ulf Buntgen, David Frank, Paul J. Krusic, et al., "Old World Megadroughts and Pluvials During the Common Era," *Science Advances* 1, no. 10 (2015): e1500561.

22　Charles Richard Harington, "Year Without a Summer: World Climate in 1816" (1992), as cited in D'Arrigo, Seager, Smerdon, LeGrande, and Cook, "Anomalous Winter of 1783-1784."

23　Sigl, Winstrup, McConnell, Welten, Plunkett, Ludlow, Buntgen, et al., "Timing and Climate Forcing of Volcanic Eruptions for the Past 2,500 Years."

24　Ann Gibbons, "Why 536 Was 'the Worst Year to Be Alive,'" *Science* Nov. 15, 2018, doi.org/10.1126/science.aaw0632.

25　Karin A. F. Zonneveld, Kyle Harper, Andreas Klugel, Liang Chen, Gert De Lange, and Gerard J. M. Versteegh, "Climate Change, Society, and Pandemic Disease in Roman Italy Between 200 BCE and 600 CE," *Science Advances* 10, no. 4 (2024): eadk1033, doi.org/10.1126/sciadv.adk1033.

26　바이킹의 역사는 다음을 참조하라. Neil Price, *The Children of Ash and Elm: A History of the Vikings* (London: Penguin Books, 2020).

27　G. Bala, P. B. Duffy, and K. E. Taylor, "Impact of Geoengineering Schemes on the Global Hydrological Cycle," *Proceedings of the National Academy of Sciences* 105, no. 22 (2008): 7664-69, doi.org/10.1073/pnas.0711648105.

28　Han N. Huynh and V. Faye McNeill, "The Potential Environmental and Climate Impacts of Stratospheric Aerosol Injection: A Review," *Environmental Science: Atmospheres* 4, no. 2 (2024): 114-43, doi.org/10.1039/D3EA00134B.

29　Andy Parker and Peter J. Irvine, "The Risk of Termination Shock from Solar Geoengineering," *Earth's Future* 6, no. 3 (March 2018): 456-67, doi.org/10.1002/2017EF000735.

30　Olufệmi O. Taiwo and Shuchi Talati, "Who Are the Engineers? Solar Geoengineering Research and Justice," *Global Environmental Politics* 22, no. 1 (2022): 12-18, doi.org/10.1162/glep_a_00620.

31　T. W. Crowther, H. B. Glick, K. R. Covey, C. Bettigole, D. S. Maynard, S. M. Thomas, J. R. Smith, et al., "Mapping Tree Density at a Global Scale," *Nature* 525, no. 7568 (2015): 201-5, doi.org/10.1038/nature14967.

32　Jonathon S. Wright, Rong Fu, John R. Worden, Sudip Chakraborty, Nicholas E. Clinton, Camille Risi, Ying Sun, and Lei Yin, "Rainforest-Initiated Wet Season Onset over the Southern Amazon," *Proceedings of the National Academy of Sciences* 114, no. 32 (2017): 8481-86.

33 Victor Hugo Duran Zuazo and Carmen Rocio Rodriguez Pleguezuelo, "Soil-Erosion and Runoff Prevention by Plant Covers: A Review," *Sustainable Agriculture* 2009, 785-811.
34 Francisco J. Escobedo, Timm Kroeger, and John E. Wagner, "Urban Forests and Pollution Mitigation: Analyzing Ecosystem Services and Disservices," *Environmental Pollution* 159, no. 8-9 (2011): 2078-87.
35 Friedlingstein, O'Sullivan, Jones, Andrew, Bakker, Hauck, Landschutzer, et al, "Global Carbon Budget 2023."
36 Zeke Hausfather, "Opinion: Let's Not Pretend Planting Trees Is a Permanent Climate Solution," *New York Times* June 4, 2022, www.nytimes.com/2022/06/04/opinion/environment/climate-change-trees-carbon-removal.html.
37 Hannah Ritchie, "Deforestation and Forest Loss," Our World in Data, Feb. 2021.
38 Friedlingstein, O'Sullivan, Jones, Andrew, Bakker, Hauck, Landschutzer, et al., "Global Carbon Budget 2023."
39 Ellis, Bowman, Jain, Flannigan, and Williamson, "Global Increase in Wildfire Risk due to Climate-Driven Declines in Fuel Moisture."
40 Werner A. Kurz, C. C. Dymond, Graham Stinson, G. J. Rampley, E. T. Neilson, A. L. Carroll, Tim Ebata, and Les Safranyik, "Mountain Pine Beetle and Forest Carbon Feedback to Climate Change," *Nature* 452, no. 7190 (2008): 987-90.
41 R. N. Sturrock, S. J. Frankel, A. V. Brown, P. E. Hennon, J. T. Kliejunas, K. J. Lewis, J. J. Worrall, and A. J. Woods, "Climate Change and Forest Diseases," *Plant Pathology* 60, no. 1 (Feb. 2011): 133-49, doi.org/10.1111/j.1365-3059.2010.02406.x.
42 Ryan M. Bright, Kaiguang Zhao, Robert B. Jackson, and Francesco Cherubini, "Quantifying Surface Albedo and Other Direct Biogeophysical Climate Forcings of Forestry Activities," *Global Change Biology* 21, no. 9 (Sept. 2015): 3246-66, doi.org/10.1111/gcb.12951.
43 Jacob J. Bukoski, Susan C. Cook-Patton, Cyril Melikov, Hongyi Ban, Jessica L. Chen, Elizabeth D. Goldman, Nancy L. Harris, and Matthew D. Potts, "Rates and Drivers of Aboveground Carbon Accumulation in Global Monoculture Plantation Forests," *Nature Communications* 13, no. 1 (2022): 4206, doi.org/10.1038/s41467-022-31380-7.
44 Alain Paquette and Christian Messier, "The Role of Plantations in Managing the World's Forests in the Anthropocene," *Frontiers in Ecology and the Environment* 8, no. 1 (2010): 27-34.
45 "How Many New Trees Would We Need to Offset Our Carbon Emissions?," Ask MIT Climate, Jan. 5, 2024, climate.mit.edu/ask-mit/how-many-new-trees-would-we-need-offset-our-carbon-emissions.

46 Noah McQueen, Katherine Vaz Gomes, Colin McCormick, Katherine Blumanthal, Maxwell Pisciotta, and Jennifer Wilcox, "A Review of Direct Air Capture (DAC): Scaling Up Commercial Technologies and Innovating for the Future," *Progress in Energy* 3, no. 3 (2021): 032001.

47 아폴로 13호의 흥미진진한 비행 일지는 다음 링크에서 읽을 수 있다. www.nasa.gov/history/afj/ap13fj/index.html.

48 "Data Page: Cumulative CO_2 emissions," part of the following publication: Hannah Ritchie, Pablo Rosado, and Max Roser, "CO_2 and Greenhouse Gas Emissions," 2023, data adapted from Global Carbon Project. Retrieved from https://ourworldindata.org/grapher/cumulative-co-emissions.

49 Emily Elhacham, Liad Ben-Uri, Jonathan Grozovski, Yinon M. Bar-On, and Ron Milo, "Global Human-Made Mass Exceeds All Living Biomass," *Nature* 588, no. 7838 (2020): 442-44, doi.org/10.1038/s41586-020-3010-5.

50 Katie Liebling, Haley Leslie-Bole, Zach Byrum, and Liz Bridgwater, "6 Things to Know About Direct Air Capture," *World Resources Institute Insights* (blog), May 2, 2022, www.wri.org/insights/direct-air-capture-resource-considerations-and-costs-carbon-removal.

51 David T. Ho, "Carbon Dioxide Removal Is Not a Current Climate Solution—We Need to Change the Narrative," *Nature* 616, no. 7955 (2023): 9, doi.org/10.1038/d41586-023-00953-x.

52 위의 글.

53 Holly Jean Buck, "Mining the Air: Political Ecologies of the Circular Carbon Economy," *Environment and Planning E: Nature and Space* 5, no. 3 (Sept. 2022): 1086-105, doi.org/10.1177/25148486211061452.

54 Robert M. Woolley, Michael Fairweather, Christopher J. Wareing, Samuel A. E. G. Falle, Haroun Mahgerefteh, Sergey Martynov, Solomon Brown, et al., "CO2PipeHaz: Quantitative Hazard Assessment for Next Generation CO2 Pipelines," *Energy Procedia* 63 (2014): 2510-29.

55 David R. Morrow, Michael S. Thompson, Angela Anderson, Maya Batres, Holly J. Buck, Kate Dooley, Oliver Geden, et al., "Principles for Thinking About Carbon Dioxide Removal in Just Climate Policy," *One Earth* 3, no. 2 (Aug. 2020): 150-53, doi.org/10.1016/j.oneear.2020.07.015.

56 Jens Daniel Muller, N. Gruber, B. Carter, R. Feely, M. Ishii, N. Lange, S. K. Lauvset, et al., "Decadal Trends in the Oceanic Storage of Anthropogenic Carbon from 1994 to 2014," *AGU Advances* 4, no. 4 (Aug. 2023): e2023AV000875, doi.org/10.1029/2023AV000875.

57 National Academies of Sciences, Engineering, and Medicine, *A Research Strategy*

for Ocean-Based Carbon Dioxide Removal and Sequestration (Washington, D.C.: National Academies Press, 2022), doi.org/10.17226/26278.

58 Kristy J. Kroeker, Rebecca L. Kordas, Ryan Crim, Iris E. Hendriks, Laura Ramajo, Gerald S. Singh, Carlos M. Duarte, and Jean-Pierre Gattuso, "Impacts of Ocean Acidification on Marine Organisms: Quantifying Sensitivities and Interaction with Warming," *Global Change Biology* 19, no. 6 (June 2013): 1884-96, doi.org/10.1111/gcb.12179.

59 Jeff Tollefson, "Start-Ups Are Adding Antacids to the Ocean to Slow Global Warming. Will It Work?," *Nature* 618, no. 7967 (2023): 902-4, doi.org/10.1038/d41586-023-02032-7.

60 Haroon S. Kheshgi, "Sequestering Atmospheric Carbon Dioxide by Increasing Ocean Alkalinity," *Energy* 20, no. 9 (1995): 915-22.

61 Olawale Oloye and Anthony P. O'Mullane, "Electrochemical Capture and Storage of CO2 as Calcium Carbonate," *ChemSusChem* 14, no. 7 (2021): 1767-75.

62 Stephane Blain, Bernard Queguiner, Leanne Armand, Sauveur Belviso, Bruno Bombled, Laurent Bopp, Andrew Bowie, et al., "Effect of Natural Iron Fertilization on Carbon Sequestration in the Southern Ocean," *Nature* 446, no. 7139 (2007): 1070-74.

63 M. Jurchott, A. Oschlies, and W. Koeve, "Artificial Upwelling—a Refined Narrative," *Geophysical Research Letters* 50, no. 4 (2023): e2022GL101870, doi.org/10.1029/2022GL101870.

64 Isabella B. Arzeno-Soltero, Benjamin T. Saenz, Christina A. Frieder, Matthew C. Long, Julianne DeAngelo, Steven J. Davis, and Kristen A. Davis, "Large Global Variations in the Carbon Dioxide Removal Potential of Seaweed Farming due to Biophysical Constraints," *Communications Earth and Environment* 4, no. 1 (2023): 185, doi.org/10.1038/s43247-023-00833-2.

65 National Academies of Sciences, Engineering, and Medicine, *A Research Strategy for Ocean-based Carbon Dioxide Removal and Sequestration* (Washington, DC: The National Academies Press, 2022), 224, https://doi.org/10.17226/26278.

66 David J. Beerling, Euripides P. Kantzas, Mark R. Lomas, Peter Wade, Rafael M. Eufrasio, Phil Renforth, Binoy Sarkar, et al., "Potential for Large-Scale CO2 Removal via Enhanced Rock Weathering with Croplands," *Nature* 583, no. 7815 (2020): 242-48.

67 David J. Beerling, Jonathan R. Leake, Stephen P. Long, Julie D. Scholes, Jurriaan Ton, Paul N. Nelson, Michael Bird, et al., "Farming with Crops and Rocks to Address Global Climate, Food, and Soil Security," *Nature Plants* 4, no. 3 (2018): 138-47, doi.org/10.1038/s41477-018-0108-y.

68 P. Renforth, C.-L. Washbourne, J. Taylder, and D. A. C. Manning, "Silicate Production and Availability for Mineral Carbonation," *Environmental Science and Technology* 45, no. 6 (2011): 2035-41, doi.org/10.1021/es103241w.

69 David P. Edwards, Felix Lim, Rachael H. James, Christopher R. Pearce, Julie Scholes, Robert P. Freckleton, and David J. Beerling, "Climate Change Mitigation: Potential Benefits and Pitfalls of Enhanced Rock Weathering in Tropical Agriculture," *Biology Letters* 13, no. 4 (2017): 20160715.

8장 희망

1 Roger Fouquet, "Historical Energy Transitions: Speed, Prices, and System Transformation," *Energy Research and Social Science* 22 (Dec. 2016): 7-12, doi.org/10.1016/j.erss.2016.08.014.

2 J. C. Minx, W. F. Lamb, R. M. Andrew, J. G. Canadell, M. Crippa, N. Dobbeling, P. M. Forster, D. Guizzardi, J. Olivier, G. P. Peters, and J. Pongratz, "A comprehensive dataset for global, regional and national greenhouse gas emissions by sector 1970-2019," *Earth System Science Data Discussions*, 2021, pp. 1-63.

3 Intergovernmental Panel on Climate Change, ed., "Energy Systems," in *Climate Change 2022: Mitigation of Climate Change* (Cambridge, U.K.: Cambridge University Press, 2023), 613-746, doi.org/10.1017/9781009157926.008.

4 "Nuclear Explained: Nuclear Power and the Environment," U.S. Energy Information Administration, www.eia.gov/energyexplained/nuclear/nuclear-power-and-the-environment.php.

5 Chad Augustine, "Update to Enhanced Geothermal System Resource Potential Estimate," National Renewable Energy Lab, Golden, Colo., 2016.

6 Jesse D. Jenkins, Erin N. Mayfield, Eric D. Larson, Stephen W. Pacala, and Chris Greig, "Mission Net-Zero America: The Nation-Building Path to a Prosperous, Net-Zero Emissions Economy," *Joule* 5, no. 11 (2021): 2755-61.

7 Joseph Rand, Nick Manderlink, Will Gorman, Ryan H. Wiser, Joachim Seel, Julie Mulvaney Kemp, Seongeun Jeong, and Fredrich Kahrl, "Queued Up: 2024 Edition, Characteristics of Power Plants Seeking Transmission Interconnection as of the End of 2023," 2024.

8 Max Roser, "Why Did Renewables Become So Cheap So Fast?," Our World in Data, Dec. 1, 2020.

9 Auke Hoekstra, Maarten Steinbuch, and Geert Verbong, "Creating Agent-Based Energy Transition Management Models That Can Uncover Profitable Pathways to Climate Change Mitigation," *Complexity* 2017 (2017): 1-23, doi.

org/10.1155/2017/1967645.
10　Fouquet, "Historical Energy Transitions."
11　Richard York, "Why Petroleum Did Not Save the Whales," *Socius: Sociological Research for a Dynamic World* 3 (2017): 237802311773921, doi.org/10.1177/2378023117739217.
12　Hannah Ritchie, "Global Whaling Peaked in the 1960s," Our World in Data, Nov. 30, 2022.
13　"Transmission Problems in Cars Linked to Ban on Whale Killing," *New York Times*, April 17, 1975, www.nytimes.com/1975/04/17/archives/transmission-problems-in-cars-linked-to-ban-on-whale-killing.html.
14　"History and Purpose," International Whaling Commission, iwc.int/commission/history-and-purpose.
15　"Brazil Meeting Votes to Protect World's Whale Population," BBC, Sept. 13, 2018, www.bbc.com/news/world-latin-america-45516234.
16　"The Great Smog of 1952," Met Office, www.metoffice.gov.uk/weather/learn-about/weather/case-studies/great-smog.
17　Michelle L. Bell, Devra L. Davis, and Tony Fletcher, "A Retrospective Assessment of Mortality from the London Smog Episode of 1952: The Role of Influenza and Pollution," *Environmental Health Perspectives* 112, no. 1 (Jan. 2004): 6-8, doi.org/10.1289/ehp.6539.
18　"Committee on Air Pollution (Beaver): Final Report," 1954-55, discovery.nationalarchives.gov.uk/details/r/C1706382.
19　J. C. Minx, W. F. Lamb, R. M. Andrew, J. G. Canadell, M. Crippa, N. Dobbeling, P. M. Forster, D. Guizzardi, J. Olivier, G. P. Peters, and J. Pongratz, "A comprehensive dataset for global, regional and national greenhouse gas emissions by sector 1970-2019," *Earth System Science Data Discussions* 2021, pp. 1-63.
20　Drawdown Climate Solutions Library: Insulation, Project Drawdown, drawdown.org/solutions/insulation.
21　Drawdown Climate Solutions Library: High Performance Glass, *Project Drawdown*, drawdown.org/solutions/high-performance-glass.
22　Oliver Stoner, Jessica Lewis, Itzel Lucio Martinez, Sophie Gumy, Theo Economou, and Heather Adair-Rohani, "Household Cooking Fuel Estimates at Global and Country Level for 1990 to 2030," *Nature Communications* 12, no. 1 (2021): 5793, doi.org/10.1038/s41467-021-26036-x.
23　Drawdown Climate Solutions Library: High Efficiency Heat Pumps, *Project Drawdown*, drawdown.org/index.php/solutions/high-efficiency-heat-pumps.
24　"Sir Gerald Nabarro Dies at 60; Flamboyant Conservative M.P.," *New York Times*,

Nov. 19, 1973, www.nytimes.com/1973/11/19/archives/sir-gerald-nabarro-dies-at-60-flamboyant-conservative-mp.html.
25 "Sir Gerald and the Roundabout," *Guardian*, Dec. 27, 1999, www.theguardian.com/uk/1999/dec/27/hamiltonvalfayed.features11.
26 UK Parliament. *Clean Air Bill*. Volume 536: debated on Friday 4 February 1955. hansard.parliament.uk/commons/1955-02-04/debates/139ce8ba-de47-4889-9873-90749549817f/CleanAirBill.
27 Paul Simons, "King Edward I's Clean Air Law," *Times* (London), Dec. 19, 2016, www.thetimes.com/article/king-edwards-is-clean-air-law-xrkdxj95t.
28 UK Parliament. *Clean Air Act*, enacted 1956. www.legislation.gov.uk/ukpga/Eliz2/4-5/52/enacted.
29 "70 Years Since the Great London Smog," London City Hall, Dec. 5, 2022, www.london.gov.uk/programmes-strategies/environment-and-climate-change/environment-and-climate-change-publications/70-years-great-london-smog.
30 M. Williams, "Air Pollution and Policy—1952-2002," in "Highway and Urban Pollution," ed. R. Hamilton and G. Morrison, special issue, *Science of the Total Environment* 334-35 (2004): 15-20, doi.org/10.1016/j.scitotenv.2004.04.026.
31 Elizabeth T. Jacobs, Jefferey L. Burgess, and Mark B. Abbott, "The Donora Smog Revisited: 70 Years After the Event That Inspired the Clean Air Act," *American Journal of Public Health* 108, no. S2 (April 2018): S85-88, doi.org/10.2105/AJPH.2017.304219.
32 "Donora, Pennsylvania: An Environmental Disaster of the 20th Century," *American Journal of Public Health* 91, no. 4 (2001): 553, doi.org/10.2105/AJPH.91.4.553.
33 Jacobs, Burgess, and Abbott, "Donora Smog Revisited."
34 Tim Kleier and Hans-Jorg Seiter, "The Steel Industry in 2050," SMS Group, March 6, 2024, www.sms-group.com/insights/all-insights/the-steel-industry-in-2050.
35 Robbie M. Andrew, "Global CO2 Emissions from Cement Production," *Earth System Science Data* 10, no. 1 (2018): 195-217, doi.org/10.5194/essd-10-195-2018.
36 J. C. Minx, W. F. Lamb, R. M. Andrew, J. G. Canadell, M. Crippa, N. Dobbeling, P. M. Forster, D. Guizzardi, J. Olivier, G. P. Peters, and J. Pongratz, "A comprehensive dataset for global, regional and national greenhouse gas emissions by sector 1970-2019," *Earth System Science Data Discussions*, 2021, pp.1-63.
37 Winnie W. Y. Lau, Yonathan Shiran, Richard M. Bailey, Ed Cook, Martin R. Stuchtey, Julia Koskella, Costas A. Velis, et al., "Evaluating Scenarios Toward Zero Plastic Pollution," *Science* 369, no. 6510 (2020): 1455-61, doi.org/10.1126/science.aba9475.

38 Karolina Kuklinska, Lidia Wolska, and Jacek Namiesnik, "Air Quality Policy in the US and the EU—a Review," *Atmospheric Pollution Research* 6, no. 1 (2015): 129-37.
39 Adam D. Orford, "The Clean Air Act of 1963: Postwar Environmental Politics and the Debate over Federal Power," *Hastings Environmental Law Journal* 27, no. 2 (2021): 1.
40 Jack Lewis, "The Spirit of the First Earth Day," *EPA Journal* (1990) www.epa.gov/archive/epa/aboutepa/spirit-first-earth-day.html.
41 Max Roser, "Data Review: How Many People Die from Air Pollution?," Our World in Data, Nov. 25, 2021.
42 United States Environmental Protection Agency, "1990 Clean Air Act Amendment Summary," www.epa.gov/clean-air-act-overview/1990-clean-air-act-amendment-summary.
43 Bill Arter, "Man Made Cavern," *Columbus Dispatch Magazine*, (1955). Accessed via Worthington Historical Society www.worthingtonmemory.org/scrapbook/text/man-made-cavern.
44 Kat Eschner, "Leaded Gas Was a Known Poison the Day It Was Invented," *Smithsonian Magazine*, Dec. 9, 2016, www.smithsonianmag.com/smart-news/leaded-gas-poison-invented-180961368/.
45 "How Leaded Gas Came to Be and Why We Don't Miss It," *Car and Driver*, May 31, 2018, www.caranddriver.com/features/a20970380/how-leaded-gas-came-to-be-and-why-we-dont-miss-it/.
46 J. C. Minx, W. F. Lamb, R. M. Andrew, J. G. Canadell, M. Crippa, N. Dobbeling, P. M. Forster, D. Guizzardi, J. Olivier, G. P. Peters, and J. Pongratz, "A comprehensive dataset for global, regional and national greenhouse gas emissions by sector 1970-2019," *Earth System Science Data Discussions*, 2021, pp.1-63.
47 US Energy Information Administration, "US Energy-Related Carbon Dioxide Emissions, 2023," (Release Date April 25, 2024), www.eia.gov/environment/emissions/carbon/.
48 Zeke Hausfather, "Factcheck: How Electric Vehicles Help to Tackle Climate Change," Carbon Brief, May 13, 2019, www.carbonbrief.org/factcheck-how-electric-vehicles-help-to-tackle-climate-change/.
49 Joseph R. McConnell, Andrew I. Wilson, Andreas Stohl, Monica M. Arienzo, Nathan J. Chellman, Sabine Eckhardt, Elisabeth M. Thompson, A. Mark Pollard, and Jørgen Peder Steffensen, "Lead Pollution Recorded in Greenland Ice Indicates European Emissions Tracked Plagues, Wars, and Imperial Expansion During Antiquity," *Proceedings of the National Academy of Sciences* 115, no. 22 (2018):

5726-31, doi.org/10.1073/pnas.1721818115.
50 George R. Tilton, *Clair Cameron Patterson: Biographical Memoirs*, vol. 74 (Washington, D.C.: National Academies Press, 1998).
51 Patterson, "Age of Meteorites and the Earth."
52 Clair C. Patterson, "Contaminated and Natural Lead Environments of Man," *Archives of Environmental Health: An International Journal* 11, no. 3 (Sept. 1965): 344-60, doi.org/10.1080/00039896.1965.10664229.
53 David E. Jacobs and Mary Jean Brown, "Childhood Lead Poisoning, 1970-2022: Charting Progress and Needed Reforms," *Journal of Public Health Management and Practice* 29, no. 2 (March 2023): 230-40, doi.org/10.1097/PHH.0000000000001664.
54 Jerome O. Nriagu, "Clair Patterson and Robert Kehoe's Paradigm of 'Show Me the Data' on Environmental Lead Poisoning," *Environmental Research* 78, no. 2 (Aug. 1998): 71-78, doi.org/10.1006/enrs.1997.3808.
55 Tilton, *Clair Cameron Patterson*.
56 "Clean Air Act Requirements and History," U.S. Environmental Protection Agency, www.epa.gov/clean-air-act-overview/clean-air-act-requirements-and-history.
57 Hannah Ritchie, "How the World Eliminated Lead from Gasoline," Our World in Data, Jan. 11, 2022.
58 Hannah Ritchie, "Lead Exposure Has Fallen Dramatically in the United States Since the 1970s," Our World in Data, Sept. 25, 2024, ourworldindata.org/data-insights/lead-exposure-has-fallen-dramatically-in-the-united-states-since-the-1970s.
59 "Asteroid (2511) Patterson," 3D Asteroid Catalogue, 3d-asteroids.space/asteroids/2511-Patterson.
60 Jonathan A. Foley, Navin Ramankutty, Kate A. Brauman, Emily S. Cassidy, James S. Gerber, Matt Johnston, Nathaniel D. Mueller, et al., "Solutions for a Cultivated Planet," *Nature* 478, no. 7369 (Oct. 2011): 337-42, doi.org/10.1038/nature10452.
61 Hannah Ritchie, "How Much of the World's Land Would We Need in Order to Feed the Global Population with the Average Diet of a Given Country?," Our World in Data, Oct. 3, 2017.
62 Pierre Friedlingstein, Matthew W. Jones, Michael O'Sullivan, Robbie M. Andrew, Judith Hauck, Glen P. Peters, Wouter Peters et al., "Global Carbon Budget 2019," *Earth System Science Data* 11, no. 4 (2019): 1783-1838.
63 The Global Methane Budget 2000-2020, by Marielle Saunois, Adrien Martinez, Benjamin Poulter, Zhen Zhang, Peter A. Raymond, Pierre Regnier, Josep G. Canadell, Robert B. Jackson, Prabir K. Patra, Philippe Bousquet, Philippe Ciais,

Edward J. Dlugokencky, Xin Lan, George H. Allen, David Bastviken, David J. Beerling, Dmitry A. Belikov, Donald R. Blake, Simona Castaldi, Monica Crippa, Bridget R. Deemer, Fraser Dennison, Giuseppe Etiope, Nicola Gedney, Lena Hoglund-Isaksson, Meredith A. Holgerson, Peter O. Hopcroft, Gustaf Hugelius, Akihiko Ito, Atul K. Jain, Rajesh Janardanan, Matthew S. Johnson, Thomas Kleinen, Paul B. Krummel, Ronny Lauerwald, Tingting Li, Xiangyu Liu, Kyle C. McDonald, Joe R. Melton, Jens Muhle, Jurek Muller, Fabiola Murguia-Flores, Yosuke Niwa, Sergio Noce, Shufen Pan, Robert J. Parker, Changhui Peng, Michel Ramonet, William J. Riley, Gerard Rocher-Ros, Judith A. Rosentreter, Motoki Sasakawa, Arjo Segers, Steven J. Smith, Emily H. Stanley, Joel Thanwerdas, Hanqin Tian, Aki Tsuruta, Francesco N. Tubiello, Thomas S. Weber, Guido R. van der Werf, Douglas E. J. Worthy, Yi Xi, Yukio Yoshida, Wenxin Zhang, Bo Zheng, Qing Zhu, Qiuan Zhu and Qianlai Zhuang (2024), Earth System Science Data (pre-print), 2024, doi:10.5194/essd-2024-115.

64 H. Tian, R. Xu, J. G. Canadell, R. L. Thompson, W. Winiwarter, P. Suntharalingam, E. A. Davidson, P. Ciais, R. B. Jackson, G. Janssens-Maenhout, and M. J. Prather, "A comprehensive quantification of global nitrous oxide sources and sinks," *Nature* 586, no. 7828 (2020), pp. 248-56.

65 Nancy L. Harris, David A. Gibbs, Alessandro Baccini, Richard A. Birdsey, Sytze De Bruin, Mary Farina, Lola Fatoyinbo, et al., "Global Maps of Twenty-First Century Forest Carbon Fluxes," *Nature Climate Change* 11, no. 3 (March 2021): 234-40, doi.org/10.1038/s41558-020-00976-6.

66 Mikaela Weisse, Elizabeth Goldman, and Sarah Carter, "Forest Pulse 2024," World Resources Institute, April 4, 2024, https://gfr.wri.org/latest-analysis-deforestation-trends.

67 William T. Ball, Justin Alsing, Johannes Staehelin, Sean M. Davis, Lucien Froidevaux, and Thomas Peter, "Stratospheric Ozone Trends for 1985-2018: Sensitivity to Recent Large Variability," *Atmospheric Chemistry and Physics* 19, no. 19 (2019): 12731-48, doi.org/10.5194/acp-19-12731-2019.

68 Mario J. Molina and F. S. Rowland, "Stratospheric Sink for Chlorofluoromethanes: Chlorine Atom-Catalysed Destruction of Ozone," *Nature* 249, no. 5460 (June 1974): 810-12, doi.org/10.1038/249810a0.

69 Mark O. McLinden and Marcia L. Huber, "(R) Evolution of Refrigerants," *Journal of Chemical and Engineering Data* 65, no. 9 (2020): 10.1021/acs.jced.0c00338, doi.org/10.1021/acs.jced.0c00338.

70 James W. Elkins, "Chlorofluorocarbons (CFCs)," in *The Chapman and Hall Encyclopedia of Environmental Science*, ed. David E. Alexander and Rhodes W.

Fairbridge (Boston: Kluwer Academic, 1999), 78-80.
71 Molina and Rowland, "Stratospheric Sink for Chlorofluoromethanes."
72 P. J. Crutzen, "Estimates of Possible Future Ozone Reductions from Continued Use of Fluoro-Chloro-Methanes (CF2Cl2, CFCl3)," *Geophysical Research Letters* 1 (1974): 205-8, doi.org/10.1029/GL001i005p00205.
73 Susan Solomon, Rolando R. Garcia, F. Sherwood Rowland, and Donald J. Wuebbles, "On the Depletion of Antarctic Ozone," *Nature* 321, no. 6072 (June 1986): 755-58, doi.org/10.1038/321755a0.
74 "The Nobel Prize in Chemistry 1995," NobelPrize.org, accessed Sept. 7, 2024, www.nobelprize.org/prizes/chemistry/1995/press-release/.
75 "Montreal Protocol," accessed Sept. 29, 2024, www.dupont.com/position-statements/montreal-protocol.html.
76 James Maxwell and Forrest Briscoe, "There's Money in the Air: The CFC Ban and DuPont's Regulatory Strategy," *Business Strategy and the Environment* 6, no. 5 (1997): 276-86.
77 Robert Gillette, "Suggests Wearing Hats, Sunscreen Instead of Saving Ozone Layer: Hodel Proposal Irks Environmentalists," *Los Angeles Times*, May 30, 1987, www.latimes.com/archives/la-xpm-1987-05-30-mn-3572-story.html.
78 Vincent Kiernan, "Leave Ozone Hole to Nature, Say Republicans," *New Scientist*, Sept. 30, 1995, www.newscientist.com/article/mg14719971-200-leave-ozone-hole-to-nature-say-republicans/.
79 UN Environment Programme, "About Montreal Protocol," Ozonaction, Oct. 29, 2018, www.unep.org/ozonaction/who-we-are/about-montreal-protocol.
80 Susan E. Strahan and Anne R. Douglass, "Decline in Antarctic Ozone Depletion and Lower Stratospheric Chlorine Determined from Aura Microwave Limb Sounder Observations," *Geophysical Research Letters* 45, no. 1 (2018): 382-90, doi.org/10.1002/2017GL074830.
81 Rishav Goyal, Matthew H. England, Alex Sen Gupta, and Martin Jucker, "Reduction in Surface Climate Change Achieved by the 1987 Montreal Protocol," *Environmental Research Letters* 14, no. 12 (2019): 124041, doi.org/10.1088/1748-9326/ab4874.
82 Young, Harper, Huntingford, Paul, Morgenstern, Newman, Oman, Madronich, and Garcia, "Montreal Protocol Protects the Terrestrial Carbon Sink."

9장 사랑

1 Henry P. Huntington, Colleen Strawhacker, Jeffrey Falke, Ellen M. Ward, Linda

	Behnken, Tracie N. Curry, Adelheid C. Herrmann, et al., "Alaska," in Crimmins, Avery, Easterling, Kunkel, Stewart, and Maycock, *Fifth National Climate Assessment*, doi.org/10.7930/NCA5.2023.CH29.
2	"Star Basics," NASA Science.
3	J. Richard Gott III, Mario Jurić, David Schlegel, Fiona Hoyle, Michael Vogeley, Max Tegmark, Neta Bahcall, and Jon Brinkmann, "A Map of the Universe," *Astrophysical Journal* 624, no. 2 (2005): 463-84, doi.org/10.1086/428890.
4	"Atoms and Their Sizes," American Museum of Natural History, accessed Oct. 1, 2024, www.amnh.org/exhibitions/permanent/scales-of-the-universe/atoms.
5	"How Much Water Is There on Earth?," U.S. Geological Survey, accessed Oct. 1, 2024, www.usgs.gov/special-topics/water-science-school/science/how-much-water-there-earth?qt-science_center_objects=0#qt-science_center_objects.
6	Friedlingstein, O'Sullivan, Jones, Andrew, Bakker, Hauck, Landschutzer, et al., "Global Carbon Budget 2023."
7	*So, You Own a Woodland?*, Royal Forestry Society, n.d., rfs.org.uk/wp-content/uploads/2021/05/7.-A-Brief-History-of-British-Woodlands.pdf.
8	Richard Seager, David S. Battisti, J. Yin, Neil Gordon, Naomi Naik, Amy C. Clement, and Mark A. Cane, "Is the Gulf Stream Responsible for Europe's Mild Winters?," *Quarterly Journal of the Royal Meteorological Society: A Journal of the Atmospheric Sciences, Applied Meteorology, and Physical Oceanography* 128, no. 586 (2002): 2563-86.
9	A. Nesbitt, B. Kemp, C. Steele, A. Lovett, and S. Dorling, "Impact of Recent Climate Change and Weather Variability on the Viability of UK Viticulture—Combining Weather and Climate Records with Producers' Perspectives," *Australian Journal of Grape and Wine Research* 22, no. 2 (June 2016): 324-35, doi.org/10.1111/ajgw.12215.
10	Met Office, "UK Climate Projections (UKCP)," accessed Oct. 1, 2024, www.metoffice.gov.uk/research/approach/collaboration/ukcp.
11	GOV.UK, "Heat Mortality Monitoring Report: 2022," accessed Oct. 1, 2024, www.gov.uk/government/publications/heat-mortality-monitoring-reports/heat-mortality-monitoring-report-2022.

나는 미쳐가고 있는 기후과학자입니다

초판 1쇄 발행 2025년 10월 15일

지은이 케이트 마블 **옮긴이** 송섬별

발행인 윤승현 **단행본사업본부장** 신동해
편집장 김경림 **책임편집** 김종오
교정교열 김동화 **디자인** 형태와내용사이
마케팅 강효경 **홍보** 반여진 **국제업무** 김은정 김지민 **제작** 정석훈

브랜드 웅진지식하우스
주소 경기도 파주시 회동길 20
문의전화 031-956-7359(편집) 031-956-7088(마케팅)
홈페이지 www.wjbooks.co.kr
인스타그램 www.instagram.com/woongjin_readers
페이스북 www.facebook.com/woongjinreaders
블로그 blog.naver.com/wj_booking

발행처 ㈜웅진씽크빅
출판신고 1980년 3월 29일 제406-2007-000046호

한국어판 출판권 ⓒ ㈜웅진씽크빅, 2025
ISBN 978-89-01-29753-8 03450

- 웅진지식하우스는 ㈜웅진씽크빅 단행본사업본부의 브랜드입니다.
- 이 책 내용의 전부 또는 일부를 이용하려면 반드시 저작권자와 ㈜웅진씽크빅의 서면 동의를 받아야 합니다.
- 책값은 뒤표지에 있습니다.
- 잘못된 책은 구입하신 곳에서 바꾸어 드립니다.